人工智能技术应用丛书

可信人工智能

孔祥维　梁　熠　纪守领　王志勇　著

国防工业出版社

·北京·

内 容 提 要

本书系统介绍了可信人工智能的基础知识、理论方法和应用要素。内容包括绪论、人工智能的风险与信任、人工智能可解释推理、人工智能对抗样本和防御、人工智能内容生成与深度伪造、人工智能使能系统的可信决策、人工智能可信应用的要素。本书还讨论了以人为本人工智能系统的设计、开发和使用中涉及的人类、组织和技术等复杂的因素。

本书可以作为教科书,面向有一定人工智能基础的本科生和研究生;也可以作为参考书,面向设计可信人工智能的技术人员和系统工程师,了解可信人工智能系统的基本路线图和一些开放问题;还可供从事管理工作的人员在设计和选择应用人工智能系统时借鉴。

图书在版编目(CIP)数据

可信人工智能/孔祥维等著. —北京:国防工业出版社,2024.6. —ISBN 978-7-118-13441-4

Ⅰ. TP18

中国国家版本馆 CIP 数据核字第 202498M4H1 号

※

国防工业出版社出版发行
(北京市海淀区紫竹院南路23号 邮政编码100048)
北京虎彩文化传播有限公司印刷
新华书店经售
*
开本 787×1092 1/16 印张 14 字数 350 千字
2024年6月第1版第1次印刷 印数 1—1200 册 定价 78.00 元

(本书如有印装错误,我社负责调换)

国防书店:(010)88540777	书店传真:(010)88540776
发行业务:(010)88540717	发行传真:(010)88540762

前　言

快速发展的人工智能(AI)技术和应用迅速渗透至各个领域,对社会经济和人们生活产生了重大影响。目前人工智能已成为美国、英国、中国、欧盟等世界主要国家和地区的重要发展战略,人工智能应用和基于人工智能决策的竞争将直接影响未来国际格局演变的进程。

随着人工智能从学术研究开始转向现实应用问题上的部署,其快速发展伴随着风险和回报。人们期望人工智能有能力解决具有挑战性的现实世界问题,在最大化人工智能系统利益的同时最小化其风险。

在实际应用中,人工智能系统存在着一系列内生风险,风险的源头可能来自训练人工智能系统的数据、人工智能模型本身、人工智能系统的使用和人与人工智能系统的交互。人工智能内生风险的类型包括模型性能好但结果是不透明的黑盒问题、人类感知不出差异的对抗样本导致模型发生人类不会出现的错误问题、人工智能生成世界上不存在的虚假文字图像和音视频问题,在系统进一步应用后,数据驱动的 AI 系统还有可能延续或加剧偏见和错误的结果。

针对有高风险任务需求的人工智能系统,如何将模型泛化到未见过的场景,如何处理多重不确定性的冲击,如何避免意想不到的灾难性故障,如何准确地发现真假虚实的样本,都是人工智能系统在现实应用中面临的挑战性问题。人们期望人工智能是可解释和可问责的、有效和可靠的、安全和鲁棒的、公平和偏见可管理的可信人工智能。

人工智能系统的设计、开发和应用中不仅涉及技术,而且是人类、组织和技术因素的混合产物。可解释、问责、偏见、公平和隐私,都与人类用户的行为直接相关,因此人工智能系统的使用方式、用户与人工智能系统的互动、系统应用的环境和组织的战略都影响着人工智能系统的可信性。

本书立足可信人工智能的方法和应用,融合技术方法和案例,涉及人工智能技术、方法和相关的管理和组织问题,是我国第一本覆盖可信人工智能技术、方法、系统、组织和人员的参考书。

第 1 章　绪论,对人工智能系统超人的案例和人工智能系统智障的典型案例进行了分析,介绍了近年一些人工智能伦理和法规,进而从预测、决策和系统方面提出了人工智能的一些挑战性问题。

第 2 章　侧重于人工智能的风险和信任,讨论了数据驱动的内生风险、人工智能模型的内生风险以及对人工智能的信任与采纳的影响因素,介绍了国外正在推进的可信人工智能战略和项目。

第 3 章　重点为人工智能可解释推理,首先介绍了人工智能可解释(XAI)的概念和需求,详细介绍了以深度神经网络为代表的人工智能可解释方法,举例说明自动驾驶系统关键操作的可解释性,之后在分析当前人工智能可解释软件工具性能的基础上,提出以人为本的可解释人工智能,最后给出了人工智能可解释性的评估。

第 4 章 人工智能对抗样本和防御,首先给出了对抗样本的概念和分类,分别介绍了数字世界的对抗样本生成和评价,进一步介绍了物理世界的对抗样本对自动驾驶标志攻击和目标检测对抗攻击,简要介绍了对抗样本检测和防御,最后分析了当前的对抗样本工具软件、竞赛以及某光电系统对抗案例。

第 5 章 人工智能内容生成与深度伪造,介绍了 GAN 生成对抗网络的基本概念、AIGC 以及大模型的可信问题。重点介绍了图像和视频深度伪造、音频和文本深度伪造,分析了深度伪造的影响、治理以及深度伪造检测比赛,最后给出深度伪造应用的隐形衣、位置欺骗和认知战的案例。

第 6 章 人工智能使能系统的可信决策,首先引出人工智能工程的概念,分析了不确定情境下对 AI 系统的信任问题,数据和模型多重不确定下的 AI 决策,人机协同的 AI 系统可信决策和组团,构建了基于人工智能系统生命周期的人机协同可信框架。

第 7 章 人工智能可信应用的要素,主要介绍了 AI 可信应用中的数据要素,包括数据集存在的系统缺陷、数据垄断和数据资产估值定价。AI 可信应用中的模型要素,包括开放世界的模型要素、算法公平性的分类和算法决策公平方法。最后介绍了 AI 可信应用中的系统要素,包括机器学习运维 MLOps 以及 AI 系统的可靠性问题。

本书中部分图片的彩色图由二维码形式给出,读者利用智能手机的"扫一扫"功能,扫描图片右侧的二维码,即可查看对应彩图。每章最后的参考文献也用二维码形式给出。

本书编写工作的分工如下:孔祥维和梁熠编写第 1、3、6 章,孔祥维、梁熠和王志勇共同编写第 2 章和第 7 章,纪守领和孔祥维编写第 4 章和第 5 章。本书在编写过程中参阅了国内外许多专家学者的论文、著作和教材,在此,谨向相关参考文献的作者表示衷心感谢。感谢其他老师提出宝贵意见和各位专家付出的辛劳!由于编者水平所限,不当之处敬请读者批评指正。

编 者

2024 年 2 月 于浙江大学紫金港

目　录

第1章　绪论 ·· 1
1.1　引言 ·· 1
1.2　人工智能系统超人的案例 ·· 2
1.2.1　人机智力问答和辩论赛 ·· 3
1.2.2　图像识别和人脸识别 ··· 4
1.2.3　围棋、扑克的人机对弈 ·· 4
1.2.4　阿尔法空战人机格斗 ··· 5
1.2.5　人工智能与游戏玩家 ··· 6
1.2.6　AI与蛋白质结构预测 ·· 7
1.3　人工智能系统智障的案例 ·· 7
1.3.1　易变坏的聊天机器人 ··· 7
1.3.2　IBM沃森医生的教训 ·· 8
1.3.3　歧视的再犯罪AI算法 ··· 8
1.3.4　人脸识别系统的问题 ··· 9
1.3.5　频发事故的自动驾驶 ··· 9
1.3.6　社交网络中真假难辨 ··· 10
1.4　可信人工智能的伦理和法规 ·· 11
1.4.1　典型的人工智能伦理原则 ······································ 11
1.4.2　可信人工智能原则的实施 ······································ 13
1.5　人工智能可信的挑战性问题 ·· 14
1.5.1　人工智能预测的可信问题 ······································ 14
1.5.2　人工智能决策的可信问题 ······································ 14
1.5.3　人工智能系统的可信问题 ······································ 14
1.6　小结 ·· 15
参考文献 ·· 15

第2章　人工智能的风险与信任 ·· 16
2.1　引言 ·· 16
2.2　人工智能的风险问题 ··· 17
2.2.1　数据驱动决策的内生风险 ······································ 17
2.2.2　人工智能模型的内生风险 ······································ 20
2.3　人工智能的信任问题 ··· 22
2.3.1　对人工智能的信任问题 ·· 22

	2.3.2 AI系统信任的影响因素	22
	2.3.3 对人工智能的采纳问题	25
2.4	国外对可信人工智能的推进	26
	2.4.1 国外可信人工智能的发展	26
	2.4.2 DARPA的可信人工智能项目	29
2.5	小结	36
参考文献		36

第3章 人工智能可解释推理 — 37

3.1	引言	37
	3.1.1 为什么人工智能需要可解释	37
	3.1.2 人工智能可解释的相关概念	38
3.2	深度神经网络的可解释性	39
	3.2.1 基于视觉的解释方法	40
	3.2.2 基于扰动的解释方法	52
	3.2.3 基于知识的解释方法	59
	3.2.4 基于因果的解释方法	67
3.3	自动驾驶系统的可解释性	71
	3.3.1 自动驾驶可解释的需求	71
	3.3.2 自动驾驶关键操作可解释	72
3.4	人工智能可解释软件工具	75
	3.4.1 XAI工具箱比较分析	76
	3.4.2 以人为本的可解释AI	79
3.5	人工智能可解释性的评估	82
	3.5.1 解释的主观评估标准	83
	3.5.2 解释的客观评估指标	85
	3.5.3 DARPA的XAI评价案例	87
3.6	小结	88
参考文献		88

第4章 人工智能对抗样本和防御 — 89

4.1	引言	89
	4.1.1 对抗样本的概念	89
	4.1.2 对抗样本的分类	89
4.2	数字世界的对抗样本	90
	4.2.1 AI模型对抗样本生成	90
	4.2.2 对抗样本的攻击类型	94
	4.2.3 对抗样本可视化解释	97
	4.2.4 对抗样本的评价指标	102

4.3 物理世界的对抗样本 ········· 104
4.3.1 路标识别的物理对抗攻击 ········· 104
4.3.2 目标检测的物理对抗攻击 ········· 106
4.3.3 人脸识别的物理对抗攻击 ········· 107
4.3.4 车牌识别系统的对抗攻击 ········· 109
4.4 对抗样本的检测和防御 ········· 115
4.4.1 对抗样本攻击的防御 ········· 115
4.4.2 AI攻击防御评价指标 ········· 118
4.5 AI对抗样本工具软件与竞赛 ········· 119
4.5.1 AI对抗样本工具软件 ········· 119
4.5.2 人工智能攻防对抗竞赛 ········· 122
4.5.3 光电系统对抗攻击实例 ········· 123
4.6 小结 ········· 124
参考文献 ········· 125

第5章 人工智能内容生成与深度伪造 ········· 126
5.1 引言 ········· 126
5.2 深度生成模型 ········· 126
5.2.1 GAN网络的基本概念 ········· 126
5.2.2 深度生成模型的发展 ········· 129
5.2.3 AIGC和大模型可信问题 ········· 135
5.3 图像和视频深度伪造 ········· 138
5.3.1 深度伪造分类 ········· 138
5.3.2 深度伪造传播 ········· 140
5.4 音频和文本深度伪造 ········· 142
5.4.1 音频AI生成与伪造 ········· 142
5.4.2 音频深度伪造检测 ········· 144
5.4.3 文本AI生成与伪造 ········· 144
5.4.4 文本深度伪造检测 ········· 146
5.5 对AI深度伪造的治理 ········· 146
5.5.1 AI深度伪造的影响 ········· 146
5.5.2 AI深度伪造的治理 ········· 148
5.5.3 深度伪造检测比赛 ········· 151
5.6 AI深度伪造的其他应用 ········· 153
5.6.1 隐身衣和位置欺骗 ········· 153
5.6.2 深度伪造与认知战 ········· 155
5.7 小结 ········· 157
参考文献 ········· 157

第6章 人工智能使能系统的可信决策 ································ 158
6.1 引言 ································ 158
6.2 人工智能工程 ································ 158
6.2.1 人工智能工程的概述 ································ 158
6.2.2 人工智能工程的实践 ································ 160
6.3 AI使能系统与可信决策 ································ 163
6.3.1 不确定情境下对AI系统的信任 ································ 164
6.3.2 数据和模型不确定下的AI决策 ································ 166
6.3.3 人机协同的AI系统可信决策和组团 ································ 167
6.4 AI系统生命周期的人机协同可信 ································ 170
6.4.1 用户需求与开发者间的协同 ································ 171
6.4.2 系统开发者与AI系统的协同 ································ 171
6.4.3 AI系统和系统用户间的协同 ································ 172
6.5 小结 ································ 172
参考文献 ································ 173

第7章 人工智能可信应用的要素 ································ 174
7.1 引言 ································ 174
7.2 AI可信应用中的数据要素 ································ 174
7.2.1 数据集存在系统缺陷 ································ 174
7.2.2 数据垄断和隐私问题 ································ 182
7.2.3 数据资产估值和定价 ································ 186
7.3 AI可信应用中的模型要素 ································ 190
7.3.1 开放世界的模型要素 ································ 190
7.3.2 算法公平性的分类 ································ 191
7.3.3 算法决策公平方法 ································ 194
7.4 AI可信应用中的系统要素 ································ 201
7.4.1 机器学习运维 ································ 201
7.4.2 人工智能系统可靠性 ································ 202
7.5 小结 ································ 205
附录：数据计价规范 ································ 207
附件1 数据定价方法 ································ 208
附件2 数据集构建规模度量方法 ································ 209
附件3 人力成本取值参考表 ································ 211
附件4 非人力成本费用 ································ 212
附件5 数据资产成本项说明 ································ 213
参考文献 ································ 215

第1章 绪 论

1.1 引 言

当前人工智能(Artificial Intelligence,AI)技术已经成为新一轮科技革命和产业变革的核心驱动力,美国、英国、欧盟、中国等世界主要国家和地区均将AI技术的发展列为国家的重要发展战略。利用AI代替人类处理海量数据并迅速做出高精度的预测和决策任务,可以大大提高决策效率、降低人力成本、促进生产力的提升,可以创造出更大的价值,将能给国家发展带来深层变革。

人工智能技术取得巨大进展,加速了在各行业的深度融合和落地应用,在多个方面改变了人类社会和生活。人们期望人工智能模拟人的视觉、听觉、语言等感知能力,在大数据的背景下,借助GPU算力,构建出人工智能算法和系统,使人工智能具有检测、分析、识别、理解和进化等能力,与物理世界进行交互。在此基础上,催生了众多的人工智能应用,如自动驾驶、人脸识别、语音助理、机器翻译、问答系统、智能医生、智慧城市、智能安防、智慧零售等多种形态的应用,服务于日常生活和经济活动中,对人们日常生活和社会经济发展产生了重大影响。

人工智能使劳动密集型活动可以实现高度自动化,全天候工作,大幅减少人的工作量,提高业务效率,优化工作流程,改变用户体验。智能感知可以从多个模态进行全维度的态势感知,数据驱动的深度学习建模可以分析出目标,建立知识图谱,理解出对手的意图,进行风险预判和防御。大数据驱动的智能决策客观快速,避免了主观独断,在变化的环境下获得新的洞察和发现。

人工智能技术快速发展,各种智能算法层出不穷,人工智能可使机器拥有越来越高级的智能,力图突破人力的局限,甚至改变人类与技术的深层联系,给国家发展带来深层变革。人类和人工智能将成为共享场景的合作伙伴,相互协作形成共生的AI生态系统,将技术转化为决策,影响社会和组织,普惠个人、造福人类。

随着人工智能的应用,许多部门尝试利用人工智能系统进行决策,但这些人工智能系统并不总是能给出理想的结果。有时这些人工智能系统会失败,并对人类造成危险后果。对人工智能系统潜在风险认识的不断提高,促使人们采取行动应对这些风险。对人工智能系统如果在设计和应用时不遵循严格的规则,其在发挥作用的同时还将伴随着道德和法律问题。

人工智能是双刃剑,在部署应用时隐含着诸多的不确定性。人们逐渐发现AI存在着决策不可解释、不可问责、偏见、隐私泄露、容易受干扰等问题,尤其在高风险环境下面临着新挑战。人们开始意识到,AI系统决策事故的频繁出现会引发全球性的信任危机,不可信的AI决策持续发展,将会造成不可估量的生命财产损失和严重的社会影响,因此需要对人工智能系统的风险进行管控,以确保人工智能的优势得到安全广泛的应用和普惠共享。

由于 AI 的高级智能可以突破人力局限,所以有可能带来颠覆性的变化,导致出现新的风险,包括:

在政治上,机器人水军可能在大选或者社会事件中操控民意,深度伪造,生成世界上不存在的音视频,成为新的政治安全风险。

在军事上,可能研发出能够远程精确打击的致命性自动武器,AI 系统增加了匿名性和隐蔽性,可以根据人的行为决策,还能保持匿名和非现场的心理反应。

在商业上,AI 系统由于代码开源和传播广泛,可以被不法组织再利用,使攻击的规模、密集度和机动性增加,导致产生新的安全风险。

在社会上,人工智能容易突破现有法律、法规和道德伦理的限制,产生新的安全风险。有可能利用虚假场景、伪造音视频等方式制造混乱、引发社会危机。

在金融上,自动的虚假信息、恶意用户行为可能干扰和影响股票市场,人工智能产品还可能成为网络攻击新的风险点和突破口。

究竟是什么导致了对人工智能的信任危机?如何解决人工智能不可信的难题?这一关乎人工智能落地应用的世界性难题,激发了国内外监管界和学术界的极大关注。

本章举例说明了十年来人工智能系统超人的案例和人工智能系统智障的案例,介绍了典型的可信人工智能伦理和实施,最后提出了人工智能可信方面的挑战性问题。

1.2 人工智能系统超人的案例

人们对人工智能的期望是具有超人的能力和智慧,但人工智能的发展历经充满探索未知的起伏历程,随着大数据时代的来临,多伦多大学辛顿(Hinton)教授和他的学生开始了深度学习研究,之后出现了多种多样超过人类专业人员能力的系统,令人兴奋,开启了人工智能发展的新热潮。

下面回顾 2011—2021 年人工智能系统超过人类能力的案例:

2011 年,IBM 公司的 Watson 系统在美国智力问答节目 Jeopardy 上,击败了两位人类冠军。

2012 年,深度神经网络 DNN 占据并自此之后一直占据千类图像识别赛 ImageNet 的榜首,识别性能远超传统的图像识别方法。

2016 年,美国 AI 围棋系统 AlphaGo 战胜国际围棋人类冠军柯洁,之后 Alpha Zero 系统经历无棋谱训练又赢了 AlphaGo。

2016 年,美国的智能空战系统 ALPHA 空战模拟器,全胜了经验丰富的美国空军上校。

2017 年,美国卡耐基梅隆大学 CMU 的 Libratus 系统在双人德州扑克比赛上占胜 4 位人类顶级玩家。

2018 年,美国 IBM 公司的智能辩论系统 Project Debater,战胜美国国家级的专业辩论专家。

2019 年,谷歌公司旗下的 DeepMind 公司开发的 AlphaStar 系统,在《星际争霸 2》人机大战中,全面战胜了人类职业高手。

2019年,美国卡耐基梅隆大学CMU的Libratus系统在6人无限制德州扑克比赛中战胜顶尖选手。

2019年,微软亚洲研究院麻将AI系统Suphx荣升十段,媲美人类顶级选手。

2020年,启元世界公司的"AI星际指挥官"两场2∶0完胜人类顶尖选手《星际争霸Ⅰ/Ⅱ》全国冠军黄慧明和黄金总决赛冠军、最强人类选手李培楠。

2021年,DeepMind公司提出了AlphaFold2,Baker公司提出了RoseTTAFold,这两种基于人工智能预测蛋白质结构的技术,解决了困扰生命科学近50年的蛋白质折叠问题。

下面对以上典型案例中人工智能超人的能力进行简略描述。

1.2.1　人机智力问答和辩论赛

2011年,在美国电视智力问答竞赛节目《危险边缘》(英文名:Jeopardy)上,美国IBM公司的人工智能Watson系统以压倒性优势击败了两位人类冠军。《危险边缘》智力问答比赛以一种独特的问答形式进行,问题的涵盖面非常广泛,涉及历史、文学、艺术、流行文化、科技、体育、地理、文字游戏等各个领域。

IBM的Watson系统综合运用了自然语言处理、知识表示与推理、机器学习等技术,通过搜寻多个知识源,运用多个算法对各种可能的答案进行综合判断和学习,例如:关键字匹配程度、时间关系的匹配程度、地理位置匹配的程度、类型匹配程度等。这些评价算法依赖的知识源可以追溯,因此可以为用户提供答案的依据。总之,综合采用文本分析和推理将多种概念和知识源的关联匹配,构建的人工智能智力问答系统超越了人类的记忆能力。

IBM的自主辩论人工智能系统Project Debater项目最早于2011年提出,其研究目标是让AI能自如地与人类进行现场辩论。2018年,IBM的人工智能系统Project Debater在一场辩论赛中,战胜了两位美国国家级的专业辩论专家。这是非常有意义的,在不知道对方有什么样经验和什么样逻辑的情况下进行辩论,这个系统从概念、知识、逻辑以及因果推理得到的成功,比前述的AI智力竞赛系统上升了几个级别。

2021年3月18日,IBM自主辩论人工智能系统Project Debater登上了国际学术顶级期刊《自然》(*Nature*)的封面,见图1-1。该系统能通过扫描存储4亿篇新闻报道和维基百科页面的档案库,自行组织开场白和反驳论点。Project Debater辩论过程主要由以下四个模块组成:论点挖掘、论据知识库、论点反驳和论证构建。通过结合这些核心能力,可以与人类辩手进行有意义的辩论,在训练中使用了深度神经网络和弱监督学习,但情感层面还无法与人类比拟。

目前Project Debater项目已经实现了部分商业化,潜在应用包括金融顾问、律师、公共事务决策、学生助手和企业决策者等,可以帮助人们进行推理,建立论

图1-1　《自然》封面上的
IBM Project Debater系统[1]

据,生成数据驱动的辩论内容和表达,做出更好的决定。

1.2.2 图像识别和人脸识别

千类图像识别竞赛 ILSVRC(ImageNet Large – Scale Visual Recognition Challenge),常简称为 ImageNet 比赛,始于 2009 年。当时斯坦福大学的李飞飞、Jia Deng 等研究员建立了千类图像数据库 ImageNet,并在 CVPR2009 上发表了 *ImageNet:A Large – Scale Hierarchical Image Database* 的论文,自 2010 年之后开始了 7 届 ImageNet 挑战赛。ImageNet 有 130 万标注图像数据集,总共有 1000 类,每类大约有 1000 张图像,训练数据集有 126 万张图像,验证集有 5 万张图像,测试集有 15 万张图像。

ImageNet 挑战赛从 2010 年到 2016 年,其分类错误率从 28.2% 降到了 3.57%,超过了人类在 5% 左右的错误率,见图 1-2。人类识别百类图像是可能的,识别千类图像会出现记忆覆盖现象,即新的内容将之前旧的内容覆盖,因此千类类别图像识别竞赛中,人工智能的分类能力胜于人类。之后,ImageNet 图像竞赛引发了大数据集的发展,加之大算力 GPU 的出现,推动了深度学习模型的发展,从此使人工智能领域的发展日新月异。

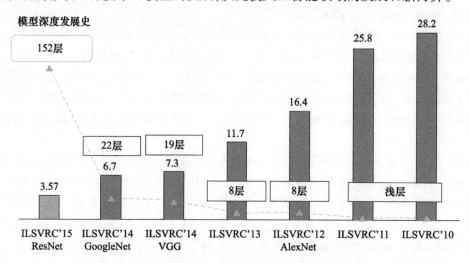

图 1-2 ImageNet 图像识别挑战赛的网络深度和错误率[2]

1.2.3 围棋、扑克的人机对弈

2016 年,Google 公司旗下的 DeepMind 科技公司研发的围棋人工智能系统 AlphaGo 击败世界围棋冠军人类棋手柯洁。更强大的人工智能棋手 AlphaGo Zero 在没有任何人类棋谱指导的情况下,从 0 训练用了 40 天时间,以 100∶0 击败了当时的世界围棋第一系统 AlphaGo。AlphaGo Zero 除了围棋规则外,没有任何背景知识,只使用一个以 19×19 棋盘为输入的神经网络,这个神经网络有多个卷积层以及全连接层,以下一步各下法的概率以及胜率为输出。其核心采用蒙特卡洛树搜索 MCTS 算法生成的对弈作为神经网络的训练数据,意味着即便某个下法没有模拟过,通过神经网络也能达到蒙特卡洛的模拟效果。

2017 年,美国卡耐基梅隆大学 CMU 和 Facebook 公司联合打造了史上最强的德州扑克 AI 系统 Libratus。该系统采用了 100 个 GPU，自对战零起点训练 8 天，在历时 20 天的无限制德州一对一扑克比赛上击败了 4 位人类顶级玩家，其研究登上了《科学》(Science)杂志，相关论文 Safe and Nested Subgame Solving for Imperfect - Information Games 获得了人工智能顶会 NIPS2017 的最佳论文奖。

2019 年 7 月，卡耐基梅隆大学 CMU 推出新的 AI 德州扑克机器人"Pluribus"，在 6 人无限制德州扑克复杂游戏中，使用了 2 个 GPU，一手只需约 20 秒，比职业人类玩家约快一倍，又赢了人类职业选手。Pluribus AI 重点解决了多人对局环境下的非零和博弈和隐藏信息推理问题，训练成本仅 150 美元。这是 AI 首次在玩家人数大于 2 的大型基准游戏中击败顶级职业玩家，因此获得了 IJCAI 会议颁发的第二枚马文·明斯基奖章(Marvin Minsky Medal)。Pluribus 不仅登上了《科学》杂志的封面，还被该杂志列为 2019 年度十大突破科研成就之一，见图 1 - 3。

围棋、国际象棋、跳棋等棋类游戏属于完美信息博弈，规则和棋面都能看到。德州扑克则属于典型的不完美信息博弈，AI 只能看到部分信息，难以判断游戏有没有最佳唯一打法，因此难度更大。

图 1 - 3 《科学》杂志封面的扑克牌机器人 Pluribus[3]

1.2.4 阿尔法空战人机格斗

2016 年 6 月，美国辛辛那提大学(University of Cincinnati)开发的阿尔法(ALPHA)人工智能空战模拟器，与退役美国空军上校基恩·李(Gene Lee)对战，最终阿尔法(ALPHA)大获全胜，有着丰富实战经验的人类飞行员输给了人工智能飞行员。

阿尔法(ALPHA)属于"动作及简单战术行为"人工智能，其关键在于其使用的遗传模糊树(Genetic Fuzzy Tree)算法，可以创建一系列有效的规则，并在复杂问题中产生确定性的控制指令。令人难忘的是，它在不到一毫秒时间内做出行动决策，其反应速度是人类对手的 250 倍，该程序在一个零售价仅为 500 美元的电脑上运行，这项研究结果发表在美国的 Journal of Defense Management《国防管理期刊》上。

2020 年 8 月，美国国防高级计划研究局(DARPA)等举办了阿尔法空战格斗系列狗斗比赛(AlphaDogfight Trials)，见图 1 - 4，旨在仿真模拟环境中提升人工智能进行视距内空战的水平，提升飞行员对人工智能的信任。

经过至少 40 亿次仿真训练后，苍鹭系统公司的智能空战代理"隼"(Falco)已经相当于 30 年 F - 16 驾驶经验完胜顶尖人类飞行员。在此 AlphaDogfight 系列赛中，"隼"(Falco)以 16∶4 的比分击败洛克希德·马丁公司成为冠军，在人机大战中，"隼"绝对占优以 5∶0 的成绩战胜了顶尖的 F - 16 人类飞行员。

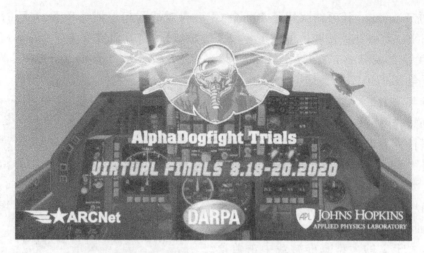

图 1-4 美国 DARPA AlphaDogfight 挑战赛的人机大战[4]

AlphaDogfight 中获胜的"隼"(Falco)使用了深度强化学习,ALPHA 主要凭借快于人类 250 倍的决策速度调整最佳的战术计划来取得胜利,而"隼"(Falco)则凭借短期内超过 40 亿次的模拟对抗训练获得超过人类的驾驶水平,最终人工智能空战系统取得了胜利。

1.2.5　人工智能与游戏玩家

2018 年,OpenAI 公司在 Dota 对抗上的 AI bot 在 5V5 团队赛中击败业余人类玩家。在 AI 的训练中,通过自我对决学习,每天可以模拟相当于 180 年的游戏训练量,这是人类完全达不到的。

2019 年谷歌公司旗下 DeepMind 公司开发的人工智能 AlphaStar 系统在即时策略游戏《星际争霸 2》(Starcraft II)中以大比分击败了职业玩家 MaNa,AlphaStar 在连续 10 局中反复击败人类,见图 1-5,成为 AI 领域的新里程碑。

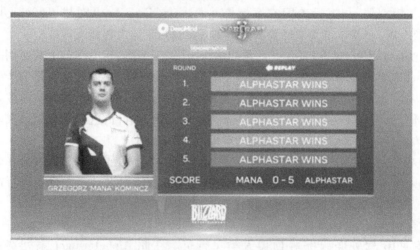

图 1-5　DeepMind 公司的 AlphaStar[5]

1.2.6 AI 与蛋白质结构预测

2021 年,DeepMind 公司提出了 AlphaFold2,其论文在 Nature 发表的当天,Baker 公司提出了 RoseTTAFold 登上 Science,这两种都是基于人工智能预测蛋白质结构的技术,解决了困扰生命科学近 50 年的蛋白质折叠问题,它能更好地预判蛋白质与分子结合的概率,从而极大地加速新药研发的效率。AlphaFold2 于当年入选 Science 年度十大突破,被称作结构生物学"革命性"的突破、蛋白质研究领域的里程碑。RoseTTAFold 只需要一块 RTX2080 显卡,就能在 10 分钟左右计算出 400 个氨基酸残基以内的蛋白质结构,意味着研究蛋白质的科学家小型团队只需要一台普通的个人电脑就能轻松地展开研究。

1.3 人工智能系统智障的案例

超过人类能力的人工智能系统不断涌现,非常鼓舞人心。但与此同时,人工智能系统的危险和事故也逐年出现,下面列举几个典型的人工智能系统智障案例。

1.3.1 易变坏的聊天机器人

系统全天候可用是数字时代追求的业务目标,其中人工智能驱动的聊天机器人实现的是人机之间的交互沟通,目的是减人增效。2016 年 3 月,微软公司在 Twitter 上开发了一个 AI 聊天机器人命名为 Tay,设定 Tay 是一个年龄 19 岁的少女,具有幽默机制,适合与 18~24 岁的用户聊天,该机器人通过与网民的互动对话进行学习。但这个智能聊天机器人 Tay 诞生后仅用了一天,就变成了满嘴脏话的不良少女,见图 1-6,原因是在开放环境中被喂了大量的不良语言,造成了典型的数据中毒,导致微软公司不得不马上停止了 Tay 项目。

图 1-6 微软聊天机器人 Tay 发表的不良言论[7]

Tay 出现的问题是在系统输出中反映出了数据的影响,人工智能算法需要有大量的数据对其进行训练,如果训练的数据本身就带着偏见、错误以及极端的思想,训练出的模型结果就会偏离正常的轨道。

Facebook 的聊天机器人 Blender 同样从大型的在线讨论论坛 Reddit 数据中学习了粗俗和冒犯性的语言,很明显,这些聊天机器人的语言中反映出了人类存在的偏见。

1.3.2 IBM 沃森医生的教训

IBM 公司曾经做出了很多非常成功的人工智能系统,尤其是在智力问答和辩论赛方面,基于这些成就,该公司锚定当今医学最大挑战之一的癌症,希望通过人工智能系统"沃森"(Watson)的认知能力,将大数据转化为针对患者的个性化癌症治疗方案。

2013 年,IBM 公司与得克萨斯大学 MD 安德森癌症中心合作开发沃森癌症机器人"Watson for Oncology",目标是识别肿瘤并治愈癌症。此项目旨在凭借沃森强大的计算能力,利用大量癌症医学文献和真实癌症患者健康记录中包括人口统计学、肿瘤特征、治疗和结果等数百个变量,期望发现人类难以发现的肿瘤隐藏模式。IBM 在新闻稿中宣称"沃森癌症机器人的使命是让临床医生能够从癌症中心丰富的患者和研究数据库中发现宝贵的见解",最后的结果怎么样呢?

2017 年 2 月,在花费了 6200 万美元之后,得克萨斯大学宣布终止和 IBM 合作的这个项目。一些肿瘤学家表示,他们相信自己的判断,不需要 Watson 告诉他们该做什么。新闻机构 Statnews 在 2018 年 7 月查阅了 IBM 的内部文件,发现 IBM 的 Watson 系统有时候会给医生提出错误的甚至是危险的癌症治疗建议,例如为已经大出血的癌症病人开出了导致加重出血的药。

IBM 的 AI 癌症机器人系统失败的原因之一是癌症患者的训练数据少导致不能产生通用性强的人工智能,数据质量缺乏认知偏见、产品没有遵循"以人为本"的设计理念,难以进入实际临床流程[8]。

1.3.3 歧视的再犯罪 AI 算法

在美国,罪犯在出狱之前需要进行一个再犯罪的评估,用于判断是否适合出狱,出狱后是否需要采取必要的监视措施。如何评估一个罪犯的再犯罪概率呢?美国司法机构采用了 Northpointe 公司推出的罪犯风险行为评估系统 COMPAS,为出入监狱、管理囚犯和规划惩治提供决策支持。COMPAS 目前用于刑事案件,是根据统计信息形成人工智能决策的主要应用案例。

COMPAS 风险评估系统依据的信息从被告的犯罪档案和与被告的访谈中采集,该产品是根据 137 个问题的答案,通过特定算法得出来一组分数,这些问题有些是和罪犯本人相关的个人信息,比如之前犯罪的类型、日期、频率、出生年月、性别等,有一些则是提出问题由罪犯本人回答,比如"您的父母或者兄弟姐妹中有一个曾经被送进监狱吗?""您有多少朋友碰过大麻?""你是否同意饥饿的人有权偷窃?"之类的问题。值得注意的是,所有问题都不会提及罪犯的种族。

然而近年有学者发现,该算法给黑色人种的高再犯风险评分是白人的两倍。在洛杉矶市,一名轻微犯罪的黑色人种妇女被标记为"高风险",而一名曾两次武装抢劫的白人被标记为"低风险",结果是那位妇女并没有犯罪,但那名白人男子继续进行盗窃,这一风险评估产品目前在美国引起了黑人种族团体广泛的质疑。获得过普利策奖的 ProPublica 公司发现,美国司法判决利用 COMPAS AI 犯罪风险评估算法出现了对黑色人种的系统性歧视偏见,面部识别软件用不适当的标签标记了黑色人种[9]。

1.3.4 人脸识别系统的问题

亚马逊(Amazon)公司的 Rekognition 系统是用于人脸识别和图像识别的 AI 软件,用户需要为使用该软件处理的每张图像向亚马逊付费,在美国,警方已经开始使用该软件系统来寻找走失的儿童和被拐卖的人口。

麻省理工学院(MIT)研究人员在发表的一项新研究中发现,在特定情况下,Rekognition 系统无法可靠地辨别女性和深肤色人群。

美国公民自由联盟(ACLU)使用亚马逊的人脸识别产品 Rekognition 进行了一项实验,使用亚马逊公司的 Rekognition 人脸识别工具,扫描了全部 535 名美国国会议员的照片,并与 25000 张警方公开的罪犯面部照片进行了比对,发现系统错误地将 28 名国会议员的照片与罪犯面部照片进行了配对,亚马逊公司的人脸识别工具认为,这 28 名议员看起来像是罪犯,见图 1-7。亚马逊公司回应 ACLU 没有正确地使用这个工具,认为美国公民自由联盟(ACLU)是在默认的 80% 置信度阈值的设置下使用 Rekognition 软件,因此才造成误判,亚马逊公司为执法机构推荐的是 95% 以上的置信度水平,但从多个应用结果来看,存在错误率导致的误报是人脸识别技术公认存在的问题。

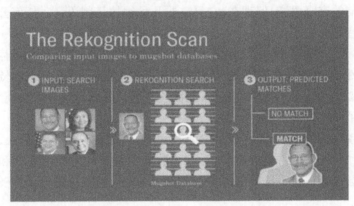

图 1-7 亚马逊公司的 Rekognition 人脸识别[10]

1.3.5 频发事故的自动驾驶

2018 年 3 月 20 日凌晨,Uber 公司在美国坦佩市进行自动驾驶道路测试时,撞到一名叫伊莱恩的 49 岁中年女子,致其当场死亡。当时,伊莱恩正走在人行横道,汽车在发生撞击前 5.6 秒时将其错误识别为汽车,撞击前 5.2 秒又将其识别为其他物体,此后系统发生了混乱,在"汽车"和"其他"之间摇摆不定,浪费了大量的时间,因此车辆没有及时刹车,酿成悲剧。

美国国家公路交通安全管理局(NHTSA)发布了 L2 级自动驾驶事故数据报告,有 392 起事故与 L2 级 ADS 辅助驾驶系统有关,其中约 70%(273 起)为特斯拉汽车发生的事故[11],见图 1-8。这些车辆都在发生事故时开启了自动驾驶仪 Autopilot 和完全自动驾驶系统 FSD 的 Beta 版本,意味着自动驾驶导致了更多的车祸发生。

图1-8 特斯拉汽车发生的车祸事故

1.3.6 社交网络中真假难辨

随着技术的进步，人工智能语音和视频生成变得越来越容易。过去，它需要大量的录音才能创建可信的克隆语音，但现在，它只需要几秒钟的录制语音。任何公共视频都可以用于训练人工智能模型来模仿一个人的声音和外表。

据2024年2月初《南华早报》报道，一位职员收到该公司驻英国的首席财务官（CFO）的一封电子邮件，这封电子邮件涉及一项需要进行的"秘密交易"。这名员工很早就怀疑这封电子邮件似乎是一个网络钓鱼骗局，但在假首席财务官邀请他参加视频电话会议后，他最终被愚弄了。

因为在视频电话中，该员工认出了许多其他同事，但他们根本不是人，是骗子使用公开的个人视频和音频片段重建的数字人，一位数字化重建的首席财务官和一些外部人员也出席了电话会议。该员工按照他的指示向五个本地银行账户进行了15笔交易，总额为2亿港元。

被骗的员工直到一周后在公司总部核实时才意识到这是一场精心策划的人工智能诈骗。在此期间，诈骗者通过即时消息、电子邮件和一对一的视频通话与受害者保持联系。之后他报了警，警方立即展开调查，发现会议中除该员工外的所有参与者，都是骗子使用公开的个人视频和音频片段重建的数字人。

在假视频通话中，诈骗者让员工自我介绍，但深度伪造的同事和受害者之间从未进行过任何直接对话。过去，我们会认为这些骗局只会涉及两个人一对一的情况，但从这个案例中我们可以看出，诈骗者能够在在线会议中使用人工智能技术，因此即使在有很多参与者的会议中，人们也必须保持警惕。

除此之外，很多商品评价已经由机器自动生成，带来的是评论在规模性、密集度地大幅增加。如果虚假评价如潮水般涌入，可能将真实评价淹没。亚马逊公司表示，据估计超过90%的不真实评论是由计算机或其他机器工具生成的。

在社会事件的舆论方面，虚假评论可以破坏个人声誉，伪造账单，一般人难以分辨真假和来源。机器人水军如果操纵舆论，创造虚假的舆论情报或者媒体，进而制造政治风暴，将可能使国家安全置于风险之中。

高风险领域的风险更加令人们难以信任人工智能决策，因为 AI 在统计层面上 0.01% 的错误概率，发生在每个个体身上都是 100% 的不可承受之痛。因此，人工智能在创造更好更逼真的信息时，也能产生出一个错误的生态系统，致使人类难以做出正确的判断。

1.4 可信人工智能的伦理和法规

1.4.1 典型的人工智能伦理原则

随着人工智能在多个行业的深入应用，AI 系统的事故频繁出现，人们究其原因发现：AI 系统在某些性能超过人类的同时，本身还存在着黑盒、偏见、安全、不可问责等内生性风险，人们在与 AI 系统交互过程中还存在着信任风险，这些都导致了 AI 决策的信任危机。在高风险场景时，AI 使能系统的错误预测和糟糕决策将导致人们无法承受的后果。为了应对以上多种风险和不确定性的现实问题，针对人工智能系统的可信问题在学术界和工业界被广泛讨论，成为备受关注的热点。

为了提升高度不确定性环境下 AI 智能系统应用和决策的可信性，美国、欧盟等用 AI 技术的道德伦理原则和可信 AI 技术来推动可信 AI 决策的发展，其共同目标是让人们和社会毫无畏惧地开发、部署和使用 AI 系统。

欧盟于 2018 年发布了可信 AI 的伦理准则《Ethics Guidelines for Trustworthy AI》，提出了实现可信 AI 全生命周期的框架。2020 年 2 月 19 日，欧盟发布了《AI 白皮书》，旨在通过防范和处理 AI 技术带来的各类风险，推动道德和可信 AI 的发展。2023 年 11 月 1 日，包括美国和中国在内的 28 个国家和欧盟达成《布莱切利宣言》(Bletchley Declaration)，旨在推动全球在人工智能(AI)安全方面的合作。

我国新一代人工智能治理专业委员会在 2019 年发布《新一代人工智能治理原则——发展负责任的人工智能》，提出 AI 治理的框架和行动指南。2023 年 4 月，国信办等颁布了《关于生成式人工智能服务管理办法》(征求意见稿)。

2020 年 5 月 8 日美军启用 AI 伦理原则，意味着未来战争的全面升级。2023 年 4 月 11 日，美国商务部下属国家电信和信息管理局(NTIA)发布"人工智能问责政策"征求意见稿(RFC)，就是否需要对 ChatGPT 等人工智能工具实行审查、新的人工智能模型在发布前是否应经过认证程序等问题征求意见，期限为 60 日。

国际隐私专业协会(IAPP)于 2023 年 6 月发布报告《美国联邦人工智能治理：法律、政策和战略》(US federal AI governance: Laws, policies and strategies)，探讨 ChatGPT 风靡背后美国联邦人工智能治理现状。

2023 年 6 月 14 日，欧洲议会全体会议表决通过了《人工智能法案》授权草案，该法案进入欧盟立法严格监管人工智能技术应用的最终谈判阶段。决定禁止实时远程生物识别技术，如不能在公共场合进行实时人脸识别，并对 ChatGPT 等生成式人工智能工具增加更多安全控制措施，提出新的透明度要求，以确保人工智能的研发和应用符合欧盟权利和价值观。草案将人工智能风险分为不可接受的风险、高风险、有限的风险和极小的风险四级，对应不同的监管要求。其中高风险人工智能的使用必须受到严格监管，系统提供者和使用者都要遵守数据管理、记录保存、透明度、人为监管等规定,以确保系统稳定、准确和安全。

然而,针对人工智能系统可信问题的研究尚处于起步阶段:目前的研究主要从宏观层面探讨了 AI 决策的风险来源,针对人工智能使能系统可信决策研究最早从可信 AI 系统的设计原则上开展,期望从宏观方向上指导 AI 应用向着可信的方向发展。可信的 AI 决策通常需要两方面的准则:

一是功能性准则:要求 AI 系统在技术和功能上可信,即要求 AI 模型具有较高的准确率、鲁棒性和安全性等,这是 AI 应用的共识前提。

二是伦理性原则:即 AI 决策在保证性能可靠的前提下,应符合人类社会的道德伦理准则和法律法规,才能得到人类的信任。

具有代表性的可信 AI 伦理原则归纳如表 1-1 所示。从归纳结果可知,AI 可信的伦理原则中,可解释性、公平与偏见、安全与隐私性、可问责性等四个方面最受关注,是当前业界和学术界较为公认的最重要的四个原则。

表 1-1 代表性的可信 AI 伦理原则

原则	关键词						
	可解释性	公平与偏见	安全与隐私性	可问责性	自主性	防止损害	可控
原则1	√	√		√			
原则2	√	√			√	√	
原则3		√	√	√			√
原则4	√	√	√	√	√		
原则5	√	√					
原则6	√	√	√				
原则7		√	√	√			√
原则8	√	√	√	√			
原则9		√					
原则10	√	√		√	√	√	
原则11	√	√	√	√			
原则12	√	√	√	√	√	√	√

注:原则 1:2016 ACM 公平性、可问责性与透明度会议。

原则 2:2018 欧洲 AI4People《欧洲 AI 伦理原则》。

原则 3:2019 中国《新一代人工智能治理原则——发展负责任的人工智能》。

原则 4:2019 欧盟《可信赖 AI 的伦理准则》。

原则 5:2019 白宫《针对 AI 应用的行政命令》。

原则 6:2019 G20 AI 原则。

原则 7:2020 美国五角大楼《AI 五大伦理原则》。

原则 8:2020《中国人工智能的伦理原则及其治理技术发展》。

原则 9:2021 中国《新一代人工智能伦理规范》。

原则 10:2021 联合国教科文组织发布《人工智能伦理建议书》。

原则 11:2023 中国《人工智能伦理治理标准化指南》。

原则 12:2023 欧盟监管 AI 版的《人工智能法案》。

但如何落实这些准则,如何根据准则审核人工智能等一些问题仍然存在挑战。这些伦理原则之间存在一定的重叠和冲突,各类准则之间的优先级关系和内部边界还没有清晰的划分界定,因此实施这些准则有许多值得探讨的问题。例如,对数据隐私的保护可能会影响 AI 系统输出的可解释性和透明性,要求算法公平性可能会损害某些群体的准确性和鲁棒性。对不同风险程度和应用行业的 AI 决策异质性和共性规律的关注不够,存在着许多值得探讨的问题。

另一方面,各种原则在不同风险等级和应用场景中的重要程度也不同。例如,高风险应用中对可信的要求普遍高于低风险决策,智能医疗领域和自动驾驶领域的决策涉及人类生命安全,金融领域的 AI 决策涉及投资收益,司法领域的 AI 决策涉及公平正义,而无人化工厂生产线的 AI 决策则仅仅涉及产品质量,因此本书将主要关注高风险 AI 系统和应用。

在具体应用中,仍然缺乏具有指导意义的、可以贯穿 AI 全生命周期的可信决策实施路线。许多研究都是从这四类原则和风险出发开展,试图对具体原则给出实施方法,下一节首先从模型的可解释性和可问责性、数据的公平性和安全性四个维度对相关研究进行介绍。

1.4.2 可信人工智能原则的实施

随着人工智能技术的快速发展,社会各界对可信 AI 研究已经从理论探索逐步走向工程化落地实践。政府与研究机构的相关政策和规范从宏观指导,开始向可操作、可落地的规范演进。

在法律监管层面,各政府部门的法规政策愈发重视实施和操作。例如新加坡于 2022 年 5 月出台世界首个 AI 治理测试框架及工具包,同年 6 月英国宣布首个人工智能伦理和监管的重大研究计划。

在行业可信 AI 实践层面,各国研究机构纷纷开展可信 AI 技术研究及标准制定工作,为业界提供评估准则并聚焦准入落地。如英国 BSI 与艾伦图灵实验室合作开发技术标准改善人工智能治理,美国国家标准与技术研究院 NIST 发布《人工智能偏差识别和管理标准》《AI 风险管理框架》《人工智能和用户信任(NISTIR 8332)》等的草案,为企业和机构的 AI 风险管理提供了大量可参考的要求和指导。

在企业可信 AI 实践层面,产业界从企业战略管理和技术工具研发创新双线并进,加速了可信 AI 在企业的落地实践。如微软、谷歌、腾讯、百度等多个头部科技企业先后发布了 AI 治理战略和治理体系,成立了相关委员会和工作组,聚焦企业层面的 AI 治理和风险管理体系。同时可信 AI 技术和保障工具也在蓬勃发展,微软、谷歌、IBM 等各大企业积极研发可信产品应用,也开源了一批聚焦隐私性、鲁棒性、安全性、可解释性、公平性等可信能力的测试工具。

对于军事系统和应用来说,信任是可信性的关键部分。美海军部在 2022 年 7 月发布"智能自主系统"(IAS)科技战略 IAS 信任主要有以下两方面:对个人信任,考虑人类应如何信任和何时信任机器;对制度信任,考虑应如何评估对机器团队和人机团队的信任。英国的智库皇家国防安全联合军种研究所也在 2022 年发布了《可信人工智能:重新思考未来军事指挥》最新报告。

1.5 人工智能可信的挑战性问题

人工智能已在多个领域取得了突破性的进展,成为引领未来的预测性方法和自动决策的手段。与此同时,人工智能这个被公认为对世界带来深刻变化的颠覆性技术,在部署和应用中给人类带来的潜在风险不容忽视,我们对模型的行为没有很好的理解,很难预测或提示会导致的恶劣行为,并主动阻止它们发生。人工智能预测、人工智能决策和人工智能系统可信有很多的挑战性问题迫切需要解决,为此我们提出了以下一些问题。

1.5.1 人工智能预测的可信问题

问题1:数据驱动的人工智能预测模型需要多大的数据才够用?
问题2:AI预测模型评价仅用准确率的度量指标在应用中可信吗?
问题3:如要达到95%的预测准确率同时漏检率为0可以做到吗?
问题4:当训练数据标签发生错误,AI模型的性能将会如何变化?
问题5:在开放环境中,影响AI预测模型性能的主要因素是什么?
问题6:人类难以感知的对抗样本为什么能导致AI预测模型错误?
问题7:深度神经网络识别模型是否可以辨别出伪装的假目标?
问题8:AI系统如何像人类一样灵活应对开放性世界的预测问题?

1.5.2 人工智能决策的可信问题

我们期望人工智能自主决策,前面的棋类、扑克、游戏等对弈都有AI战胜人类冠军的例子,因此自主决策并不是镜中花水中月,但脱离人的回路,AI自主决策可信吗?为此我们提出了以下挑战问题。

问题1:人工智能决策是人设计出来的,其系统的性能可以受控吗?
问题2:当人工智能自主决策的结果和人的决策不一致时,听谁的?
问题3:在AI自主决策中,是否可评估AI决策算法能力的上下界?
问题4:人工智能系统出现错误决策时,如何进行错误回溯和追责?
问题5:AI的个体和群体之间如何进行自主、协作决策和动态演化?
问题6:环境变化和感知欺骗,将会如何影响AI系统的自主决策?
问题7:AI系统攻击特定目标的有效动作,有无明确的原则和流程?
问题8:如何判断某AI系统自主决策失效时自动切换回到人类决策?

1.5.3 人工智能系统的可信问题

人工智能系统定义为在现实世界中设计和实现的一类系统,这类系统用于支持和部署人工智能模型。这类系统的研究包含三个层面:硬件系统,软件系统和以精确度、能耗、抗攻击性、公平性等为目标的人工智能模型支持体系。

虽然人工智能在特定任务中超过了人类的表现,但是在现实世界的部署中却出现了诸多问题,这些问题很多是全栈层面和系统层面出现的问题,而不是算法层面的问题。随着人工智能逐渐被用到更广泛的多个领域,学术研究成果应用部署到更关键的高风险领域,一些致命的问题逐渐暴露了出来。应该如何控制和管理人工智能生态系统?如何在社会规模上共享和复用数据,同时满足隐私和法律要求?人工智能和现有的可信系统如何结合形成新的可信人工智能使能系统?这些问题包括内生的安全性和隐私问题,保障现实中合法合理可操作的解释性问题、公平性问题,以及外部环境造成损害行为的安全可靠性等一系列新的问题。

人工智能不应仅仅包含算法,它同样需要软件、硬件和整体系统的支持。当越来越多的人工智能系统被使用时,全栈解决方案会遇到越来越多的上述痛点,这些痛点表明了人工智能研究和现实应用的差距,为此我们提出了以下挑战问题。

问题1:需要哪些机制来管理人工智能系统的工作?
问题2:数据量小的情景下是否可做出实用AI系统?
问题3:AI系统的错误是否存在着理论上的上下限?
问题4:多智能系统联合构成的复杂系统如何可信?
问题5:如何构建人工智障不再重复发生的AI系统?
问题6:AI系统可靠性和可信性之间存在什么关系?
问题7:人在回路中和人在回路外AI系统如何可信?
问题8:如何防御有人利用AI设计一个系统做坏事?

1.6 小　　结

- 介绍和分析了典型的人工智能超人案例。
- 介绍和分析了典型的人工智能智障案例。
- 给出了可信人工智能代表性的伦理法规。
- 提出了人工智能可信的一系列挑战性问题。

参考文献

第 2 章 人工智能的风险与信任

2.1 引　　言

对人工智能系统应用的智障案例和研究发现,人工智能经常会犯错,有的错误对人类来说完全不合逻辑,甚至是难以想象的,因此迫切需要厘清 AI 的风险和犯错的原因。人工智能的风险主要来源于大数据驱动的内生风险、人工智能模型的内生风险、人机交互中的风险以及人工智能系统使用方面的风险,这一系列风险的存在导致人们对人工智能应用产生怀疑、缺乏信任。

大数据驱动的内生风险,包括数据偏差导致的不公平和数据安全引发的不可信风险。人工智能模型的内生风险,包括 AI 模型黑盒特性导致的不可解释风险与不可问责风险。人机交互中的风险,包括委托人工智能进行直接决策,或者采用人机协同决策时引发的风险。人工智能系统使用方面的风险包括用户缺乏 AI 的背景知识和对 AI 系统的误用,上述这些风险严重影响了用户对 AI 系统的采纳和 AI 决策的信任,导致用户不愿意用 AI 技术,甚至不相信 AI 系统,产生了人工智能系统采纳方面的难题。

我们对可信人工智能相关文献进行梳理,首先扩展基本概念进行检索和理解,分别以"trustworthy AI decision"和"可信 AI 决策"等同义拓展词为关键词,在 Scopus 数据库和 CNKI 中文数据库对文献关键词、摘要和主题进行筛选,发现相关主题的英文文献研究进展如图 2-1 所示,中文文献进展如图 2-2 所示。可以看到,对于可信人工智能相关的研究在 2016 年之后开始爆发式增长,在人工智能应用不断深化的未来,这一趋势会延续下去。

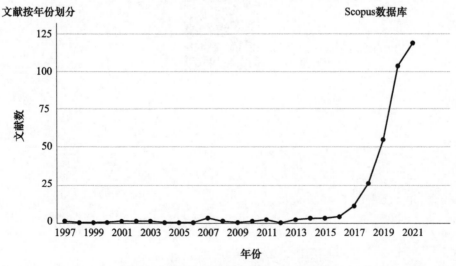

图 2-1　可信 AI 研究中的英文文献趋势

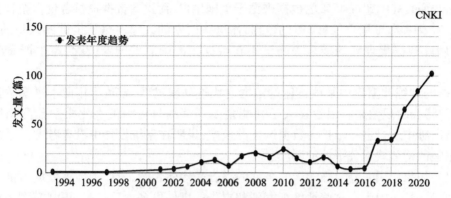

图 2-2 可信 AI 决策中的中文文献趋势

本章对大数据驱动的内生风险、人工智能模型的内生风险、人工智能信任和采纳问题分别进行介绍,分析了人工智能使能系统的影响因素,简要介绍了国外对可信人工智能的推进以及美国 DARPA 资助的可信人工智能项目以供借鉴。

2.2 人工智能的风险问题

2.2.1 数据驱动决策的内生风险

人们长期以来存在一个广为人知的误解:人类决策是非理性的有偏见的,而数据驱动的决策是理性的公平的。实际上,大数据驱动的预测可导致偏见或歧视,影响决策的公平性,许多 AI 应用案例已经显示出了算法决策的偏见问题。

美国国家标准与技术研究院(NIST)的报告指出,一些 AI 算法中亚裔和非裔美国人被误认的可能性比白人高 100 倍[1]。从深层次来看,有偏见的 AI 算法会陷入难以发现和自我迭代的负反馈循环中,历史偏见和模型偏差由于系统的黑盒特性难以被诊断发现,被重新包装在 AI 的黑盒子里,表面上带着客观中立性,实际上却在决策应用中加重了偏见,影响人们对 AI 决策的信任。

数据驱动决策需要大数据支撑,但数据驱动存在着内生风险,大数据驱动的内生风险主要包括缺陷数据导致的决策偏见和数据驱动的安全风险,主要表现在如下方面。

1. 数据偏差

数据偏差是一种数据集的某些元素比其他元素具有更大的权重或比例。例如 *Nature* 上的文章"人工智能为什么总是歧视重重",其中描述了 AI 分类系统将一张美国传统新娘的照片标记为"新娘""礼服""女人""婚礼",而将另一张印度新娘的照片则标记为"表演艺术"和"服装",如图 2-3 所示。究其原因是用了 ImageNet 数据集进行训练,数据集中就没有印度新娘的图像数据。

作为推动计算机视觉深度学习相关研究的训练数

图 2-3 *Nature* 文章:"人工智能为什么总是歧视重重[2]"

据集 ImageNet,其中超过 45% 的数据来源于美国用户,而这些数据提供者仅占全世界人口的 4%。中国和印度用户仅有 3% 的数据,而这些国家的人口占据了全世界人口的 36%,如果使用此数据集训练的模型去测试不在数据集的国家的图像,就会产生严重的决策偏见。

这样的训练数据集中某些群体的数据占比过高或过低,导致了用此不平衡数据集训练的模型将会出现偏差。因为在人工智能模型训练的目标为最大化模型预测精度的同时,模型训练中还会进一步扩大数据产生的偏差,说明在系统设计中没有考虑公平的价值观,数据集的构建缺乏公平性准则。

例如,如果使用龙卷风极端天气事件的报告来构建预测工具,则训练数据可能会偏向人口稠密的地区,因为在这些地区观察到和报告的事件更多。反过来,预测模型可能会高估城市地区的龙卷风,而低估农村地区的龙卷风,从而导致不合适的响应,特别是当模型作为灾害应对、准备投资或医疗保健决策等行动的基础时,质量不好的数据集增加了"垃圾进,垃圾出"研究和偏见传播的风险,使结果变得毫无意义,甚至可能误导决策。

数据偏差导致的算法偏见已成为一个隐匿但作用广泛的社会隐患,例如亚马逊公司采用了机器人力资源 HR,通过 AI 算法对员工进行评分,评分的决策包括了对人类工作的监督、奖惩甚至解雇。采用这种方法引起了很多不满,因为总有可能遇到一些突发状况,会影响员工的规定动作,但机器 HR 只是按照规定模型来执行,缺乏温度和同理心。

数据偏差、标记错误等可以隐于机器学习中的几个重要环节:从数据集的不均衡,到选取特征的偏颇,再到人工打标带入的主观性。例如对数据的贴标签方式产生的训练数据,就是个人的世界观产物,打标过程正是将个人偏见转移到数据中,被喂入算法,进而生成了带有偏见的模型。现如今,人工打标的服务已成为一种典型商业模式,许多科技公司都将其海量的数据标注外包进行打标。这意味着,算法偏见正通过一种隐形化和合法化的过程,被传播和放大,从人到机的迁移中,偏见习得了某种隐匿性与合法性,并被不断放大,因此任何一种人工智能分类系统都会反映出数据驱动决策过程中参与者的价值观。

2. AI 生成内容

AI 生成内容(AI Generated Content, AIGC)指利用 AI 无中生有自动生成图像、视频、音频等数据。生成式 AI 主要起源于生成式对抗网络 GAN(Generative Adversarial Network),本质上,这种方法是通过让两个人工智能模型相互竞争,以更好地创建符合目标的图像。

随着图像生成的效果越来越真实,生成式 AI 有可能欺骗用户,例如基于深度伪造(Deepfake)技术的 AI 换脸、换声、换服装、换动作等,大多数用户相信所见即所得,看到是图像或视频,但辨别不出是 AI 生成的虚假信息。

例如英伟达(NVIDA)公司用 pg-GAN 网络生成的合成人脸如图 2-4 所示,这些 AI 生成的人脸图像,都是世界上不存在的人。这样的生成数据真假难辨,扰乱了数据驱动的 AI 生态空间秩序,让人难以信任 AI 系统。这种图像在互联网上进行传播并且与其他图混杂在一起,加大了辨别和溯源的难度。随着数字化不断深入生活和虚拟世界的兴起,当我们的生活在数字世界大于现实物理世界的时候,人工智能通过产生和操纵视频和图像,就有可能制造出真正的暴力。

图 2-4　英伟达公司的 pg-GAN 生成的合成图像[3]

3. 数据安全和隐私

在数据驱动的 AI 系统生命周期中,从数据采集和标注,到数据处理、使用和数据共享阶段,都可能存在着多种多样的安全和隐私风险,如图 2-5 所示。

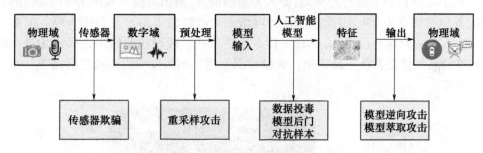

图 2-5　AI 系统生命周期中的安全风险

从安全的角度来看,与人工智能系统生命周期中相关的物理域和数字域都有可能存在风险点,具体如下:

传感器(如相机、手机、麦克风等)将物理域转到数字域的数字化中,存在如干扰、噪声和伪装等传感器欺骗风险;

在数字域中进行数据预处理的时候,需要重新加工处理,可能存在重采样攻击,扰乱真实的数据;

数据驱动构建模型时,需要向人工智能模型喂入大量数据,输入样本数据可以被操纵,例如进行对抗样本攻击和数据投毒;

选择模型应用时,可以通过模型后门进行控制,导致模型发生变化,人工智能模型是端到端的,只有输入和输出结果,难以看出模型中间过程发生的变化。人工智能模型大多是开源的,可以对其进行逆向攻击和萃取攻击,这就导致从数字输出到物理域生成也会产生风险问题。

由此看出,在人工智能系统生命周期中的过程都可能产生安全攻击点,导致其人工智能系统最后的输出是不可信的。

数据驱动预测和决策需要大数据,对系统而言,目前缺乏人工智能系统设计和公平价值观,训练数据收集时没有设立安全隐私原则,缺乏多样性和全面性的搜集准则等。对个体的用户而言,其数据一旦被收集和分析,个人信息面临数据隐私泄露的风险,长期持续的作用将会超出跟踪和监视的功能,因此数据驱动的内生风险是人工智能可信决策必须解决的问题。

2.2.2 人工智能模型的内生风险

AI模型的内生风险包括AI模型的不可解释性和不可追责性。

1. 人工智能模型的黑盒问题

AI模型的性能虽然比传统的方法高很多,但固有的黑盒特性难以解释,导致人们无法理解端到端模型的内在逻辑,故而难以信任AI系统做出的决策是否正确。例如在高风险的医疗诊断、自动驾驶、金融贷款和司法裁判等领域,人们难以接受用AI黑盒模型去决定患者的健康生死、乘客的安全、贷款的批准和被告的量刑等。因此对AI模型需要给出合理的解释,使黑盒模型变为透明模型,让人类可以理解其输出结果的缘由,才能促进对AI的信任和应用。

AI系统的黑盒问题意味着系统不透明,难以跟踪模型的内部工作和系统实现,如图2-6所示的端到端深度神经网络,输入为猫的图像,输出为猫的概率为97%,狗的概率为1%,其他的概率为2%,因此深度神经网络分类器将输入的图像判别为猫。但整个模型根据什么判断为猫不得而知,学到了什么主要特征?模型预测结果由什么主导?换另一张躺着的猫图像是否能正确识别?如模型识别错了如何发现以便修正模型等一系列问题需要解答。

图2-6 端到端的深度神经网络模型为黑盒

当人工智能系统变得越来越复杂时,模型的性能越来越好,但模型愈加难以理解,因为很难为输出提供让人信服的推理和解释,在高风险领域,降低了系统的可信度。例如深度学习网络端到端图像识别模型分类准确率高,但解释性最低,决策树模型分类准确率低,但其解释类似人的直观推理,容易理解。我们的目标是,在现实任务需求下,应用和部署应采纳性能最好的深度学习模型,在分类性能高的同时还需要深度学习模型具有可解释性。

虽然深度神经网络通常会输出与人类判别结果非常相似的结果,但它们并不一定经历相同的识别和决策过程。例如,如果你只用白猫和黑狗的图像训练一个深度神经网络,它可能会优化其参数,根据动物的颜色而不是它们的物理特征对不同的动物进行分类。

2. 对抗样本

对抗样本是在输入数据中添加细微干扰或噪声生成,虽然人类难以感知出来,却能导致人工智能模型以高置信度产生输出错误。例如可以使自动驾驶汽车的计算机视觉算法失明或者故意指示错误,这意味着可以强迫自动驾驶汽车以危险的方式行驶并可能导致撞人事故。如图 2-7 所示,由于斑猫的图像加上了对抗样本或者扰动的干扰,使训练斑猫识别的深度神经网络分类模型输出为牛油果,而人类是不会出现此类错误的。

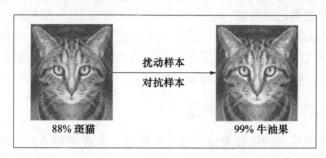

图 2-7 对抗样本干扰使图像识别模型将斑猫识别为牛油果

端到端的 AI 算法不透明意味着我们不知道它们如何出错、何时出错。恶意行为者可以利用这些错误对依赖人工智能算法的系统进行对抗性攻击。例如,将一个年轻女生的照片添加上眼镜,人工智能会把她识别成中年男性高级管理人员,这就导致身份认证和访问控制上出现了漏洞,攻击者就具有了高层人员的访问控制权限。到目前为止,对抗样本致使人工智能模型失效原因众说纷纭,还没有明确的机理。

另一种可以对数据的操纵是数据投毒,是指在训练数据中加入精心构造的异常数据,导致预测模型输出错误。它是一种对抗攻击方式,攻击者试图操纵 AI 算法的训练数据集,导致其做出错误的决策。这种攻击试图从数据端破坏 AI 模型,因其本质上是数据驱动的,由此攻击者可以控制其输出。数据投毒攻击对许多高风险领域来说可能是致命的,如在医疗、航空、交通和司法等领域,数据投毒引发的 AI 模型错误可能危及人的生命安全。

3. 人工智能模型的问责问题

另一方面,AI 系统在高风险应用的事故频出,由此对 AI 系统的监督和问责问题备受关注。例如自动驾驶 AI 系统的自主决策目前仍存在着问责难题,特斯拉自动驾驶致死事故维权困难,其根源在于数据所有权和 AI 问责的界定不明确。

2022 年 10 月 4 日,美国白宫发布了《人工智能权利法案蓝图》。核心内容为五项原则:①安全有效的系统;②算法歧视保护;③数据隐私;④通知和解释;⑤人工替代、考虑和回退。该文件的出台,将从科技、经济以及军事等方面为美国人工智能的发展提供指引。

2023 年 3 月 29 日,英国政府发布题为《创新型人工智能监管》(A pro-innovation approach to AI regulation)的白皮书。其中涉及问责和治理:需要采取措施确保对人工智能的使用方式进行适当的监督,并对结果进行明确的问责。

虽然 AI 系统的普遍性、复杂性和规模在逐渐增长,但对决策主体责任的界定和追责并不完善,因此识别与 AI 系统相关的潜在问责性问题对于提高决策信任是必要的,可以避免在模型开发完成后进行随意的事后探测,还可以尽早了解模型何时出偏差,以便快速补救,避免当人工智能系统出现问题时发生的损害。

2.3 人工智能的信任问题

对于人工智能与人类协同过程中存在的风险问题,首先影响到的就是用户对 AI 的信任问题。在人工智能兴起的时候,大部分人认为人工智能既然已经超过了人类冠军,那么人类就应该信任人工智能,但是当人们使用人工智能系统遇到问题,看到了自动驾驶出现的撞人事故,就会产生自己要不要使用人工智能的疑问,出现一点小的问题就可能会失去对人工智能的信任,这就会波及人工智能系统的采纳问题。

2.3.1 对人工智能的信任问题

用户对人工智能系统的信任提出了独特的挑战。人类面对不断涌现的大数据难以进行独立决策,通常需要委托 AI 进行直接决策或者采用人机协同决策的路径。由于 AI 系统使用大量数据驱动的模式进行建模,此时人机交互或者 AI 协同决策过程中会产生新的信任风险。

对人工智能系统的信任意味着什么?如果人工智能的输出可以用于危及生命的关键决策,那么它就是可信的。

随着 AI 在各种应用中变得更加普遍,有些因素会直接影响对 AI 的信任,如可解释性和实用性,不仅需要决策结果,还要给出如何具体地得出决策的理由。

随着无缝嵌入的 AI 大模型应用,用户对大模型的了解越来越少,信任将变得更加重要。AI 用户和 AI 系统之间是一种合作伙伴关系,合作伙伴的信任问题极大地影响对 AI 新系统的采用。

如果分析师或下游决策者不能信任 AI 系统输出,即使是性能最佳的 AI 技术也毫无意义。使信任问题变得非常复杂的挑战是,AI 可以被欺骗,若潜在对手非常清楚这一弱点时,掌握 AI 系统如何被欺骗并防御加固模型至关重要。

基于对 AI 信任有限的情况或高风险的任务,对信任进行适当的人机校准至关重要。即在 AI 系统发生错误的情况下,人类操作员可以调整其工作流程和推理过程,甚至接替 AI 系统的工作。

对人工智能系统的信任,就像对人类关系的信任一样,需要长时间来建立。必须在复杂、现实场景的多次迭代中证明自己,才能在实际冲突中得到信任。关系到生命的决策,将会要求具有更高的信任度,要确保以可验证的方式满足用户和利益相关者对人工智能系统信任的期望。

2.3.2 AI 系统信任的影响因素

为了应对上述存在的风险,AI 系统首先需要建立信任。对 AI 系统信任的研究,在信息系统信任、人机交互信任、决策支持系统信任和自动化信任等领域的研究基础上具有继承性和扩展性。

信任的概念由于其抽象性和结构复杂性,在哲学、心理学、社会学、市场营销学、信息系统或人机交互等领域,有不同的概念和定义,但共识的观点是:信任是涉及交易或交换关系的基础,且信任他人意味着必须承受被对方行为伤害的脆弱性。

探索什么因素将会影响人们对人工智能系统的信任尤其重要,因为人工智能系统可以被视为社会技术工件,它们不是孤立地发挥作用,而是嵌入特定的社会或组织结构中,拥有自己的机制、激励、权力关系和社会角色,人类与 AI 的交互和协同只有在信任前提下才能产生合力和增效。

人类之间的信任有经验支撑,人们会根据经验对被委托人的行为、逻辑和价值观等有一定的期望,但当被委托信任的主体由人变为 AI 之后,委托人不同的背景知识、对 AI 系统的不同了解程度,难以对 AI 形成合理的期望。未来我们都要以人机共生、人机协同的方式生存,要是人机之间无法形成信任关系,人机协同的未来将会怎样。

什么是信任?影响它的因素有哪些?人工智能日益增加的技术复杂性,需要我们从用户的视角来看待对 AI 的信任。

信任是对用户在不确定条件下,可以在多大程度上依赖代理来实现其目标的态度判断。基于用户感知的信任,是人类与人工智能合作的必要条件,对人工智能的信任将取决于人类用户如何看待系统,通过研究这些信任因素,我们能够使很大一部分人使用和接受这种有前途的技术。

在具体的开放应用环境中,常常出现动态的多种不确定情景,此时 AI 系统的可靠性会发生变化。若出现偏离常识的错误,用户难以校准对代理 AI 的信任,容易陷入过度信任或信任不足的状态。

过度信任时,用户高估了代理 AI 的可靠性,会误用超出其设计能力的代理,从而导致代价高昂的灾难,造成人员伤亡和昂贵设备的毁坏。

信任不足时,用户低估了代理 AI 的能力,这可能导致代理停用、用户工作负载过大或整体系统性能下降。

只有用户对 AI 的信任处于合适的状态,才能实现人机协同的效用最大化。但设计人工智能系统以产生信任是一件复杂的事情,信任在很大程度上是一种复杂且高维的现象,这在实际决策背景下具有很大的挑战性,因为不确定性和脆弱性始终存在。

不同的学科对信任的定义不同。社会学家将信任视为人际关系的一种属性,心理学家将其视为认知属性,经济学家则认为它是计算性的。这些定义之间的一个一致意见是,信任与诚信和可靠性有关。美国国家标准与技术研究院将信任定义为"一个元素对另一个元素的信心,第二个元素将按预期运行"。几十年来的研究对自动化信任的影响因素达成的共识为:自动化信任取决于操作者、自动化和环境因素之间的动态交互。

在此基础上,本书分析了影响 AI 系统信任的因素如图 2-8 所示,其中包括功能因素、伦理因素、环境因素和操作者因素,不同的影响因素产生着不同种类的信任。

(1)功能因素主要从理性上影响用户的认知信任(cognition - based trust),指对 AI 系统的能力、可靠性和安全性的信任。

• AI 系统能力:主要指 AI 系统完成任务的性能,典型的如 AI 识别系统的准确率等。

• 可靠性:系统的可靠性确保系统按预期运行,即在指定的限制内没有任何故障,始终如一地为相同的输入产生相同的输出。

• 安全性:人工智能系统需要可靠和安全,才能被信任。对于系统来说,按照其最初设计的方式运行并使其安全地响应新情况非常重要,其固有的弹性应该抵制有意或无意的操纵和攻击,应针对运行条件建立严格的测试和验证,以确保系统对突发情况做出安全响应。

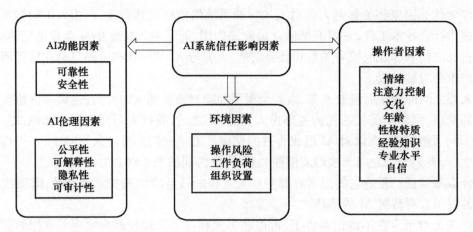

图2-8　对AI系统信任的影响因素分析

（2）伦理因素、环境因素和操作者因素主要影响用户的感性信任（affect-based trust），其建立在人际间的关怀和彼此间感情联系的基础上。伦理因素包含公平性、可解释性、隐私性和可审计性。

- 公平性：系统的公平性确保不存在决策背景下任何固有或后天特征对个人或群体的歧视或偏袒。
- 可解释性：可解释AI涉及为人工智能系统的输出提供相关证据或原因，提供的解释应正确反映AI系统生成输出结果的过程。
- 隐私性：隐私确保个人共享或人工智能系统收集的敏感数据受到保护，免受任何不合理或非法的数据收集和使用。
- 可审计性：评估AI系统过去或现在的行为是否符合预定义的标准、法规、规范和技术目标，不仅可以根据人工智能系统的设计和技术性能进行审计，还可以根据其与组织政策和硬性法规的一致性进行审计。

（3）环境因素包含操作风险、工作负荷和组织设置。

- 操作风险：不同经验、不同专业知识和背景的人员操作AI系统，可能具有人的偏见和操作能力因素。
- 工作负荷：AI操作人员负责操作和管理AI系统，采集数据和清洗，在不同的工作负荷下，可能会产生错误和偏见。
- 组织设置：不同的组织制度流程、组织建设、组织文化、技术能力实施AI系统的风险管理，对人工智能的信任和采纳程度将存在差异性。

（4）操作者因素包含操作人员的背景和知识。

- 操作人员的背景：包括年龄、性格特质、情绪、自信、注意力控制等。
- 操作人员的知识：包括文化水平、经验知识、专业水平等。

总而言之，认知信任和感性信任分别发挥不同的作用。

（5）AI系统信任校准和修复。

对AI系统过度信任或者不信任，导致信任风险，因此可以进行信任校准和信任修复进行缓解。

- 信任校准：帮助匹配AI能力与人类信任，实现恰当的信任，信任校准可以通过不断呈现系统信息来提供透明度,对自主行为的持续性反馈有助于用户保持对AI的信任。
- **信任修复**:已经出现不良信任校准时,需要及时进行信任修复,信任修复可用自然语言(例如:解释、道歉)和传达绩效信息的示例。

人工智能会带来各种各样的风险,其严重程度取决于它的应用。可能的风险包括良性故障、敌手对系统的渗透,以及导致致命后果的流氓行动。对于一个有高风险鲁棒性的用户来说,任何一个高风险或风险的总和都不能成为一个障碍。另一方面,即使是很小的风险也足以阻止一个低风险容忍度的用户信任人工智能。具备良好适应性的人往往对自己和周围的世界有更大的舒适度,这导致需要更大的信任能力。

美国国家标准与技术研究院(NIST)提出了人工智能和用户信任(NISTIR 8332)草案,重点是了解人类在使用人工智能系统或受人工智能系统影响时如何体验信任,激发关于人类如何信任AI系统的讨论,以及人类对AI系统的信任是否可衡量,如果可以,如何准确、适当地衡量它。

该草案列出了有助于人类对AI系统潜在信任的九个因素。一个人可能会根据任务本身和信任AI决定所涉及的风险对这九个因素进行不同的权衡。例如两个不同的AI程序:一个音乐选择算法和一个辅助癌症诊断的AI,可能在所有九个标准上得分相同。然而,用户可能倾向于信任音乐选择算法而不是医疗助理,因为后者正在执行一项风险更大的任务。

信任是基于以前经验和结果的积累随着时间建立的,如果行动或结果是意想不到的,不能为行动提供理由,信任往往会降低。信任还包括一定程度的风险承受能力,这取决于成功或失败的概率。

人类对未知有恐惧感,不确定性会引起对信任的怀疑,透明度可以促进信任,促进信任首要的是可解释性。人工智能的可解释,意味着对人工智能未知的了解和掌握,知道发生了什么以及为什么,就可以掌控和保持信任。

2.3.3 对人工智能的采纳问题

AI受到信任之后才能被采纳,IBM的《2021年全球AI采用指数》指出:采用值得信赖且可解释的AI对企业至关重要,使用AI的企业中,91%的企业表示,让人们了解AI如何帮助做出决策至关重要。虽然全球企业现在已深刻意识到可信AI的重要性,但超过半数的公司指出,在实现这一目标方面存在重大障碍,包括缺乏技能、缺乏灵活的治理工具、数据存在偏见等。

企业采纳AI的三大障碍是:
(1)有限的AI专业知识(39%);
(2)不断增加的数据复杂性和数据孤岛(32%);
(3)缺乏开发AI模型的工具/平台(28%)。

接近90%的IT专业人士表示,无论数据处于何种位置,随时随地运行其AI项目是采用该技术的关键。可以随时随地访问数据是提高AI采用率的关键提取信息,这样才有可能为AI提供洞察。

信任和采纳AI系统的一个主要关键是AI的可解释性问题,它能够向用户、AI从业者和客户解释AI解决方案是如何获得与人类领域专家同等答案的,这对于人们获得信心,从而促进人工智能的广泛采用至关重要。

麦肯锡公司对全球 AI 的调查发现:人工智能的投资水平随着其采用率的提高而增加,组织为加强数字信任而采取的人工智能风险管制水平一直保持一致。虽然 AI 的使用有所增加,但从 2019 年到现在,任何 AI 相关风险并没有显著缓解。

对人工智能采纳问题的影响因素如下。

1. 数据质量问题

大型数据集是建立许多 AI 系统所需的训练集,但是高风险场景下,这些大数据要么保密,要么访问受控或是受隐私保护。因此,为了推动 AI 的发展,需要考虑改革当前数据政策,实现数据保护、隐私保护与 AI 需求之间的平衡。

2. 流程再造问题

现有与安全、性能标准、采办、知识产权和数据版权相关的流程,是 AI 集成到高风险应用中面临的挑战问题。不可预测的 AI 故障模式在复杂环境会扩大,这些因素为商用 AI 技术平滑迁移到开放世界的实际应用造成新的障碍。

3. 标准建立和实施问题

AI 发展可能要求必须制定严格的安全标准。AI 算法易受差错、窃取、操控等攻击,尤其是训练数据集在未受到充分监管或保护时,AI 集成到当前系统内会改变当前的标准化程序,导致现有的系统性能以及人员岗位和职责发生变化。

2.4 国外对可信人工智能的推进

2.4.1 国外可信人工智能的发展

AI 虽然可以带来前所未有的竞争优势,但也伴随着潜在的滥用和风险可能,尤其是在一些敏感和安全至上的领域。因此,需要确保 AI 的高风险使用部署可信的人工智能。

1. 美国

人工智能是典型的军民两用技术,AI 的发展推动着其与国防技术的整合和落地应用。以美国为代表的世界军事强国,预见到人工智能技术在军事领域的广阔应用前景,认为未来的军备竞赛是智能化的竞赛,并已提前布局了一系列研究计划,发布"第三次抵消战略",力求在智能化方面保持优势。美国国防部成立联合人工智能中心(JAIC),其首要目标是加快国防部交付人工智能的进程,扩大人工智能对整个部门的影响,并使国防部的人工智能活动与之同步。可以看到美国大力促进 AI 的发展以保持技术领先优势,为军事和情报能力优势提供保障。

美国对人工智能的研究一直处于世界最前沿,主要是得到了政府的高度重视。对人工智能领域,在 2016 年 10 月先后发布了《为人工智能的未来做好准备》和《国家人工智能研究与发展战略规划》两份报告,详细阐述了人工智能的发展现状、规划、影响及具体举措,将人工智能上升到了国家战略层面,为美国人工智能的发展制定了宏伟计划和发展蓝图。

美国国防部一直在推进人工智能的相关研究。美国国防部高级研究计划局(DARPA)自 2009 年到目前,先后启动了大量基础技术研究项目,探索发展从文本、图像、声音、视频、传感器等不同类型的多源数据中自主获取、处理信息、提取关键特征及挖掘关联关系的相关人工智能技术。

2022年6月22日,美国国防部网站发布《国防部负责任人工智能战略和实施路径》(*U. S. Department of Defense Responsible Artificial Intelligence Strategy and Implementation Pathway*),该文件包含负责任的人工智能(RAI)战略和实施路径两个部分,将指导美国国防部制定实施人工智能基本原则的战略,以及如何利用人工智能的框架。负责任人工智能战略六个原则和实施路径,包括:RAI治理、作战人员信任、人工智能产品和采购生命周期、需求验证、建立RAI生态系统、AI人才队伍建设,DoD的RAI战略从AI产品全生命周期出发,提出构建RAI的具体路径。

2023年5月23日,美国白宫公布了一系列围绕美国人工智能使用和发展的新举措,并更新发布了《国家人工智能研发战略计划》。该计划是对2016、2019年版《国家人工智能研发战略计划》的再次更新,重申了之前的8项战略目标并对各战略的具体优先事项进行了调整和完善,其中战略4:确保安全的人工智能和人工智能的安全包括深入了解如何设计可信赖、可靠和安全的人工智能系统。这需要开展相关研究,以提高测试和验证人工智能系统功能和准确性的能力,以及保护人工智能系统免受网络安全和数据漏洞的影响。

美国的智库兰德(RAND)公司发布了题为《颠覆性威慑:审视技术对21世纪战略威慑的影响》《人工智能:对美国国防的机遇与挑战》《人工智能、深度造假与虚假信息》《防御人工智能对抗性攻击的可行性分析》《对抗攻击如何影响美国国防部军事人工智能系统》《利用机器学习进行作战评估》的报告。

美国国家标准与技术研究院(NIST)发布了《人工智能和用户信任》《迈向识别和管理人工智能偏见的标准》《可解释人工智能的四个原则》《人工智能风险管理框架》等一系列准则。

美国大公司如微软、谷歌、IBM、Twitter等众多国外主流科技公司在AI伦理与可信AI方面开展了谋划、布局和实践。

2. 欧盟

欧盟委员会出台了人工智能相关的一系列新规,强调可信、安全创新。2021年12月,欧盟网络与信息安全局(ENISA)发布了题为"安全机器学习算法"(Securing Machine Learning Algorithms)的报告,这是ENISA在2020年发布《人工智能网络安全威胁图谱》之后又一人工智能安全领域报告。报告详细分析了当前机器学习算法的分类,针对机器学习系统的攻击和威胁,具体的威胁包括数据投毒、对抗攻击、数据窃取。报告给出了安全框架、标准等方面的具体内容和可操作性的安全控制。2022年4月21日,欧盟委员会提出新的规则和行动,旨在使欧洲成为全球可信人工智能中心。

2023年6月14日,欧盟人工智能治理迎来最新实践进展,欧洲议会投票通过了《人工智能法案》,作为世界第一部综合性人工智能治理立法,它将成为全球人工智能法律监管的标准,被各国监管机构广泛参考。

3. 英国

2022年6月15日,英国国防部发布《国防人工智能战略》(*Defence Artificial Intelligence Strategy*)。该战略旨在通过前沿技术枢纽,支撑新兴技术的使用和创新,从而支持创建新的英国国防AI中心。

该战略将成为英国人工智能战略的关键要素,并加强国防在政府层面通过科学和技术获取战略优势的核心地位,支持英国政府"到2030年英国成为科技超级大国"的雄心。AI风险管理方法将基于尽可能合理降低原则(ALARP),认识到在系统生命周期内进行测试的重要性,反映AI部署后继续学习和调整行为的可能性。该战略认为:信任是大规模使用AI的基础,通过培训确保员工信任AI;英国的道德、保证和合规机制,可在稳健的数据、技术和治理框架内不断验证和确保AI能力。

英国智库皇家国防安全联合军种研究所的2022报告:《可信人工智能对未来军事指挥的影响》,以各级人员和公众的信任对有效采用人工智能进行军事决策至关重要这一前提为基础,探讨了关键的相关问题。如对人工智能的信任究竟意味着什么?如何建立和维持它以支持军事决策?人类操作员和人工智能体之间的共生关系对未来的指挥需要做出哪些改变?探讨了人工智能和信任的概念,分析了人类机构的作用以及人工智能对人类做出选择和决定的认知能力的影响。结合信任、人工智能和人类机构的概念,提出了一个在人工智能支持的军事决策中发展信任的五维框架。

4. 俄罗斯

俄罗斯军事工业委员会计划在2025年之前实现俄军装备30%的机器人化,其军队轮式和履带式地面作战机器人已经投入叙利亚战场。俄军已成立了一个人工智能(AI)部门,专门开发人工智能技术、智能化武器,旨在加强AI技术在军用武器和特种装备模型制造方面的应用。新部门用于制衡美国国防部新成立的AI权威机构——首席数字和人工智能办公室(Chief Digital and Artificial Intelligence Office,CDAO),该办公室的使命是在整个美国军队中扩大人工智能的使用。

俄罗斯出台2030年前国家人工智能发展战略,提出俄发展人工智能的基本原则、总体目标、主要任务、工作重点及实施机制,旨在加快推进俄人工智能发展与应用,谋求在人工智能领域的世界领先地位,以确保国家安全、提升经济实力和人民福祉。据俄罗斯媒体报道,俄罗斯的S-350"勇士"防空导弹系统首次在自动模式下攻击了目标,无需人类操作,采用人工智能控制的方式对目标实施了攻击。

5. 以色列

以色列于2019年11月启动国家级人工智能计划,以五年为一期,每年投资几亿美元开发人工智能,通过建立专门机构和完善硬件基础设施、私募基金投资人工智能应用等方式促进人工智能领域的发展。人工智能技术在民间的蓬勃发展,也为以色列国防军带来军事变革。

据悉,在2021年5月以巴冲突中,以色列军队使用先进信息收集技术、分析算法和人工智能主导的决策支援系统,对敌军实施精确有效打击,并定义为"第一次人工智能战争",这同时也向外界传递出以色列军队已经完成人工智能实战应用的信息。

《以色列人工智能与国家安全》报告其中谈到人工智能使用的挑战如下[5]:安全可靠的挑战、系统改编的难度(人工智能系统很难适应新环境)、适应AI的节奏(人工智能快速行动和反应能力超过了操作员理解控制它们的能力)、人工智能系统结果难以预料、偏差、伦理、假新闻带来的挑战。以色列的目标是利用其技术实力成为人工智能"超级大国",预测自主战争和简化战斗决策的进展。

总而言之,在一些敏感和安全至上的领域,尤其在军事上,人工智能的需求在国际上是大势所趋,同时也是多个军事大国的国家战略。

2.4.2 DARPA 的可信人工智能项目

美国国防高级研究计划局(DARPA)推出了一系列可信人工智能的项目,重点介绍如下。

1. XAI——人工智能可解释性项目

1)项目创建背景

机器学习的巨大成功创造了新的人工智能(AI)能力的爆炸式增长,持续的进步有望产生能够自行感知、学习、决策和行动的自主系统。然而,这些系统的有效性受到机器当前无法向人类用户解释其决策和行动的限制。这个问题在高风险应用上尤其重要,它面临着需要开发更智能、自主和可靠系统的挑战,可解释的人工智能对于用户理解、适当信任和有效管理新一代人工智能合作伙伴至关重要。

如何理解、信任和管理这些神秘的、看似高深莫测的人工智能系统。当前以深度学习为代表的人工智能技术的弊端之一是算法属于"黑盒"系统,中间的分析与决策过程不得而知,也缺乏可交互性和操作性,可解释性不强。对于大规模的深度学习网络,由于存在复杂的非线性变换及大量的神经元连接,少量扰动即可引起结果的剧烈变化,表现出的行为将会变得难以理解。具有可解释性的智能系统能够实现人机互操作,便于将人的经验融入决策中,做到决策可追溯、可引导、可纠正,从而提升系统的智能性。

DARPA 于 2015 年制定了经费为 2605 万美元的可解释人工智能(XAI)项目计划[6],从 2017 年开始为期四年的 XAI 研究计划,XAI 的既定目标是创建一套新的或改进的深度学习方法,以产生可解释的模型,当与解释技术相结合时,旨在使最终用户能够更好地理解、信任和有效管理人工智能系统。

XAI 的目标是最终用户依赖于 AI 系统产生的决策或建议,或者它采取的行动,因此需要了解系统的基本原理。XAI 的概念是为用户提供解释,使他们能够了解系统的整体优势和劣势,传达对其在未来和不同情况下表现的理解,并且允许用户纠正系统的错误。

2)项目需求技术

XAI 项目旨在创建一套机器学习技术:产生更多可解释的模型,同时保持高水平的预测准确性,使人类用户能够理解,适当地信任并有效地管理新一代人工智能合作伙伴。

XAI 项目专注解决两个技术领域的挑战问题:

(1)对异构多媒体数据分类系统给出的建议,分析师需要了解它为什么建议某些活动。

(2)执行自主系统任务的操作员需要了解 AI 系统的决策模型,以便在执行各种任务时使用此模型的建议。

XAI 项目计划的结构体系分为三个主要技术领域:

(1)开发新的 XAI 机器学习可解释技术,以产生有效的解释性;

(2)通过总结、延伸和应用可解释心理学理论来理解可解释心理;

(3)针对多媒体数据分析和自主性决策两个挑战问题研究新的 XAI 技术。

3)项目结果启示

为了评估 XAI 技术的有效性,研究人员设计并开展了评估解释黄金标准的用户研究,

在进行用户研究的过程中,发现了几个关键的启示[7]:
- 用户更喜欢提供决策与解释的系统,而不是仅提供决策的系统。当用户需要了解人工智能系统如何做出决定的时候,解释能够提供最大的价值。
- 为了使解释能够改进任务的性能,任务必须足够困难,以便人工智能的解释可以起作用。
- 用户的认知负荷可以解读出不同的解释,因此解释和任务难度需要被校准,才能提高解释效果。
- 当人工智能结果不正确时,解释更有帮助发现错误,对于终端用户特别有价值。
- 解释有效性的衡量标准会随着时间而变化。
- 与单独的解释相比,多种形式的解释可以显著提高用户的信任度。
- 解释可用于度量和对齐用户与 XAI 系统的心智模型。

随着 2021 年 XAI 项目的结束,DARPA 依托"可解释人工智能"项目形成了一套基础理论来解释人工智能得出的结论:新的机器学习系统将能解释自身逻辑原理、描述自身的优缺点,并解释未来的行为表现。但目前还没有通用的 XAI 解决方案,这与我们自己和他人互动时面临的情况一样,不同的用户类型需要不同类型的解释。

未来的 XAI 系统将能够自动校准并向特定用户传达解释,对深度学习的局限性需要有更准确的理解,但这远远超出了当前的技术水平。

2. GoL——学习的几何特征项目

1)项目创建背景

DARPA 在 2022 年 1 月发布了"学习的几何特征(GoL)"项目招标书[8],期望寻求通过更好地理解图像空间的自然图像几何及映射条件,推进可解释、可训练、可信赖、对抗性 AI 的理论发展。GoL 隶属于 DARPA – PA – 21 – 04"人工智能探索"(AIE)计划创新基础和应用研究项目,总价值不超过 100 万美元。

2)项目需求技术

目前深度学习的实践步伐已超越了理论的发展,因此使技术采纳面临障碍。潜在的假设是,对象的图像集在图像空间中形成一个流形,这反过来又可以用来限制从图像空间到标签空间的映射,并改善 DNN 的训练过程。"学习的几何特征(GoL)"项目旨在通过更好地理解图像空间的自然图像几何,从图像空间映射到特征空间和标签空间的函数几何,以及这些映射函数几何如何随着训练而进步,对学习的几何形状的理解有望对如下 AI 难题产生实际的见解:

- 对抗性人工智能(Adversarial AI)

对手可能修改图像或场景,从而愚弄深度网络。深度网络为什么对于对抗性攻击是有价值的,其中一个假设就是,对抗性攻击被迫将所有图像空间映射到标签空间,即使大部分图像空间包含随机噪声图像。如果我们可以理解自然图像在图像空间的流形形式,就有可能限制该函数域,使神经网络不易受对抗性攻击的危害。

- 可解释的人工智能(XAI)

对于人类操作员来说,相比理解网络如何为图像打标签,理解深度神经网络输出的基础更为重要。如果理解目标图像创建的集合管,那么图像在流形的位置就能传达信息,如目标姿态或场景。深度网络不是仅生产标签,如"猫",而是可能提供描述,如"猫,躺倒,侧面视图"。
- 可训练的人工智能(Trainable AI)

在许多应用中,深度学习的障碍是缺乏大量训练集。如果理解图像流形几何特征,那么就能判定是否拥有足够的样本来对目标进行建模,若答案是否定的,则还需要添加什么样本。

- 可信的人工智能(Trustworthy AI)

操作员需要知晓何时信任机器学习系统,以及何时不信任。如果插入或删除训练集中的一些自然样本,会显著影响深度网络的决策,那么这些决策就是不可靠的。GoL项目将针对仅占据图像空间极小部分的流形中的图像,探究对图像的传统观察方法,并创造机会使分析方法能够只限于这些流形。若成功,将提升在对抗性AI、可解释AI、可训练AI、可信赖AI等相关问题上的理论理解水平。

GoL的目标是开发高维几何技术和工具,以了解应用于图像的DNN行为。当前的DNN定义了从图像空间到标签空间的映射,包含噪声模式的大量图像空间。通过将DNN学习的函数域限制为图像空间中的对象流形,希望使神经网络更强大、更易于解释和更容易分析。

GoL专注的内容如下:

(1)在输入图像空间中对图像的流形几何形状进行建模;

(2)对局限于这些流形的DNN学习的非线性输入到输出映射进行建模;

(3)分析DNN在图像空间流形上学习的映射的唯一性和稳定性。

成像将物体的属性(例如,形状、颜色和姿势)与场景属性(例如,照明)和传感器参数(例如,孔径)结合在一个复杂的非线性过程中,以创建自然图像。某些对象属性是固定的,例如少数对象会动态更改颜色,其他属性变化顺利。刚性物体的姿势可以在六个维度上变化,其中三个用于方向,三个用于位置,而铰接、柔性和流体对象的形状可以沿着其他维度变化。

场景和传感器属性的相似之处在于,它们沿已知尺寸(如照明光源的强度、颜色和位置)以非线性但可微分的方式更改图像,结果,对象的所有可能图像的集合在图像空间中形成一个连续的流形,这个流形虽然是高维的,但仍然比它所定义的环境图像空间低维。事实上,大多数图像空间都包含无意义的噪声图像,只有图像空间的一小部分包含自然物体的图像。

3. ITM——即时决策项目

1)项目创建背景

DARPA在2022年启动了"即时决策(In the Moment,ITM)"项目[9],以在军事决策过程中引入人工智能技术。该项目的提出背景是美国军方日趋依靠技术减少人为失误,期望去除决策过程中人的偏见以拯救生命。

ITM项目的目标是开发"人在回路外"全自主分诊决策系统,为作战单元或战斗支援医院提供分诊人员无法快速给出的分诊方案。项目为期3.5年,分两个阶段实施。第一阶段持续2年,将开发供小型作战单元使用的自主分诊决策系统。第二阶段持续1.5年,将决策系统扩展至战斗支援医院的全自主分诊场景中,系统通过与医院指挥官交互,达到与指挥官决策属性一致。项目为这项工作确定了两个具体领域:在严峻的环境中进行小型单位分类和大规模伤亡分类。

随着战争复杂度的不断提升,面临越来越复杂的战场决策问题,如在灾害救援和伤员分诊等场景中,面临无明确方案、不确定因素多、时间紧迫、资源紧张和决策者价值观等不同情况所导致的决策困难。"人在回路外"全自主决策系统有望为决策困难的问题提供快速决策能力,减轻人类的认知与决策负担。当前的全自主决策算法通常将明确规则编码至算法训练中,无法满足战场交战规则和指挥官意图等决策随战况实时变化的需求。为此,DARPA启动"即时决策"项目,旨在计算分诊专家的关键决策属性,将决策属性编码至人工智能算法中,开发全自主分诊决策系统,为作战单元或战斗支援医院快速提供分诊方案。

目前的AI评估方法通常依赖诸如ImageNet的数据集来识别视觉对象,或者依赖通用语言理解评估(GLUE)分析自然语言处理(NLP)模型的性能,这些基准数据集具有明确定义的基本事实,因为人类的共识存在正确的答案。然而,在决策困难的领域建立传统的基准是不可能的,因为人类经常会对正确的答案存在重大分歧。

DARPA旨在开发算法决策系统,以帮助人类在困难的领域做出决策。困难的领域是受信任的决策者不同意的地方;信息过多或过少、没有正确的答案、不确定性、时间压力、资源限制和相互冲突的价值观等因素带来了重大的决策挑战。典型例子如医疗分类和救灾。

项目将重点关注两个领域:严峻环境中的小单位分类和大规模伤亡分类。所寻求的能力如下:

- 量化具有受信任人类关键决策属性的算法决策者;
- 将关键的人类决策者属性整合到更符合人类一致性的可信算法中;
- 在人类不同意并且没有正确结果的困难领域中评估人类对齐的算法;
- 开发支持在困难领域使用人类对齐算法的方法。

除了开发基于关键人类属性的算法作为算法决策者的信任基础外,还要将算法决策者与关键人类决策者进行匹配和定量对齐,定量对齐结果作为信任的度量,表明人类将困难的决策委托给AI系统的意愿。

2)项目需求技术

主要进行四个技术领域的开发。一是开发分诊专家的决策属性计算方法,二是开发与分诊专家一致的算法决策系统,三是评估算法决策系统,四是制定算法决策系统使用标准。因此研发团队将由决策学、认知科学、实验心理学、环境模拟、人工智能、机器学习、评估、自主系统决策政策等领域专家组成。

ITM寻求使用关键人类属性的算法表达式作为算法决策者信任的基础。将在困难领域的人在回路外外决策的背景下研究这种信任基础,并寻求在困难领域开发、评估和部署算法决策者。

ITM将为关键人类属性和定量对齐评分开发一个计算框架,以评估算法决策者与关键决策者的一致性。利用这个计算框架,将开发表达关键人类决策属性的算法,并探索对齐框架作为在算法决策系统中建立适当信任的方法。

ITM对信任的特定概念感兴趣,特别是人类将困难的决策委托给算法系统的意愿。感知可信度的因素包括受信任实体的关键属性或特征。虽然通常将错误率等技术性能确定为自主系统的信任因素,但ITM最感兴趣的是可以编码到算法系统中的人类属性和特征,例如,风险承受能力与风险厌恶、最大化与满足行为,或个人的专业知识和人类价值观等。

ITM将专注于人类在困难领域脱离人在环路中的算法决策,以了解这种计算框架的局限性。实施设想的对齐框架将需要识别关键的决策者属性,并量化算法决策系统与人类决策者之间的一致性。ITM已经确定了两个特定的困难领域,第一阶段在严峻的环境中进行小单元分类;第二阶段为大规模伤亡分诊。

第一阶段将研究小型军事单位在恶劣环境中的分诊问题。如果成功,可以使医疗培训有限的人员在现场进行分诊决策。这种技术可以显著改善受伤点的分类决策,通过建立决策来模拟一组精心挑选的经验丰富、有能力和值得信赖的人类决策者。重要的是任何受信任的决策者成员可能表现出不同的决策属性,ITM技术将需要建模这种可变性,而不需要受信任的人达成共识。

第二阶段将通过研究大规模伤亡事件的分诊来提高决策的复杂性。战斗支援医院指挥官ITM技术的完全自主分类还可以在战斗支持医院(CSH)环境中开发完全自主的分类决策。在这种情况下,有一位高级领导人具有适当的权威和精湛的培训,负责CSH内部的医疗决策。由于他们的职位、权力和培训,该领导者可能会对CSH内部做出的决定负责,包括任何自治系统的决定。为了使该领导者对算法决策系统有足够的信任,以人在环路外的方式使用它,算法必须与该个人高度一致。为了建立信任,ITM设想在操作使用之前支持算法和高级领导者之间的交互式过程,以便能够微调算法使其与该个人保持一致。

据美国国防高级研究计划局2023年6月6日发布消息称,ITM项目已经选择了承研者。雷声BBN技术公司和Soar技术公司将开发决策者特征分析技术,以识别和量化困难领域的关键人类决策者属性。Kitware公司和Parallax先进研究公司将开发算法决策者,证明其与可信的人类决策者的关键属性一致。CACI国际公司将设计和执行该项目的评估,重点关注人类的关键属性如何催生可信的决策授权。

4. MediFor——媒体取证项目

1)项目创建背景

深度伪造为政治抹黑、网络攻击、军事欺骗、经济犯罪甚至恐怖主义行动等提供了新工具,对国家安全带来了新的冲击。当前虽然对图像的鉴别可以应用现有的司法鉴定工具,但大多鉴伪方法局限于对原始音视频媒体文件的来源判定和设备获取,强烈依赖取证人员对媒体背景的了解和自身积累的经验。对利用深度学习生成的逼真伪造和虚实交替媒体,当前缺乏可扩展性的自动化取证分析平台。为此,DARPA在2015年启动媒体取证(MediFor)项目[10],目的是检测并识别深度伪造技术制作的媒体,以防御大规模的自动虚假信息攻击,提高美军在信息作战中的防御能力。

2)项目需求技术

媒体取证(MediFor)项目的目标是对于给定的图像或视频,自动评估图像或视频的完整性,自动检测是否属于深度伪造生成的,并向分析师和决策者提供生成图像和视频的相关信息。媒体取证(MediFor)项目计划构建一个由三个指标组成的图像和视频完整性模型,三个指标如下:

(1)数字完整性指标。

此指标主要分析图像或视频的像素或表示是否不一致,是否存在不一致像素级特征,例如不连续性的边缘、模糊的像素或重复的图像区域。

（2）物理完整性指标。

此指标主要分析图像或视频中是否违反了物理定律，在3D场景中的要素是否合理，例如图像或视频中是否包括不一致的阴影、是否违反了反射和运动学规律等指标。

（3）语义完整性指标。

此指标主要分析媒体的信息源是否获得真实性证实或者违反数字或物理分析的结果，是否有证据表明媒体反映的日期、时间或位置不真实，或者在一组媒体中存在数字或物理特征的不一致。

MediFor的平台将提出检测算法分析媒体内容，以确定是否发生了以上不一致指标的操作；多个检测器中的信息融合在一起，为每个媒体创建统一的分数，并与真实信息进行比较，还可以自动发现视觉媒体集合之间的关联。平台每天可以自动处理数百万个图像/视频数量，以支持情报分析、刑事起诉以及打击伪造和错误信息的宣传。

3）项目结果启示

媒体取证（MediFor）项目在项目结束时，已开发出了首款反AI变脸取证检测工具[11]，专用于检测AI变脸/换脸造假技术。DARPA将继续举办媒体取证的竞赛，以确保随着深度伪造技术的发展，反AI变脸取证检测工具还继续有能力检测新出现的伪造媒体。

5. SemaFor——语义取证项目

1）项目创建背景

DARPA于2019年8月启动了"语义取证"（SemaFor）项目[12]。与之前的MediFor项目相比，SemaFor项目不仅要检测深度伪造生成的媒体，还要进行媒体归因和表征，以抵御大规模的自动化虚假信息攻击。语义取证（SemaFor）项目的目标是用归因算法来推断深度伪造媒体的来源，确定Deepfake的生成媒体是出于恶意目的的造谣活动还是良性目的的娱乐活动。

2）项目需求技术

当前媒体操纵能力迅速发展，例如深度伪造Deepfake的视频普及和应用广泛，媒体操纵和伪造所带来的国家安全威胁不断增加。语义取证（SemaFor）项目旨在开发自动检测媒体伪造、溯源伪造媒体归属和建立媒体表征的技术，目标是开发一套语义取证分析算法。该项目专注于三种特定类型的算法：语义检测、媒体归因和媒体表征，以回答针对伪造和操纵媒体背后的"是什么""从哪里来""为什么是"的问题，项目重点考虑的内容是：

（1）语义检测算法确定多模态媒体是否为生成的媒体以及是否被认为操纵；

（2）媒体归因算法推断媒体是否来自声称的来源组织或某个人，还需要确定媒体是如何创建的，以及深度伪造者所采用的伪造方法；

（3）媒体表征算法需要回答为什么是深度伪造的，试图推断和发现内容造假背后的意图。

为了帮助向负责审查是否为操纵媒体的分析师提供一个可理解的解释证据，SemaFor项目需要开发自动生成由检测、归因和表征算法提供的定量分析证据技术，将针对1000多种图像、文本、音频、视频等多模式媒体分析其性能，并在现实操作环境中进行人机比较评估。洛克希德·马丁公司先进技术实验室将带领选中的研究团队承担技术的开发工作，开发SemaFor系统的原型。项目最终形成的语义一致性检测工具将显著提高媒体伪造者的恶意成本,找到不合理的语义之处以判断媒体的真伪。

3)项目结果启示

SemaFor项目主要开发了利用多源语义信息来检测、溯源和表征不一致媒体信息的技术,开发了解释多媒体语义推断内容的机制和检测媒体信息中语义错配现象的分析方法,对互联网上的虚假媒体信息进行大规模的快速检测、溯源和表征。进而开发了分析诸多复杂的多模式社交媒体信息及技术信息之间的矛盾算法;开发虚假媒体信息追溯技术,推断多组媒体信息间存在的矛盾,并解释其推断过程的媒体语义取证系统。

为推进该项目成果的转化应用,SemaFor项目所研发的多项开源工具将公开发布,供研究人员和业界使用,并持续开展相关的挑战性竞赛工作,以促进准确检测出由AI生成的合成图像并进行归因。

6. GARD——确保AI抗欺骗可靠性项目

1)项目创建背景

研究表明,针对深度神经网络的对抗性攻击是不可避免的,对抗攻击可以使攻击者能够控制AI系统,改变基于AI的决策,因此如何防御人工智能攻击成为新的挑战问题。DARPA于2019年启动为期4年的项目"确保AI抗欺骗可靠性项目GARD"(Guaranteeing AI Robustness against Deception)计划[13],项目经费1724万美元,目的是开发新一代AI防御技术,寻求通过开发抵抗不同模式物理攻击的防御技术,推动超越常规方式的先进AI防御技术,防止对AI系统的欺骗攻击。

2)项目需求技术

GARD项目期望开发更通用的AI对抗防御技术,要适用于广泛的攻击类别和不同的威胁模型。GARD项目将在基于想定的框架中评估针对多种威胁的防御能力,这些威胁包括:数字之外的物理环境对抗、诱饵攻击和推理攻击,黑箱和白箱等不同级别的对抗攻击或防御,适用于图像、视频和音频数据等多种输入模式,防御多模式多传感器不同设置的组合,以及攻击者和防御者的资源约束等。

GARD项目期望建立识别AI系统漏洞的理论基础,增强AI系统鲁棒性并构建有效的防御。目前,AI防御往往是高度特异性的,大多仅对特定攻击有效,GARD旨在开发具有更普遍适用性的防御,能够防御广泛类别的对抗攻击。新颖的对抗性AI防御方法有可能从生物系统中获得洞察力和灵感,也可能采取多种机制协同作用以增加鲁棒性。为了验证其鲁棒性和广泛的适用性,GARD项目的防御将采用基于场景评估的新型测试方法,将考虑许多可能的场景因素,包括:

(1)不同学习阶段的攻击。包括利用现有系统弱点的推理时间攻击和数据集中毒。

(2)针对攻击系统的不同特点采用的信息攻击。包括白盒、黑盒访问系统和转移攻击等不同攻击形式。

(3)包含训练数据和AI系统角色的信息攻击。如干扰输入的数字图像,设计物理环境的改变,例如行车标志上用贴纸干扰AI系统输入的攻击。

(4)攻击不同的数据模式。当前对抗性AI主要考虑图像等视觉输入,对其他数据形式的AI系统,如声学、激光雷达和无线电信号的AI系统,也将受到对抗性的攻击。

(5)考虑计算资源和时间限制的攻击和防御。当前的攻击方法通常不切实际地假设无限的资源和时间,在应对现实条件时,需要根据资源和时间约束对防御算法进行分析和测量。

（6）自适应防御形式。目前防御方法针对的是固定攻击，当 AI 系统面临不同特征的多次攻击时，特定防御的效用有限，需要能够适应攻击变化的 AI 防御方法。

（7）AI 系统攻击。系统攻击有可能是针对 AI 系统的全方位攻击，因此将考虑检测、定位、预测、决策以及不同方式结合的情景，防御技术方法应足够通用，以解决此类组合攻击。

该项目的三个具体目标是：

（1）构建防御性机器学习的理论基础。主要包括用于衡量机器学习弱点的标准，以及用于确定增强系统可靠性的机器学习性能标准。

（2）开发有原则的通用防御算法，以便在对抗环境中信任和应用 AI 系统。

（3）制定基于场景的评估框架，以表征在给定可用资源的约束情况下，何种防御方法在特定情况下最有效。

3）项目结果启示

2022 年，GARD 项目团队推出了测试平台、数据集以及虚拟工具等开放资源，以支持评估与验证人工智能模型和防御措施应对攻击的有效性，开放的资源[14]包括：

（1）Armory 虚拟测试平台：评估防御措施与攻击场景相对抗的方式，让研究人员执行可重复、可扩展和稳健的对抗防御评估；

（2）ART 工具箱：为研究人员提供评估 AI 模型和对抗威胁的算法工具开发 Python 库；

（3）APRICOT 基准数据集：可帮助开发人员尝试攻击和防御自己的系统；

（4）谷歌研究自学库：向开发人员传授防御性 AI 的常见方法。

2.5 小 结

- 人工智能初始信任是应用的第一步，对人工智能的信任是动态变化的，需要持续信任来巩固。
- 人工智能的内生风险包括数据驱动产生的风险、模型内生的风险以及人机交互的风险。
- AI 受到信任之后用户才能采纳，用户需要和人工智能系统进行交互，实施会更有效。
- 影响 AI 信任的因素多种多样，在高风险中的信任和操作有特定的需求和应用场景。
- DARPA 可信人工智能项目的进展和结果实施，对我们有所启迪和借鉴。

参考文献

第3章 人工智能可解释推理

3.1 引　言

3.1.1 为什么人工智能需要可解释

当前人工智能在特定领域产生了超人的智能，各行各业不同领域的需求巨大，越来越多的行业试图用人工智能来实现自动化或增强决策能力。但当前端到端的人工智能存在着不可解释的黑箱问题，阻碍了人们对人工智能系统的理解和应用的深化，如果不解释AI是如何做出决策的，其应用就难以广泛推进。

从用户视角和决策视角来看，不可解释的黑箱意味着用户只能看到结果，无法了解做出决策的原因和过程，因而难以分辨人工智能系统某个具体行动背后的逻辑。这样的人工智能系统难以得到决策者的信任和理解，尤其是自主决策令人恐惧，因为决策者不知道是什么在控制这些设计、操作、目标分配和决策。对自动驾驶汽车、医学等高风险AI应用时，一个不正确的决定可能导致死亡发生。

由于人工智能系统存在内在脆弱性和偏差，不定时产生虚假警报，存在不确定的安全风险，因此用户难以根据没有解释支持的人工智能决策而采取行动。因此迫切需要可解释的人工智能，在告诉用户"该做些什么"的同时，还应该告诉用户"为什么这样做"，而不是个内部无法了解的黑盒系统，可解释AI(XAI)的目的是通过提供解释使黑盒变成透明，人类更易懂AI。

对人工智能模型如何做出决策进行解释是一件非常困难的事情。传统决策模型中的线性模型或决策树等模型逻辑直观，容易理解，但性能上存在大偏差或高方差等局限，如线性模型容易欠拟合，树模型容易过拟合等。深度神经网络具有非常高的预测性能，但端到端的黑箱模型我们难以认知，越来越大的人工智能系统的整体复杂性更加剧了决策流程的不可解释性。

人工智能决策需要合理的解释，才能和决策用户成为合作伙伴，通过解释方法，用户理解它们是如何做出决定的，才能信任其决策行为。2018年欧盟通用数据保护条例(The EU General Data Protection Regulation, GDPR)生效，强制要求人工智能算法具有可解释性。人工智能只有具有可持续学习并且可解释其决策的能力，获得人类信任，才可以推动人工智能战略的实施，成为新的生产力。

要让用户信任人工智能系统的决策结果，可解释性AI有以下几点需求：

(1) AI系统的可解释性有助于确保AI系统做出的决策是正确的，用户可以了解人工智能的模型，以及如何做出特定的决定。有助于系统设计人员检测未知的漏洞并纠正错误，帮助政策制定者设计更好的法规来管理系统。

(2)可解释性可以将 AI 系统决策的推理传达给不同的利益相关者。明确解释深度神经网络的决策行为,能够大幅提升各类用户对深度神经网络的信任,显著降低大规模使用深度神经网络所带来的潜在风险。

(3)对于智能系统来说,现实环境复杂多变,系统的决策失误将会导致重大损失,可解释模型帮助我们理解并度量哪些因素被包含到模型中,并根据模型预测度量问题的前后联系。

(4)定量的解释关系到神经网络是否能够赢得人们的信任。对于精准医疗、法律实施、军事决策等由深度学习模型给出的重大判断,人们要求可解释以便于控制和管理,明白当前决策结果有多少得分来源于因素 A,多少得分来源于因素 B 等。

一个错误会产生巨大的反响,如果机器无法解释其行为的原因,人类将难以理解系统的行为,无法判断其优点、缺点及可用性条件,也无法在其出现判断错误时,寻找其错误原因对其进行改进。

3.1.2 人工智能可解释的相关概念

1. 什么是可解释 AI(XAI)

可解释性对于用户有效地理解、信任和管理强大的人工智能是至关重要的。可解释性在数学上还没有明确定义,在语言上的解释很容易理解,解释传达的信息是和人相关的,辅助人的理解。可解释人工智能来自英文 Explainable Artificial Intelligence,美国 DARPA 于 2016 年提出 Explainable Artificial Intelligence(XAI)项目[1]之后,开始被普遍接受。

Miller(2017)提出非数学上的可解释定义[2]:可解释性是人类对于决策原因理解的程度。Arrieta 等人(2020)从解释受众者角度给出了 XAI 的定义[3]:针对特定的用户,XAI 指的是可以提供细节和原因以使模型运转能够被简单、清晰地理解的技术。人工智能的可解释性越高,人们就越容易理解做出某些决策或预测的原因。

英文文献中常用 interpretable 和 explainable 这两个术语表示中文的解释,其含义有些不同:

- Interpretable(可理解的)主要是指向人类提供可理解的能力,这个词常和透明性 transparency 等作为同义词出现,多指代原模型即可理解,如简单的逻辑回归模型等。
- Explainable(可解释的)指使用解释作为人类和智能模型之间的接口,倾向于指代原模型不可理解,而需要构造事后模型进行解释。在发表的文章中,经常会出现这两个概念混用的情况。

宽泛地讲,XAI 技术指所有能够帮助开发者或者用户理解人工智能模型行为的技术,包括原模型自身可解释和模型需要事后解释两种类型。

考虑到本书专注的人工智能决策领域,用户为不同领域的决策者,本书认为 XAI 可以定义为:针对智能决策受益者,人工智能可解释指可以给不同背景知识的用户,以简单、清晰的方式,对智能决策过程的根据和原因进行解释的方法。可解释 AI 的目标是将黑箱人工智能决策转化为可解释的决策推断,用户能够理解模型决策过程中的选择,知道怎么决策、为什么决策和如何相信决策。

2. 何种解释容易被接受

XAI 的研究就是想尽办法解释黑盒模型,从而提升模型的可解释性。什么样的解释容易被接受和具体的任务相关,目前有多种多样的形式:

- 简短性解释:解释简单,用户易懂,避免解释中的歧义和模棱两可的形式。
- 上下文解释:解释是解释者和解释的接受者之间的社会交互,因此社会背景对解释的实际内容有很大影响,如对开发人员的解释与对监管机构的解释,以及与对无背景知识的终端用户的解释不同。
- 对比性解释:人们通常会问为什么要做出这种预测而不是另一种预测。倾向反例的情况下思考,即"如果输入不同,预测会怎样?",解释突出感兴趣对象和参考对象之间的最大差异。
- 选择性解释:解释内容丰富,即根据需要提供尽可能多的信息,从各种可能的原因中选择几个原因作为解释。
- 真实可信解释:解释应尽可能真实地预测事件,具有保真度。良好的解释与解释的先验概率保持一致,人们倾向于忽视不符合他们认知的解释,好的解释与先验概率一致,好的解释具有普遍性。
- 异常现象解释:人们更关注解释异常事件,这些原因概率很小,但发生了就需要关注,消除这些异常原因会大大改变结果。

3.2 深度神经网络的可解释性

传统机器学习模型具有显性的解释性,例如用线性模型进行预测,由于线性模型是由多个输入特征的线性组合加权构成,组合的权重系数大小就代表了特征的重要性,它们提供了内部模型具体的解释。权重越大,对应的特征就越重要,代表着这个特征对模型结果产生的作用大,因此线性模型的可解释性很直观地由权值大小来表现出来。

决策树模型具有天然的可解释性,它的逻辑和人的逻辑具有相同之处,因此树结构的理解不需要机器学习专家来解读,其逻辑很容易转化成规则。例如,如果想预测病人某病发作的风险,可以沿着决策树的每个节点走下去,通过理解某些特征做出预测结论。

深度神经网络(DNN)被用来从高度复杂的数据集中提取信息,更深的网络比浅层网络具有更好的预测性能以及更适合决策。要从这种复杂数据中提取特征,必须在大型数据集上训练复杂的模型,用于复杂任务的模型通常具有数百万甚至数十亿个参数,深度神经网络的结构由卷积、激活函数、输入类型和大小、层数、池化操作、连接模式、分类器机制以及多种学习技术组成,因此深度神经网络的决策难以理解和信任,成为典型的黑盒问题。

如何将黑盒模型变成透明的可解释方法主要可分为两大类:一是内在模型,例如决策树模型类型,模型可以自我解释是如何工作的;二是事后解释,是在模型训练之后进行解释,即不管深度神经网络这个"黑箱"的内部结构如何,而只从结果的角度出发去做进一步的分析。事后解释方法可以分为特征解释和语义解释两大类,特征解释又可以分为全局解释与局部解释两大类。全局解释让人们信任某个模型,而局部解释让人们信任某个决策,此外解释形式可以进一步分为文本解释、视觉解释、示例解释与特征相关性等方法。

本书将深度神经网络可解释方法分为四大类,分别为基于视觉的解释、基于扰动的解释、基于知识的解释和基于因果的解释方法,如图3-1所示。

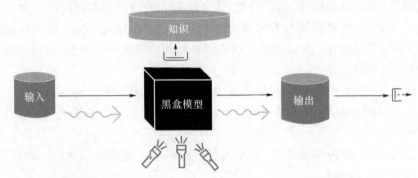

图3-1　输入通过黑盒模型得到输出,需要可解释方法理解模型输出

3.2.1　基于视觉的解释方法

对于人工智能黑箱模型的解释,人们首先要打开黑箱,看看黑箱里什么内容决定了模型的结果? 这种CT式的视觉解释方法是探寻神经元内部运行规律和工作原理最直接的途径,将特征重要性可视化展示出来。由于视觉解释的形式符合人类的认知习惯,不熟悉人工智能原理的用户也可以直观地理解复杂人工智能系统的内部工作,因此学术界首先开展了视觉解释方法研究。

CNN特征可视化是用可视化的解释方法分析深度学习的黑盒模型,通过可视化黑盒AI系统的内部工作来呈现可解释性,例如通过可视化特征重要性的变化如何影响模型性能来解释。有多种方法可以实现CNN特征的可视化,对于已经训练好的图像分类模型,给定输入图像和输出类标签,通过对特征图的可视化可以看出输入样本在网络中的变化,如图3-2所示。

如图3-2所示,通过可视化,发现了CNN学习到的特征呈现分层特性,底层是一些边缘角点以及颜色的抽象特征,越到高层越呈现出具体的特征,这一过程正与人类视觉系统类似。层1(Layer1)显示出了线条信息和色彩信息;层2(Layer2)响应边角、弧度和边缘/颜色信息;层3(Layer3)具有更复杂的不变性,捕获相似的纹理;层4(Layer4)显示了显著的变化;层5(Layer5)则显示了具有显著姿态变化的对象。

除了了解可视化各层神经元的响应之外,我们还需要知道模型输出的依据是什么,因此首先考虑的是利用可视化的特征来探究深度卷积神经网络的判断依据,具体介绍如下。

1. 基于类激活映射CAM的解释方法

针对图像属于某类别的深度神经网络识别模型的黑盒问题,这类方法以热力图可视化的形式显示出哪些像素点对图像类别判别的作用大,通过激活映射的线性加权组合生成显著映射,使模型透明化和具有可解释性。

1)类激活映射CAM解释方法

2016年,MIT博士周博磊等提出了类激活映射解释方法CAM(Class Activation Map-

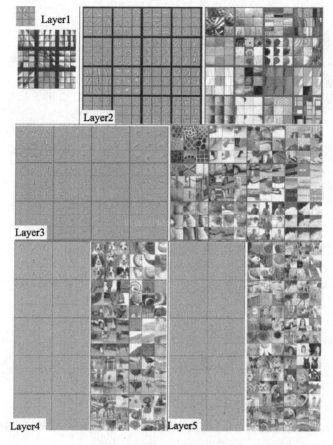

图3-2 与特征图响应最大的九张响应图(Alexey et. CVPR2016)

ping)[4]。基本思路是计算深度神经网络分类模型输出关于最后一个卷积层的特征图梯度,作为权重对特征图加权,得到针对特定类别的类激活热力图。该方法简单直观,可以灵活用于图像分类、图像理解、视觉问答等不同任务的模型,下面对其方法简要介绍。

我们知道,深度神经网络里面不同层的卷积单元承担着视觉特征检测器的作用,用于图像分类的深度神经网络主要由卷积层组成。其中特征图(Feature Map)和图像中的像素存在空间对应关系,最后一层卷积层的特征图含有最为丰富的类别语义信息,因此,CAM的提取一般发生在最后一层卷积层。

CAM采用GoogLeNet类似结构,保留卷积结构,在最后的输出层(分类任务场景下为softmax)前对卷积特征图使用全局平均池化GAP(Global Average Pooling),然后接上全连接层FC(Fully Connected Layer)产生分类预测结果,通过将输出层的权重叠加投影到特征图上,来识别图像区域的重要性,线性分类权重即表示关注程度。这种类激活映射如图3-3所示,其中GAP间接代表了卷积最后一层的各通道,同时包含语义与位置信息。

下面重点讲解通过GAP生成CAM。假设A_{ij}^k表示第k个特征图上(i,j)位置的值,则GAP后的结果为

$$A^k = \sum_i \sum_j A_{ij}^k \tag{3-1}$$

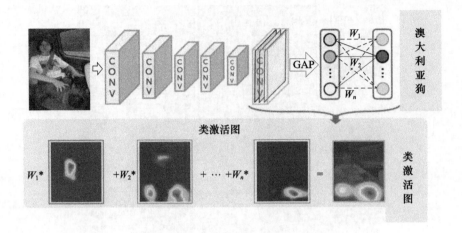

图 3-3　CAM 类激活图（Zhou CVPR2016）

ω_k^c 是特征图 k 对于类别 c 的全局权重，表示 A^k 对于 c 的重要性，分类分数为

$$S^c = \sum_k \omega_k^c A^k = \sum_k \omega_k^c \sum_i \sum_j A_{ij}^k \tag{3-2}$$

忽略对分类性能几乎没有影响的 softmax 输入偏置后，得到 c 类的 softmax 输出 $P_c = \dfrac{\exp(S^c)}{\sum_c \exp(S^c)}$，由于 $L_{ij}^c = \sum_k \omega_k^c A_{ij}^k$ 直接表示 (i,j) 上激活的重要性，L_{ij}^c 被定义为类别 c 的 CAM，CAM 与图像被分类到 c 类的语义标签相关联。

最终将输出的显著图进行上采样并归一化得到最终的类激活图，由于它在语义上是粗粒度的，因此展示时通常会与原图叠加进行可视化解释。

热力图方法最初是根据开发人员的调试需求创建的，通过颜色不同和变化对图像区域的重要性进行区别度分析。

作为一系列类激活映射方法的开山之作，CAM 解释方法有其局限性：

（1）只能用于卷积神经网络中有全局平均池化层的模型；

（2）当输入图像中存在多个实例时，CAM 只能生成整个图像的激活映射，无法分别对每个实例进行定位，无法为多标签分类提供可解释性；

（3）只能在图像中找出物体的一些突出特征区域，定位到物体的一部分；

（4）需要调整网络结构并重新训练，在实际应用中局限性较大。

2）Grad-CAM 解释方法

Selvaraju 等学者针对 CAM 存在的局限性，提出了梯度加权类激活映射 Grad-CAM（Gradient-weighted Class Activation Mapping）[5]。基本思路是引入最后一层卷积层特征图的平均局部梯度作为权重，对该特征图进行加权求和，经过 ReLU（Rectified Linear Unit）函数处理后上采样得到显著图。

Grad-CAM 的改进不再依赖 GAP 层，能扩展到任意结构的 CNN 模型，规避了修改模型结构、重新训练的不便，同时实现了对神经网络任意层而不是仅最后一层的提取。ReLU 函数更符合显著图关注对分类有正影响特征的特性，Grad-CAM 也适用于其他激活函数可求导的问题，如图 3-4 所示。

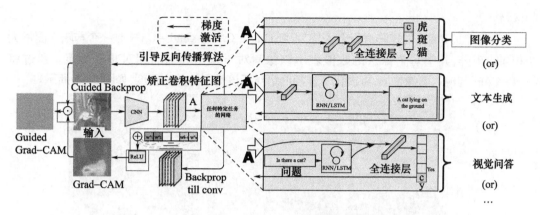

图 3-4 Grad-CAM 原理框图

Grad-CAM 选取最后一个卷积层输出的特征图作为提供解释的原始信息。以图像分类任务的模型为例：

为了得到关于类别 c 的显著图 L_{ij}^c，首先计算全连接层未经 softmax 输出的目标类得分 y^c 关于卷积层第 k 个特征图 A^k 的梯度 $g_{ij}^{kc} = \frac{\partial y^c}{\partial A_{ij}^k}$。

然后对它作全局平均池化得到该特征图对于类别 c 的重要性分数 ω_k^c，即

$$\omega_k^c = \frac{1}{Z} \sum_i \sum_j g_{ij}^{kc} \tag{3-3}$$

其中 Z 是一个常量，其值为激活图中的像素数量。

最后对该卷积层的全部特征图与 ω_k^c 加权求和，并执行 ReLU 激活得到关于类别 c 的显著图 L_{ij}^c，即

$$L_{ij}^c = \text{ReLU}\left(\sum_k \omega_k^c A_{ij}^k\right) \tag{3-4}$$

执行 ReLU 激活是为了筛选出对类别 c 有正向影响的区域，即这些区域可以增大全连接层关于类别 c 的输出 y^c。而有负向影响的区域可能与其他类别相关，将正向区域与负向区域同时显示可能会产生比较混乱的定位结果。

举例展示上述 Grad-CAM 方法的执行过程：

(1) 假设有一个深度神经网络，其中包含一个用于分类的 softmax 层和一个卷积层。我们想要可视化"猫"这个类别的 Grad-CAM。首先，通过 softmax 层得到"猫"的概率，并将其作为输出类别。

(2) 计算最后一层卷积层的所有特征图对输出类别的偏导数，得到一个大小与最后一层卷积层一致的偏导矩阵，偏导矩阵反映了该层中每个特征图对于输出类别的重要程度。

(3) 将偏导矩阵进行 GAP，得到一个权重向量，向量长度就是特征图数量，这个权重向量反映了每个特征图对输出类别的相对重要程度。

(4) 将权重向量与特征图对应相乘再相加，得到一个二维的矩阵，宽高与特征图一致，这个矩阵反映了每个像素对于输出类别的相对重要程度。

(5) 将这个二维矩阵送入 ReLU 激活函数，将所有负数变成 0 强调对输出类别有贡献

的区域。

(6)将经过 ReLU 的矩阵进行上采样,得到 Grad – CAM。Grad – CAM 是一个与输入图像大小相同的矩阵,其中每个像素的数值表示该像素对于输出类别的相对重要程度。通过将 Grad – CAM 与输入图像叠加,可视化了神经网络对于该类别的关注程度,如图 3 – 5 所示。

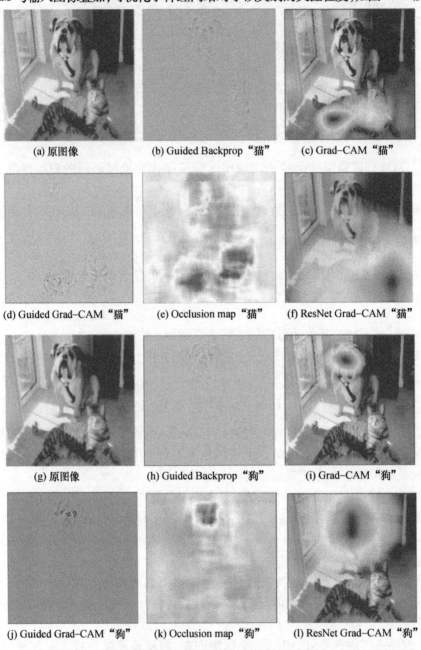

图 3 – 5　Grad – CAM 解释结果示例(Ramprasaath R. CVPR 2016)

Grad – CAM 在改良原始 CAM 方法的同时,仍存在以下问题:
(1)无法同时定位单张图像上的多个同类物体,只能画出一个显著图;
(2)图像边缘与中心部分的梯度值在 GAP 平均之后影响相同;

(3) 存在梯度饱和、梯度消失、梯度噪声问题;
(4) 权重大的特征通道不一定对类别预测分数贡献大,可能激活值小;
(5) 只考虑从后往前的反向传播梯度,没考虑前向预测的影响;
(6) 深层生成的粗粒度显著图和浅层生成的细粒度显著图都不够精准。

3) Grad – CAM + + 解释方法

Chattopadhay 等学者(2018)提出了改进版的 Grad – CAM——Grad – CAM + +[6]。该方法增强了空间位置信息,定位更精准,适用于目标类别物体在图像中不止一个的情况,图 3 – 6 所示为原始图像、Grad – CAM 和 Grad – CAM + + 的对比效果示例。

图 3 – 6　Grad – CAM + + 解释结果示例(Chattopadhay,WACV 2018)

Grad – CAM 是利用目标特征图的梯度求平均(GAP)获取特征图权重,即假设每一个元素的贡献相同。Grad – CAM + + 认为图像上的每一个元素的贡献不同,因此增加了一个额外的反向传播得来的权重对其进行加权,这个额外的权重定义为

$$\alpha_{ij}^{kc} = \frac{\frac{\partial^2 y^c}{(\partial A_{ij}^k)^2}}{2\frac{\partial^2 y^c}{(\partial A_{ij}^k)^2} + \sum_a \sum_b A_{ab}^k \left\{\frac{\partial^3 y^c}{(\partial A_{ij}^k)^3}\right\}} \tag{3-5}$$

其中 (a,b) 与 (i,j) 都是 A^k 的迭代器,则新的重要性分数 ω_k^c 为

$$\omega_k^c = \sum_i \sum_j \alpha_{ij}^{kc} \text{ReLU}(g_{ij}^{kc}) \tag{3-6}$$

Grad – CAM + + 在改善前述问题的同时仍存在一些问题:类区分较差、与 GradCAM 同样无法在浅层卷积网络中得出有效的信息,也用于最终卷积层。

诸多学者后续也提出了多种不同的改进方法,简述如下:

IBM 公司的 Omeiza 等(2019)结合了通过在输入的邻域中采集随机样本作为噪声来消除梯度敏感度图的噪声的 SmoothGrad 方法[7]和 Grad – CAM + + 提出 SmoothGrad – CAM + +[8],使该方法的定位性和清晰度得到了进一步提升。

Fu 等(2020)针对 Grad – CAM 无法对梯度平均值代表各个特征映射对分类结果的重要性的理由做出充分论证的问题,引入了敏感性和一致性公理,通过归一化的激活对梯度进行了加权,提出了 Axiom – based Grad – CAM(XGrad – CAM)[9]。

Jiang 等(2021)则针对 Grad – CAM 的精度问题提出了 LayerCAM[10],用像素级别的权重代替同一特征图中的全局权重,能在任意卷积层次中得出精确的热力图。

卡耐基梅隆大学的 Wang 等(2020)选择了不同的道路,针对使用梯度的方法可能存在噪声且可能梯度饱和的问题,用各激活映射在目标类别上的前向传递分数作为权重,提出了 Score-weightedCAM(ScoreCAM)[11],弥补了基于扰动和基于 CAM 的方法之间的差距。

Wang 等(2020)在 ScoreCAM 的基础上也进一步引入了 SmoothGrad 增强视觉解释,提出了 Smoothed Score-CAM(SSCAM)[12],在忠实度和定位性上优化了 ScoreCAM。

Naidu(2020)提出了 Integrated Score-CAM(ISCAM)[13],在忠实度和定位性上优化了 ScoreCAM。总结以上方法的简要内部机制演化如图 3-7 所示。

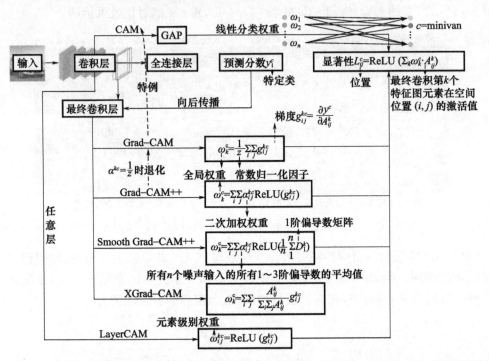

图 3-7　CAM、Grad-CAM、GradCAM++、SmoothGrad-CAM++、XGrad-CAM、LayerCAM 原理图

4)EFC-CAM 解释方法

CAM 是最早提出的类激活映射方法,但它需要调整模型结构并重新训练,因此局限性较大,无法应用于所有的深度神经网络上。之后,改进方法 Grad-CAM 和 Grad-CAM++利用预测向量特定类别的预测值对特征图求梯度来计算权重,因此不需要调整模型结构,比 CAM 更加泛用。但它们的可视化结果通常噪声较大,当一幅图像中包含多个类别的物体时,指定特定类别的解释效果区别性较弱。当预训练模型不包含批归一化层时,这些问题更加严重。

另一种类激活映射的方法 Guided Feature Inversion,同样使用优化权重向量的思想,不同的是使用了两步的优化,并且受限于其第一步的优化,也存在噪声较大、类判别性不强的问题。针对此,我们提出了 EFC-CAM 可解释算法,流程框图如图 3-8 所示,具体方法步骤如下:

(1)已知深度网络模型进行图像分类,针对一幅待测图像 x,输入预训练模型进行前向传递获得特征图 A,在预训练模型处理过程中得到待测图像的预测向量 y。

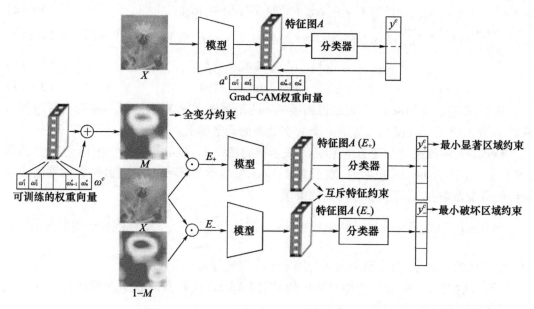

图3-8 EFC-CAM可视化解释方法的流程框图

(2)针对图像分类的类别c,初始化一个权重向量ω^c,如下式所示:

$$\omega^c = \text{ReLU}(\alpha^c) \tag{3-7}$$

$$\alpha_k^c = \frac{1}{Z}\sum_{ij}\frac{\partial y^c}{\partial A_{ij}^k} \tag{3-8}$$

其中,ω^c为图像分类的第c个类别的权重向量,c为图像分类的类别序号,α_k^c表示初步得到的第k个特征图的待处理权重向量;A_{ij}^k为第k个特征图在坐标位置(i,j)的像素值,i、j为特征图上的横纵坐标位置,y^c为预测向量,Z表示特征图上像素点的总数,ReLU表示取正值的操作。

(3)对特征图A加权求和取正值后,获得热力图L,如下式所示:

$$L = \text{ReLU}\left(\sum_k \omega_k^c A^k\right) \tag{3-9}$$

其中,k为权重向量ω^c中的权重值的序数,ω_k^c为权重向量ω^c中的第k个权重值,A^k为特征图中的第k个分量;特征图A中的分量总数和权重向量ω^c中的权重值总数相同,特征图A的一个分量和权重向量ω^c的一个权重值对应。

(4)将热力图L和热力图L的取反图像$1-L$分别与待测图像x相乘,获得两幅中间图像E_+和E_-,如下式所示:

$$E_+ = x \cdot L \tag{3-10}$$

$$E_- = x \cdot (1-L) \tag{3-11}$$

(5)两幅中间图像E_+和E_-分别输入预训练模型,进行两次前向传递获得两幅中间特征图$A(E_+)$、$A(E_-)$,以及类别c下两幅中间特征图$A(E_+)$、$A(E_-)$各自对应的中间预测值y_+^c、y_-^c。

(6)通过构造热力图L、两幅中间特征图$A(E_+)$、$A(E_-)$与两个中间预测值y_+^c、y_-^c的以下约束项C:

$$C = -\alpha y^c_+ + y^c_- + \mathrm{TV}(L) - \beta C_{\mathrm{EFC}} \quad (3-12)$$

$$\mathrm{TV}(V) = \sum_{i,j}(L_{i,j} - L_{i,j+1})^2 + \sum_{i,j}(L_{i,j} - L_{i+1,j})^2 + \lambda \| L - (1-L) \|_F \quad (3-13)$$

$$C_{\mathrm{EFC}} = \| \mathrm{ReLU}(\alpha^c)(A(E_+) - A(E_-)) \|_F \quad (3-14)$$

$$\alpha = 1 - \log(\mathrm{softmax}(y^c)) \quad (3-15)$$

其中,C 表示总约束项;α 表示根据类别 c 的预测概率 y^c 对 C 中第一项的自适应调节系数,β 表示根据不同模型设置的平衡数字量级的调节参数。

$\mathrm{TV}(L)$ 表示改进的全变分约束项,L 表示热力图 L,$L_{i,j}$ 表示热力图上坐标为 (i,j) 的像素值,$\|\cdot\|_F$ 表示 Frobenius 范数,F 表示 Frobenius;λ 表示根据不同模型而设置的平衡数字量级的调节参数;C_{EFC} 表示互斥特征约束项。

$\mathrm{softmax}(\ )$ 表示非线性激活函数 softmax,定义为 $\dfrac{e^{y^c}}{\sum_i e^{y^i}}$。其中 y^i 表示预测向量 y 的第 i 个类别的分量,y^c 表示预测向量的第 c 个类别的分量。

(7)最后对总约束项 C 利用自适应矩估计(Adam)优化器对权重向量进行一次迭代优化,更新权重向量。

(8)不断重复上述步骤(3)~(7)直到迭代次数达到预设的次数阈值,则停止迭代优化,以最后迭代获得的权重向量进行输出作为最终权重向量。

5)EFC-CAM 可解释方法与其他可视化解释的比较结果

为了验证 EFC-CAM 的解释效果,选择了简单场景和复杂场景,以及融合语义分割的可视化,比较 Grad-CAM 与 LIME 可解释方法的效果由图 3-9 给出:

(1)简单场景情况:单架飞机、两个鸟在蓝天简单背景下,EFC-CAM 的解释效果更为集中和定位精确。

(2)复杂场景情况:珊瑚中小丑鱼的目标小有遮挡,多人和多狗在草地比较复杂,对鱼和狗的分类解释显著区更集中。

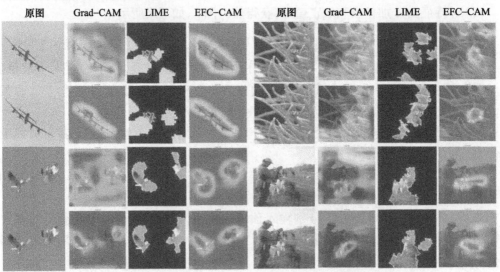

图 3-9 EFC-CAM 与 Grad-CAM 和 LIME 的可视化解释效果比较
(相同图像的第一行采用 VGG19,第二行采用了 VGG19_BN 作为比较)

6) 结合语义分割的 EFC – CAM 可解释方法的可视化效果

根据研究可以得出：人的视觉细胞对物体的边缘特别敏感。也就是说，我们先看到物体的轮廓，然后才判断这到底是什么东西，例如人类能够仅凭一张背景剪影或一张草图就识别出物体的类型和姿态。基于此，我们将 EFC – CAM 热力图与语义分割的结果进行叠加、相乘或相加，达到辅助语义的效果，结果如图 3 – 10 所示。可以明显看到，有边界的可视化解释能获得更为信任的理解效果。

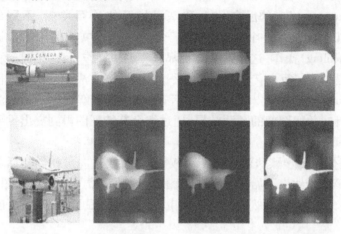

图 3 – 10　EFC – CAM 可解释方法结合语义分割的不同结果

这种方法的局限是受语义分割模型的性能影响，即不能保证分割的结果好坏以及模型是否包括图像的类别。

2. 基于反向传播和梯度的解释方法

基于反向传播的解释方法利用深度神经网络的反向传播机制，将模型决策的重要性信号从模型的输出层神经元逐层传播到模型的输入层，以获得输入样本的特征重要性。

基于梯度的方法通常能够生成细粒度的相关性映射，得到显著图的视觉解释。显著图（Saliency Map）是最基本最早的深度学习模型解释工具，始于 2014 年由 Simonyan 等提出的一种针对深度学习模型的可视化解释方法。它计算输出的预测在每一个输入数据或者如一个像素上的梯度，再以热力图的形式可视化，显示出模型的预测主要源自哪些输入数据，显著图常和热力图混用。

Zeiler 等使用网络各层的特征图作为输入，通过反卷积技术得到可视化结果[14]。

Simonyan 等利用反向传播算法计算模型的梯度，以输入层的梯度作为像素重要性，得到感兴趣的解释性区域 Gradient[15]。

之后 Springenberg 提出了通过 ReLU 非线性反向传播时操纵梯度的视觉解释 Guided Backpropagation 方法[16]，反向传播时保留了梯度与激活值均为正值的部分。由于大部分深度神经网络的非线性映射采用 ReLU 函数，它的负半轴为饱和区（均为零，与输入无关），这些区域的梯度均为零，无法揭示任何有效信息。因此 Sundararajan 等[17]提出了积分梯度 Integrated Gradients 方法，利用输入图像在一幅基准图像上的相对梯度信息反映特征重要性，解决由于梯度消失造成的误导解释。

反卷积（Deconvolution）和导向反向传播（Guided – backpropagation）是模型可视化的两个经典方法。

3. 反卷积和导向反向传播

反卷积和导向反向传播的基础都是反向传播,对输入求导,区别在于反向传播过程中经过 ReLU 层时对梯度的不同处理策略。另有非梯度的视觉解释方法,如分层相关传播方法 LRP[18]、DeepLift[19] 利用了自上而下的相关传播规则,提高了显著图的视觉质量。

1) Guided Backpropagation 解释方法

Guided Backpropagation 的反向传播和基于梯度的计算类似,不同的是,其中一个 ReLU 应用于前向通道,而另一个 ReLU 应用于后向通道。文中使用了步长为 2 的卷积操作代替了池化(pooling)操作,这样整个结构都只有卷积操作,目标是对卷积后的特征图进行可视化,思路是结合了反向传播和转置卷积的优点,该方法可以应用于任意网络。

Guided Feature Inversion[20] 即引导特征反转,属于局部解释中基于类激活映射的可视化解释方法,即针对单幅图像的预测结果,通过组合其特征图得到突出重要区域的热力图作为可视化的解释结果。

基本思路是分两个步骤迭代优化一个权重向量,权重向量初始化后对特征图加权得到中间热力图,第一步约束原始图像和扰动图像(原始图像与中间热力图的元素级乘积)的特征距离以使其尽可能小,然后第二步约束该扰动图像的预测分数以使其尽可能大,如图 3-11 所示。

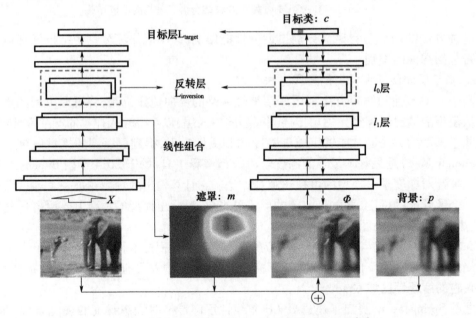

图 3-11　Guided Feature Inversion 方法原理框图[20]

下面对其原理作简要介绍。首先,将原始图像 x 送入一个 L 层模型中,得到每一层输出的特征图。同样基于深层特征图编码高级语义和空间信息的考虑,选择最后一个卷积层输出的特征图作为提供解释的原始信息。然后以常数初始化一个权重向量 ω,通过对特征图加权得到中间遮罩热力图 m,即

$$m = \sum_k \omega_k f_k^{l_1}(x) \tag{3-16}$$

其中，$f_k^{l_1}(x)$ 表示模型第 l_1 层的第 k 个特征图。接着对 m 进行上采样和归一化，并利用 m 引导生成一幅扰动图像 Φ，即

$$\Phi(x,\omega) = x \odot m + p \odot (1-m) \tag{3-17}$$

其中，p 为一幅噪声背景图像，它可以是一幅灰度图像、高斯白噪声图像或原始图像经过高斯模糊后的图像。文献中选用最后一种方式，这样可以尽可能减少锐利边缘造成的人工痕迹(artifacts)，因为对于这类不自然的图像，难以判断模型在多大程度上会改变预测结果，扰动图像 Φ 将保留中间遮罩热力图 m 所突出的区域。

这样便可以迭代优化权重向量 ω，使原始图像与扰动图像在模型最后一个卷积层输出的特征图之间的距离尽可能小，即

$$L_{\text{inversion}}(x,\omega) = \| f^{l_0}(\Phi(x,\omega)) - f^{l_0}(x) \|^2 + \gamma \cdot \| \omega \|_1 \tag{3-18}$$

其中第二项为 L_1 约束，这是为了使权重向量 ω 中重要性分数大于 0 的数量尽可能少，因为模型识别一个物体并不需要用到所有的特征图，甚至只需要物体某部位对应的特征图就能做出正确的预测，即一次预测所使用的特征图实际上是比较稀疏的。使用原始图像的意义在于一方面保证了优化得到的中间热力图噪声尽可能小，另一方面减少了需要优化的参数数量。

此时经过第一步优化，得到的中间热力图不具有类判别性，只是特征图的线性叠加，因此会突出所有的前景物体。为了使解释结果图像具有类判别性，需要增加一个目标函数来微调权重向量 ω，其目的是使模型将扰动图像预测为指定类别的概率尽可能高，而其互补图像的概率尽可能低，互补图像定义为

$$\Phi_{bg}(x_a, m_{bg}) = x \odot (1 - m_{bg}) + p \odot m_{bg} \tag{3-19}$$

因此第二阶段的目标函数为

$$L_{\text{target}}(x,\omega) = -f_c^L(\Phi(x,\omega)) + \lambda f_c^L(\Phi_{bg}(x,\omega)) + \delta \cdot \| \omega \|_1 \tag{3-20}$$

其中 f_c^L 为模型输出的预测概率。这样第一项使得中间热力图的突出区域对于指定类别的预测概率提高，而第二项使得互补区域对于指定类别的预测概率降低。

综上所述，算法通过上述两个目标函数对权重向量 ω 进行两步优化，以优化后的权重向量对特征图加权得到最终的解释结果图像。

2) LRP 解释方法

LRP 即逐层相关性传播(Layer-wise Relevance Propagation)，通过将每个转换的输出信号分解为其输入的组合来生成相关图，是一种信号分解的方法，LRP 通过层间向后传输信息，将模型的输出从输出层重新分配到输入。将这种向后传播的重要性称为相关性，LRP 具有区分负相关和正相关的特殊性：正相关应该代表导致分类器结果的证据，而负相关代表消极参与预测的证据。LRP 适用于任意类型的神经单元激活和一般的 DNN 架构。对于输入图像 x，这项工作旨在解释分类预测 $f(x)$ 相对于中性状态 $f(x)=0$ 的差异。LRP 方法依赖于守恒原则来传播预测，而不使用梯度，这一原则确保了网络的输出激活通过 DNN 的各层完全重新分配到输入变量上，也就是说，无论是正面还是负面的相关性都不会丢失。

R_i 为像素相关性得分(pixel-wise relevance score)，用于衡量像素点对预测结果的影响，$R_i > 0$ 表示某类在图像中存在的证据，$f(x) \approx \sum_i R_i$ 表示对图像 x 分类预测与神经元的相关性之和。

LRP 有两个规则计算 R_i：β - 规则和 ε - 规则。

β - 规则如下：

$$R_i^{(l)} = \sum_j \left((1+\beta) \frac{z_{ij}^+}{z_j^+} - \beta \frac{z_{ij}^-}{z^-} \right) R_j^{(l+1)} \qquad (3-21)$$

其中，$R_i^{(l)}$ 是 l 层神经元 i 的相关性得分，$z_{ij} = x_i^{(l)} \omega_{i,j}$，$z_j = \sum_j z_{ij} + b_j$，$x_i = g(z_i)$ 是神经元 i 的激活值，ω 是它的权重，g 是非线性激活函数，b_j 是偏置项。

ε - 规则如下：

$$R_i^{(l)} = \sum_j \left(\frac{z_{ij}}{z_j + \varepsilon \operatorname{sign}(z_j)} \right) R_j^{(l+1)} \qquad (3-22)$$

其中，ε 是一个避免被零除的小数字。" + "与" - "分别表示正激活部分与负激活部分，按照 β - 规则或者 ε 规则进行逐层相关性的求解，最终可计算出 R_i。

对于某些方法，可能需要对不同的层使用不同的传播规则。对于 LRP 来说，经验证明为网络的不同部分应用不同的规则是有用的。

3）Integrated Gradients 解释方法

Integrated Gradients 试图通过计算输入图像 x 和给定参考图像 x' 之间的直线上的梯度来更好地捕捉非线性的影响。该算法通过近似输入特征的 Aumann – Shapley 值来解释深度学习模型的预测，这些值在输入特性中分配参考值（默认为所有 0）的模型预测与当前样本的预测之间的差异，不需要对原始网络进行修改，实现简单，适用于各种深度模型。

3.2.2 基于扰动的解释方法

上述的解释方法将复杂黑箱模型内部展开，寻求对预测结果重要的特征进行视觉解释，需要了解具体的深度神经模型结构和参数，称为白盒解释。另一类方法是在不了解深度神经模型结构和参数的情况下，通过扰动输入观察输出变化进行解释，称为黑盒解释。

1. 局部扰动解释方法

基于局部扰动解释方法的主要思路是通过扰动输入探测模型的预测变化。除了对深度神经网络中间层输出进行可视化之外，针对深度神经网络输出特征诊断的内容，一些研究着眼于找出对训练任务有贡献的区域。

1）LIME 解释方法

LIME 是华盛顿大学 Ribeiro 等（2016）在 KDD 2016 会议上提出的一种基于局部近似的解释方法[21]，是模型无关的基于预测的局部解释方法（Local Interpretable Model – agnostic Explanations）。

LIME 基于想要解释的预测值及其附近的样本，构建局部的线性模型或其他代理模型。其核心思想是，对单个输入，添加扰动形成一个相关的新数据集，然后在这个新数据集上训练可解释的模型，从而实现局部近似。

以图像分类任务的深度学习模型为例：首先，将图像用分割算法分成若干个超像素；其次，随机决定每个超像素显示或不显示，生成若干个干扰图像，并将这些图像输入模型得到预测值；以干扰图像为数据集训练线性回归模型，通过这一近似模型找出对预测最重要的超像素。对图像数据而言，LIME 输出的是连接的超像素以及权重，其权重系数体现了决策中特征的重要性，这个解释方法可以对文本、图像或表格数据分类进行解释。

将输入样本分解为特征,通过一个用替代模型在局部逼近 CNN 预测行为进行解释,通过提取图像中对网络输出高度敏感的区域,从而探究网络特征的生成过程,以一种可解释和局部正确的方式解释任何分类器的预测。这个方法可以针对文本模型或图像模型以及不同的数据集选择更加适合的局部模型进行解释,对于图像分类而言,可用于提取对于输出高度敏感的图像区域,是一个通用的解释框架。

为了保持模型的独立性,LIME 修改局域的输入,将特别的测试用例输入模型并观察对预测造成的影响,通过一个个特定的样例来观察模型的可解释性。考虑图像的空间相关和连续的特性,LIME 将图分割后找出对分类结果影响最大的几个超像素做出预测,图 3-12 所示是分类为猫和狗的超像素表示诊断解释。

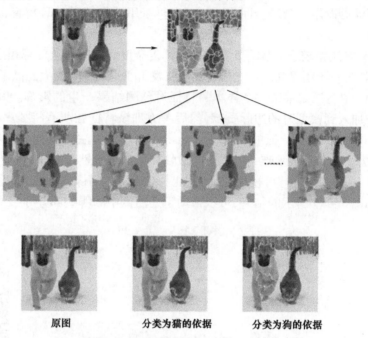

图 3-12　LIME 解释的超像素表征和分类依据(Ribeiro et al. KDD2016)

2)SHAP 解释方法

SHAP(SHapley Additive exPlanations,沙普利加性解释)是 Scot M. Lundberg 和 Su-In Lee 二人在 2016 年提出的一种基于博弈论的机器学习解释方法[22],可以广泛应用于各种任务及深度学习模型的解释。这一方法的核心在于,将特征视为合作博弈的参与者,将预测视为合作的成果,然后计算各个特征的沙普利值(Shapley Values),从而衡量每个特征对模型预测的贡献。

SHAP 解释方法具有坚实的数学理论基础,沙普利于 1953 年在《多人博弈的值》一文[23]中提出了一种在合作博弈中公平地分配贡献与成本的方法,同时证明了其结果的唯一性,从而解决了平均主义带来的利益分配不公问题。这是包括 LIME 在内的绝大多数其他方法所不具备的。

沙普利值的数学定义为

$$\varphi_i = \sum_{S \subseteq \{\frac{N}{i}\}} \frac{|S|!(|N|-|S|-1)!}{n!} [v(S \cup \{i\}) - v(S)] \quad (3-23)$$

其中 N 为特征数量,$v(S)$ 表示特征子集 S 的性能,具体内容见文献[22]。

沙普利值具有以下四个公平性和合理性的公理:

(1) 效率(Efficiency):所有特征的沙普利值之和等于模型的预测结果。

(2) 空玩家(Null Player):如果一个特征对模型的预测结果没有影响,那么它的沙普利值为零。

(3) 对称性(Symmetry):如果两个特征对模型的预测结果有相同的影响,那么它们的沙普利值相等。

(4) 可加性(Additivity):如果两个模型可以相加,那么它们对应特征的沙普利值也可以相加。

沙普利值既可以用于全局(global)解释,也可以用于局部(local)解释,且二者可以紧密联系在一起。

SHAP 解释方法相较于 LIME,其算法的时间复杂度和空间复杂度都相当高,过于耗费计算资源;针对这一问题,2018 年 Lundberg 又开发了 TreeSHAP,大大提高了运行效率。

通过 SHAP 值可以观察某一个样本的特征对预测结果产生的影响。其基本思想是:计算一个特征加入到模型时的边际贡献,然后考虑到该特征在所有特征序列情况下不同的边际贡献,取均值,即该特征的 SHAPbaseline value。该方法是将博弈论与局部解释相结合,几种方法结合起来表示唯一可能的一致性和局部准确性特征属性。

如对模型 ResNet50 进行可视化的举例说明:对于飞机图像作为输入,用 SHAP 方法进行解释得到如图 3-13 所示的结果,可以帮助识别图像中的哪些部分导致预测性能高。

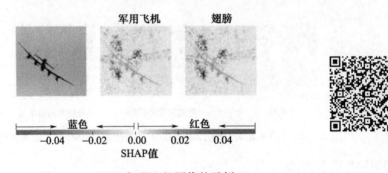

图 3-13 SHAP 解释飞机图像的示例

将预测提高的特征用红色表示,将预测降低的特征用蓝色表示。上面的解释显示了从基值(传递的训练数据集上的平均模型输出)到模型输出中每个特征对模型预测值的贡献大小。相应地,将输入图像准确预测为"战机"和错误地预测为"翅膀"的可视化中,红色和蓝色的分布区域会发生变化。

2. 影响函数解释方法

1) 影响函数解释的原理

影响函数(Influence Function)是稳健统计中的经典技术,有助于近似估计训练扰动的影响。通常用来衡量对一个训练样本添加小扰动时对估计器的影响,这个方法可以揭示一个训练样本的重要性。

影响函数方法的关注点放在了寻找特征空间中敏感值。对一个已经构建好的分类模型,输入一个样本 x,模型给出了预测结果 y。我们想知道这一行为与哪些训练样本关系最大,换个角度说,把这些训练样本去掉,或者改变它们的标签,那模型就很可能在 x 上给出不同的预测结果,找出对具体某个决策影响最大的训练样本。

斯坦福大学 Pang Wei Koh 等的研究利用影响函数理解黑箱预测,通过模型的学习算法来追溯其预测,并上溯到了训练数据中,从而确定对给定预测影响最大的训练点[24],这追溯根源的新视角使得其文章获得了 ICML2017 最佳论文奖。

Pang Wei Koh 等提出的影响函数解释方法基本思想是:利用统计学领域的影响函数方法,针对每一个测试点,计算所有训练点对该测试点预测的影响值大小,并通过观察影响值最大的 N 个训练点来解释模型的预测结果,即找到对模型预测贡献度最大的训练点。

论文中证明,在线性模型和卷积神经网络中,影响函数可用于理解模型行为、调试模型、发现数据集错误,甚至生成视觉上无法区分的训练集对抗攻击。

以上这些研究,从数据特征入手,通过观察对某个样本加权重会带来模型参数的如何变化,通过输出的特征表示,对深度神经网络的工作原理给出了合理的解释,并设计如下几个实验探讨这个方法的应用。

解释模型行为:在 ImageNet 里对 dog 和 fish 两类分别抽取 900 个样本作为一个数据集,对比了 Inception v3 和 SVM with RBF kernel 两个图像分类模型,展示了对决策最有帮助的训练样本,如图 3-14 所示。

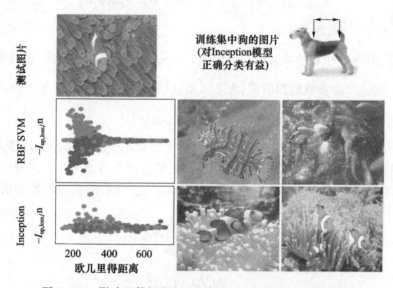

图 3-14 影响函数解释方法示例(Pang Wei Koh ICML2017)

生成对抗样本:在训练样本上加上影响函数计算出来的方向。对测试集正确分类的 591 个样本里,只扰动一张训练样本(改动肉眼不可分辨)可以改变 57% 样本的预测类别。

调试数据分布:当训练和测试数据分布不一致时,影响函数可以帮助发现是哪些训练样本导致了这样的错误。

纠正标签错误的样本:实验通过在垃圾邮件数据上,随机翻转 10% 数据的标签,对比影响函数训练损失和随机实验来观察不同方法选出异常点的效率。

在研究中,单个训练点对模型参数的影响值定义为除去该训练点后模型参数的变化值:

$$I(z) \stackrel{\text{def}}{=} \hat{\theta}_{-z} - \hat{\theta} \qquad (3-24)$$

其中，z 代表需要计算影响值的训练点，$z_i = (x_i, y_i)$，θ 代表模型的参数。

假设目标损失函数为 $L(z, \theta)$，则 $\hat{\theta}$ 定义为

$$\hat{\theta} \stackrel{\text{def}}{=} \operatorname{argmin}_{\theta \in \Theta} \frac{1}{n} \sum_{i=1}^{n} L(z_i, \theta) \qquad (3-25)$$

根据影响函数的定义及其计算方法，除去训练点 z 后的 $\hat{\theta}_{-z}$ 定义为如下公式：

$$\hat{\theta}_{-z} \stackrel{\text{def}}{=} \operatorname{argmin}_{\theta \in \Theta} \sum_{z_i \neq z} L(z_i, \theta) \qquad (3-26)$$

如果利用上述提到的方法进行影响值的计算，每次去除一个训练点并进行重新训练，那么在数据集较大、模型较复杂的情况下，整个计算的过程将会非常缓慢。

针对这样的困境，使用一种逼近方法：利用小量 ϵ 与 $L(z, \theta)$ 的乘积来增加需要计算的训练点 z 的权重，再以此计算参数的变化。新参数 $\hat{\theta}_{\epsilon, z}$ 定义为公式 (3-27)。此时增加训练点 z 的权重对参数 $\hat{\theta}$ 的影响可以通过公式 (3-28) 来计算。

$$\hat{\theta}_{\epsilon, z} \stackrel{\text{def}}{=} \operatorname{argmin}_{\theta \in \Theta} \frac{1}{n} \sum_{i=1}^{n} L(z_i, \theta) + \epsilon L(z, \theta) \qquad (3-27)$$

$$I_{\text{up,params}}(z) \stackrel{\text{def}}{=} \frac{d \hat{\theta}_{\epsilon, z}}{d \epsilon} \bigg|_{\epsilon=0} = -H_{\hat{\theta}}^{-1} \nabla_\theta L(z, \hat{\theta}) \qquad (3-28)$$

其中，$H_{\hat{\theta}}$ 是关于 $\hat{\theta}$ 的海森矩阵。

可以发现，移除一个训练点 z 和对其增加 $\epsilon = -\frac{1}{n}$ 的权重是等价的，由此可以最终近似得到移除训练点 z 对参数的影响值，而不需要重新训练整个模型，见如下公式：

$$\hat{\theta}_{-z} - \hat{\theta} \approx -\frac{1}{n} I_{\text{up,params}}(z) \qquad (3-29)$$

在得到了训练点对模型参数的影响之后，就可以利用链式法则计算训练点对特定测试点的影响值，这也是我们最关心的部分。类似地将特定训练点 z 对特定测试点 z_{test} 的影响值定义为，除去训练点与未除去时模型对该测试点 z_{test} 预测的损失函数的值的变化，见如下公式：

$$\begin{aligned} I_{\text{up,loss}}(z, z_{\text{test}}) &\stackrel{\text{def}}{=} \frac{d L(z_{\text{test}}, \hat{\theta}_{\epsilon, z})}{d \epsilon} \bigg|_{\epsilon=0} \\ &= \nabla_\theta L(z_{\text{test}}, \hat{\theta})^{\text{T}} \frac{d \hat{\theta}_{\epsilon, z}}{d \epsilon} \bigg|_{\epsilon=0} \\ &= -\nabla_\theta L(z_{\text{test}}, \hat{\theta})^{\text{T}} H_{\hat{\theta}}^{-1} \nabla_\theta L(z, \hat{\theta}) \end{aligned} \qquad (3-30)$$

2) 影响函数解释的实验

为了测试影响函数解释模型在不同干扰下的解释诊断效力和稳定性，我们在原数据集的基础上，对图像数据进行了物体遮挡、模拟降雨和明暗变化的干扰，主要目的是模拟现实中可能出现的不同场景。

(1) 遮挡干扰实验。

遮挡通过给测试点图像人为添加黑色方块来实现，遮挡的部位是通过人为选择的，具体的遮挡如下：

- 针对汽车，遮挡车头、轮胎、车身、车窗等关键部位。

- 针对飞机,遮挡机翼、机尾、引擎、机头等关键部位。
- 每一张遮挡过的图像作为一个单独的测试点。

我们挑选了 3 个汽车测试点以及 3 个飞机测试点进行关键部位遮挡,总共产生 34 张遮挡图像,输入模型后全部判断正确,准确度为 100%,说明模型的稳定性是不错的。

进一步利用影响函数解释对这些部分遮挡图像的模型预测,可以从深层次理解模型行为以及模型稳定的内在原因。

如图 3-15 所示,上面一排是原始训练点图像以及遮挡后的训练点图像,下面一排是对上一排模型预测中正向影响值最大的训练点图像。可以看到:

- 当把汽车的车窗遮住之后,正向影响值最大的训练点变成了与之相差很大的一个飞机训练点。
- 当把汽车中间下部遮挡住时,正向影响值最大的点并没有发生变化。同样的情况也出现在遮挡车头、车尾和轮胎的情况下。

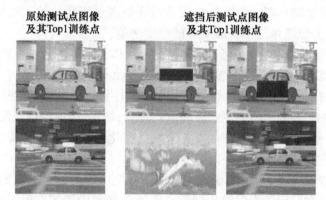

图 3-15 汽车测试点及其遮挡实验结果

由此可以推断,Inception-v3 模型在进行当前汽车测试点的预测时,主要依据其车窗的特征来判断。

当车窗被遮住时,模型转而依靠一部分与其大不相同的飞机训练点来反推当前测试点的类别。

如图 3-16 所示,对原始图像正向影响最大的是一个类似的飞机训练点。

图 3-16 飞机测试点及其遮挡实验结果

- 当把飞机的机尾遮住之后，正向影响最大的训练点变成了一个同样没有传统样式机尾的飞机训练点。
- 当把飞机的两边机翼遮住之后，正向影响最大的训练点变成了一排基本只露出了机尾的飞机。
- 而当遮住飞机的机头、引擎和中间部分机身的时候，正向影响最大的训练点没有发生变化（图中未展现）。

由此可以推论，Inception-v3 模型在进行当前飞机测试点的预测时，主要依靠机翼和机尾的特征来判定一个测试点是否是飞机。

当二者缺其一时，模型会依据带有明显的二者中不缺少的特征训练点做出预测，以此来保障模型的稳定性。

（2）样本明暗变化干扰实验。

明暗变化的实现即调整图像亮度，亮度调整即针对图像中的每个像素点进行[-255,+255]之间的简单加减运算。为了防止图像过亮或者过暗而导致人眼也无法分辨，我们选取 Δ=±100 作为原图像与干扰后图像的亮度之差。

但实验发现，明暗的变化对模型的影响很小，可以从几个方面进行验证：

- 不管测试集是变亮还是变暗，测试集准确度没有下降。
- 如图 3-17 所示，左侧为原始测试点，中间上下分别为变亮、变暗后的测试点，右侧的两个训练点在三者的预测中正向影响值均最大，即 Top2 训练点未发生改变。对于大多数的测试点，正影响值 Top2 的训练点并未发生变化（变亮时 90.33% 的测试点无变化，变暗时 83.5% 的测试点无变化）。
- 图 3-18 展示了 2000 个训练点对于图 3-17 中的测试点在原始、变亮、变暗三种条件下的影响值分布。由于大多数的训练点影响值均集中于零点附近且数值极小，我们将箱型图的箱盒隐去（箱盒过窄），只留下中位数线与均值点，将上下限分别定为影响值分布的 99.5% 分位与 0.5% 分位，以此在展现整体分布的同时，能够清晰辨别对模型预测有极大影响（影响值绝对值大）的训练点，这部分训练点对于模型的预测是至关重要的。
- 可以看到，尽管明暗变化之后影响值整体的数值发生了改变，但是整体的分布还是一致的，影响值绝对值较大的点更多出现在零点右侧，促使模型预测正确。

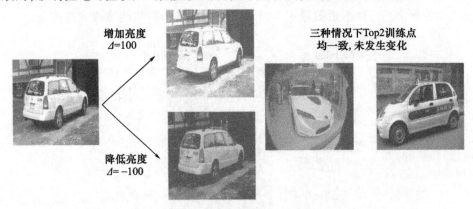

图 3-17 明暗程度变化实验结果示例

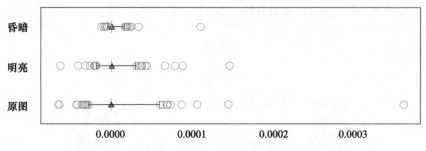

图 3-18 训练点影响值分布随明暗程度变化示例

3.2.3 基于知识的解释方法

当前的解释方法大都面向专家和学者,对于非专业人员来说,很难直接理解可解释方法提供的专业术语。利用容易理解的知识辅助进行解释,不管是从数据或模型中提取出来的知识,还是从外部引入的知识,都可以使解释对用户更加友好。

基于知识的解释方法可以分为两大类:提取内部知识的解释方法和引入外部知识的解释方法。提取内部知识的解释方法,是指提取原模型学到的或数据集中的知识建立解释模型;引入外部的知识解释方法,是指利用外部输入的知识,如常识、概念、语料库等辅助建立解释模型。

1. 内部知识提取的解释

1)提取内部规则的解释

规则提取方法的基本思想是从原模型中提取知识的可解释符号描述,使提出的规则能够逼近原模型的决策过程,提供人类可理解的解释。目前解释方法的原模型主要针对于人工神经网络模型,解释模型通常是决策树或基于规则的模型,包括全局规则解释和局部规则解释,全局规则提取解释方法可分为分解法和教学法。

分解法将人工神经网络模型分离到神经元的层面进行规则提取,将提取出来的规则整合成一个整体。Sato 等提出了 CRED 方法[25],用决策树从原模型中同时提取出连续型和离散型的规则;Zilke 等进一步提出了专门针对深度神经网络的 DeepRED 方法[26],减少了内存占用和计算时间。

教学法将神经网络模型视作一个黑箱,只利用模型的输入和输出进行规则提取。Augusta 等基于逆向工程提出了 RxREN 方法[27],反向分析输出的输入组成部分;KDRuleEx 方法生成二维的决策规则表格,同时处理离散的和连续的输入[28]。

有研究进一步将全连接层的决策模式编码为一个决策树,该决策树并非用于分类,而是被用于定量地解释每个决策背后的逻辑关系。另一项研究[29]则提出了一种全新的解决泛化和可解释性之间矛盾的方法。使用深度神经网络来训练一个决策树,它会对神经网络所发现的输入输出函数进行模仿。对一种使用已训练的神经网络,以软决策树的形式创建一个更具可解释性模型的方法,其中决策树是通过随机梯度下降进行训练的,利用神经网络的预测提供更多的信息目标,将从深度神经网络获得的知识简化到软决策树。

图 3-19 是一个在手写数字识别数据集 MNIST 上进行训练的深度为 4 的软决策树可视化图。内部节点的图像是已学习过的过滤器,而叶部的图像是覆盖所有类的学习概率分布可视化。以最右边的内部节点为例,可以看到在树的最下那个级别,潜在的分类只有

数字 3 或 8,因此学习的过滤器只是在学习区分这两个数字,结果在末端形成数字 8。

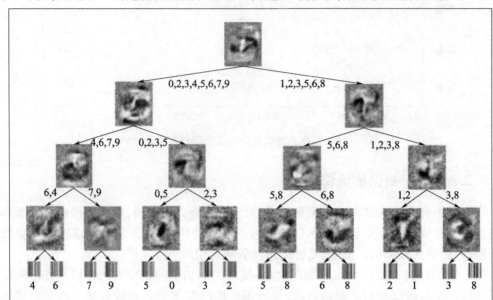

图 3-19　一个在 MNIST 上训练的 4 层软决策树的可视化图

对一种使用已训练的神经网络,以软决策树的形式创建一个更具可解释性的模型的方法,其中决策树是通过随机梯度下降进行训练的,利用神经网络的预测以便提供更多的信息目标,便于将从深度神经网络获得的知识简化到决策树中。

2)基于语义知识的解释

用已有的知识提取方法如知识蒸馏和知识图谱,也可以构造解释方法。知识蒸馏是 Hinton 等提出的一种降低模型复杂度的模型压缩方法[30],基本思想是训练简单的学生模型去模仿复杂的教师模型。Liu 等将决策树作为学生模型,将知识蒸馏的方法扩展到了多输出的回归问题上[31];Tan 等利用知识蒸馏训练 iGAM 作为学生模型[32],在多个风险相关的数据集上做了验证。

知识图谱将数据集中的每个元素看作一个实体,相邻实体之间有不同的关系,实体到实体之间存在路径,实体、关系和路径中蕴含着从数据中提取出来的知识。Wang 等将知识图谱和 LSTM 模型结合起来,提出结合知识的路径循环网络(KPRN)模型[33]用于音乐推荐系统,可以直接利用路径上的实体关系进行解释,简单易懂、用户友好。Ma 等提出基于知识图谱的规则生成推荐模型 RuleRec[34],在具有较高推荐召回率的同时,还可以对推荐行为进行解释。

关于知识图谱在可解释深度神经网络中的作用,我们希望可以获得输入、输出、训练数据之间有什么样的因果关系。

尽管显著图的可解释方法给出了有趣的可视化表示,但它们不会捕获任何语义,只能捕捉到一种解耦的表征。期望知识图谱可以揭示关系表示的语义,图 3-20 显示出知识图谱与深度神经网络可解释的关系。然而,在深度神经网络中集成语义与特征空间的隐藏单元结合仍然是悬而未决的挑战。通过上下文和知识图谱添加语义可以帮助回答开放性问题,但用例是有限的,存在着归纳偏差的问题,尚未解决。

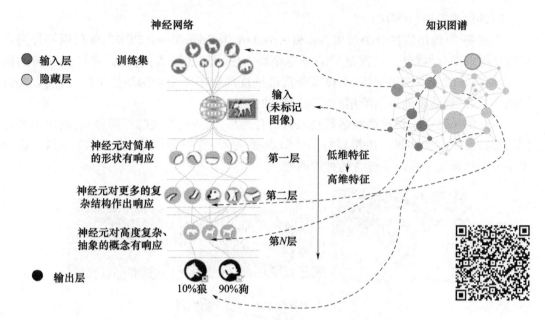

图 3-20　知识图谱与深度神经网络可解释(Lecue,2020)[35]

2. 外部知识引入的语义解释

上文中提到的几种特征解释方法,在可视性、易读性等方面表现出色,从视觉、加扰、知识等多个角度对人工智能决策黑箱进行的解释,主要侧重于统计性解释和相关性解释,解释方法大多局限于对模型开发者的解释。人们不再满足于这些统计学意义上的解释,而期待着更高级的概念或者语义层次上的解释,期待进一步地解释这个"黑箱"。

外部知识的引入主要考虑到人类已经有很多常识,形成了固有的概念,因此一方面可以通过定义已知概念的方式引入到人工智能系统,形成的解释更容易接受;另一方面是人具有一定的背景知识,因此可以通过建立知识库来存储更多的概念、语料等领域背景知识,辅助构建知识解释方法。

1) 网络解剖(Network Dissection)方法

Bau 等提出了网络解剖(network dissection)方法,用来识别隐藏层中的语义信息并和人类可理解的概念保持一致,通过 IoU 分数判定一致性[36]。Zhou 等提出结合概念激活向量和特征向量分解的方法[37],根据提供的概念信息以及 Grad-CAM 方法,把模型的每一个预测分解为多种概念的组合解释模型的预测,如图 3-21 所示,网络解剖方法对分类为房子标签的解释,通过定位区域表示出对标签为房子的贡献。

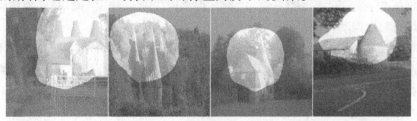

图 3-21　网络解剖方法对分类为房子标签的解释示例

2）神经决策树（NBDT）

Wan 等[38]提出的神经决策树 Neural – Backed Decision Trees（NBDT）保留原神经网络的特征提取部分的结构，只在最后的全连接层上使用层次聚类的方法，进行决策树的嵌入，从而在不改变原网络结构、不显著降低准确度的前提下增加网络的可解释性，以决策树的形式，逻辑清晰地展示给用户模型决策的依据。

研究的关键点是将神经网络和决策树结合起来，保持高层次的可解释性，同时用神经网络进行低层次的决策。决策树每一个节点都包含一个神经网络，图 3 – 22 中放大标记出了一个这样的节点与其包含的神经网络。

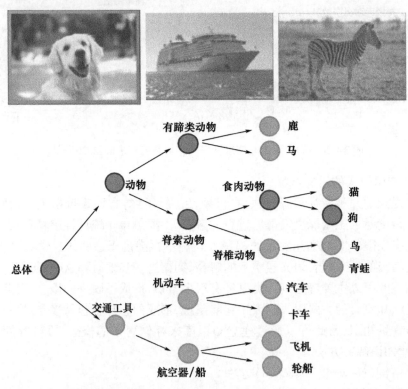

图 3 – 22　神经决策树（NBDT）示例[38]

在这个 NBDT 中，预测是通过决策树进行的，保留高层次的可解释性，但决策树上的每个节点都有一个用来做低层次决策的神经网络。NBDT 具备和决策树一样的可解释性，并且 NBDT 能够输出预测结果的中间决策，这一点优于当前的神经网络。如在一个预测"狗"的网络中，神经网络可能只输出"狗"，但 NBDT 可以输出"狗"和其他中间结果，如动物、脊索动物、食肉动物等。

Wan 等假设超类别的概念嵌入由其子类别向量的平均值表示，例如，"猫"和"狗"的平均值应该是"四条腿的动物"。这用于从下到上推断决策树，其中节点是超类别，叶子是分类。在每个节点上，确定哪个子节点最适合映射。

3）TCAV（Testing with Concept Activation Vectors）

有很多种方式来衡量一个像素对预测的重要性程度，比如显著图（Saliency Map）中的梯度，LIME 中的线性回归系数，SHAP 中的沙普利值等。但是，想要衡量一个抽象的概念对预测的重要性程度,是非常困难的。

Google Brain 的研究科学家 Been Kim 等提出了重要性衡量指标 TCAV（Kim Been,2018）[39],用来判断某一概念对于当前分类的重要程度,为解决这一问题提供了开创性的思路。例如概念"条纹"对于分类"斑马"的重要性,因此可以根据概念的 TCAV 指标对图像进行分类排序,更符合人的判定标准。

首先,人为选择一些概念并从搜索引擎上选取对应的图像,如图 3-23 所示。对每一个概念,TCAV 将包含概念的正例图像和不包含概念的反例图像送入预训练的深度神经网络模型中,在 L 层训练一个逻辑分类器,其决策边界的正交向量即是 CAV（概念激活向量）。CAV 乘上损失梯度即是模型对概念的敏感度,它的含义是模型的预测对输入在 L 层激活空间的概念方向上变化的敏感性。最后,将某一概念对应的图像输入模型,统计敏感度为正情况的占比,即为该概念对预测该类的重要性分数 TCAV,如图 3-24 所示。

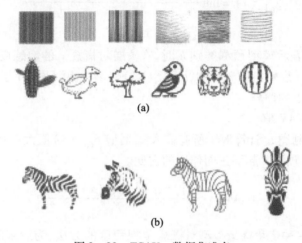

图 3-23 TCAV-数据集准备

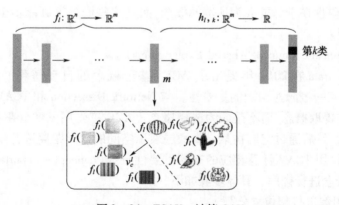

图 3-24 TCAV-计算 CAV

步骤 1：数据集准备

针对选出的概念,选择若干符合该概念的正例图像与不符合的反例图像;针对选择的预测类,选择若干属于该类的图像。例如一个识别斑马的图像模型,"条纹"的概念就是针对斑马这个类别选出的重要特征,选出符合条纹的正例和反例图像。如图 3-23 所示,

(a)中第一行为一组条纹的概念,第二行为一组随机的图像;(b)为用户自定义的一组斑马图像。

步骤2:计算概念激活向量(CAV)

将步骤1中准备的概念正例与反例输入到 CNN 模型,在选定的瓶颈层激活空间中,训练一个线性二分类器,其决策边界对应的超平面法向量(v_c^l,l:瓶颈层,c:概念)即是概念激活向量(CAV)。f 是特征提取层,h 是全连接层,假设 g 是神经网络,x 是输入图像,第 l 层的特征图为 $f_{l(x)}$,特征图经过全连接层 $h_{l(x)}$ 得到最后的输出置信度 k。

设超平面方程为 $w^T x + b = 0$,w 是该超平面的一个法向量。

步骤3:计算方向导数与概念敏感度

用方向导数和 CAV 计算模型对概念的敏感度 $S_{c,k,l(x)}$

$$S_{c,k,l}(x) = \lim_{\epsilon \to 0} \frac{h_{l,k}(f_l(x) + \epsilon v_c^l) - h_{l,k}(f_l(x))}{\epsilon}$$
$$= \nabla h_{l,k}(f_l(x)) \cdot v_c^l \tag{3-31}$$

其中,$S_{c,k,l}(x)$ 表示模型预测类别 k 时,在 l 层对概念 c 的敏感度;x 表示一个输入;$f_l(x)$ 表示输入 x 时 l 层输出的激活图;$h_{l,k}(f_l(x))$ 表示将激活图从 l 层激活空间映射到全连接层激活函数输出的评分。

步骤4:计算 TCAV 值

对于选择的预测类 k,计算对于所有输入 x,对应 $S_{c,k,l}(x)$ 值大于 0 的分数即为 TCAV 值,含义是概念 c 对预测 k 起到正面作用的占比。

$$\text{TCAV}_{Q_{c,k,l}} = \frac{|\{x \in X_k : S_{c,k,l}(x) > 0\}|}{|X_k|} \tag{3-32}$$

TCAV 提供了一种定量衡量模型对概念重视程度的方法,为后来的 ACE 等方法奠定了基础。

TCAV 的局限性在于需要人为地选择概念,而且这些概念很可能不全面,不足以还原模型决策的过程。

4) ACE(Automatic Concept – based Explanations)

Ghorbani Amirata 在 2019 年提出了 ACE(基于概念的自动解释)方法[40],沿用了 TCAV 值来衡量某一概念对预测的重要性。与 Network Dissection 和 TCAV 不同的是,ACE 是自动从图像中提取概念,而不是人为选择概念。ACE 首先用图像分割技术将图像分割成若干个超像素,然后通过它们在某一隐藏层表示空间的欧氏距离进行聚类,得到一个个概念的实例集,再用 TCAV 计算相应的概念重要性分数(concept – importance score),进而为模型关注的概念进行排序。具体步骤如下:

步骤1:对图像进行超像素分割

运用现成的图像分割算法(如 quickshift 等)对图像进行超像素(superpixel)分割。如图 3 – 25 所示,一个超像素就是图像的一个块(segment)。为了尽可能地捕获重要概念,本书中用三个层次(分辨率)对图像进行分割,得到了一堆分块(超像素),如图 3 – 25 所示。

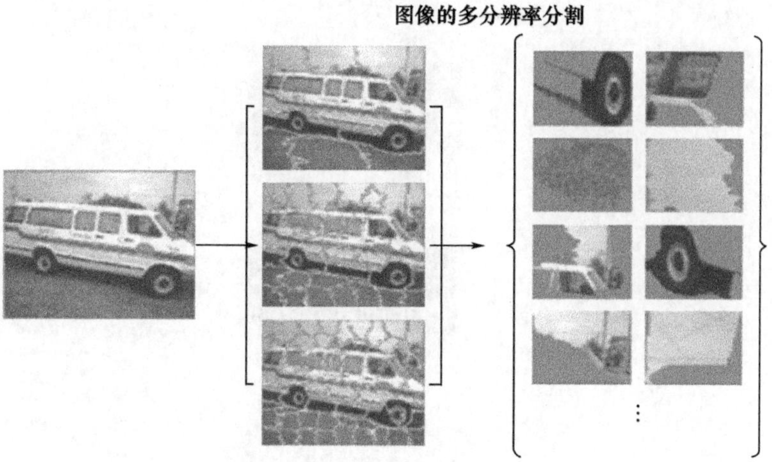

图像的多分辨率分割

图3-25 ACE的超像素图像分割

步骤2:进行概念聚类

将这些分块送入预训练的CNN模型,在瓶颈层的表示空间中,用K-means等方法对块进行聚类,得到一个个概念以及它对应的概念实例组,如图3-26所示。

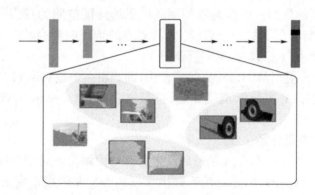

图3-26 ACE步骤2的分块概念聚类

步骤3:计算概念重要性分数

用TCAV方法计算步骤2中获得的概念重要性分数,如图3-27所示。

5) IBD(Interpretable Basis Decomposition)

2018年,MIT的周博磊等又提出了IBD(可解释基向量分解)。其核心思想是:针对某一类k,将全局平均池化层的函数中与类k对应的权重向量ω_k分解为概念c对应的权重向量q_c的加权和,以此来解释哪些"概念"对该类的预测比较重要。作者还结合了类激活映射的思想,在卷积层后加入GAP(全局平均池化)层,进而得到概念c对应的热力图。方法实现路径如下:

步骤1:数据集准备

获取作者提供的Broden数据集;在这一数据集中,所有图像的每一个像素都被人工标记。针对选择的预测类k,在数据集中选择一定数量的图像作为实验的数据集。

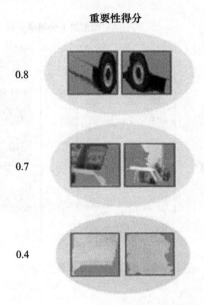

图 3-27　ACE 计算概念重要性分数 TCAV

步骤 2：计算概念激活向量（CAV）

选取 CNN 模型的最后一层作为瓶颈层。该层的特征空间为：$R^{D \times H \times W}$，D 代表特征空间的通道数。针对特征图上的一个点(i,j)，其对应的特征向量为$a^{(i,j)} \in R^D$。运用下采样方法，可以得到每个点(i,j)具有的标签（概念）。

针对某个概念c，使用与 TCAV 类似的方法，训练出一个逻辑回归二分类器，得到分类器对应的 CAV。将 CAV 进行标准化处理，得到概念向量（concept vector）或者称基向量（basis vector）q_c。

步骤 3：类权重向量分解

设全连接层的函数为$h(a)$，a是最后一个卷积层的输出。对于要选择的预测类k，全连接层对应的函数为$h_k(a)$。$h_k(a)$的系数组可以视为类k的权重向量ω_k。ω_k的通道数与激活空间的通道数一致，也就是D。

在步骤 2 中，我们已获得了各个概念c对应的概念向量q_c。接下来，将ω_k分解为基向量q_c的加权线性和。假设类k的图像集中包含了n种概念（标签）：

$$h(a) \equiv W^{(h)}a + b^{(h)} \tag{3-33}$$

$$h_k(a) = w_k^T a + b_k \tag{3-34}$$

$$w_k \approx s_{c_1}q_{c_1} + s_{c_2}q_{c_2} + \cdots + s_{c_n}q_{c_n} \tag{3-35}$$

找到S_{c_i}使$\|r\|$最小化，当

$$w_k = s_{c_1}q_{c_1} + s_{c_2}q_{c_2} + \cdots + s_{c_n}q_{c_n} + r = C_s + r \tag{3-36}$$

设C^+是C的伪逆矩阵，令$r = 0$，那么对线性方程组$C_s = w_k$，它的一个解是$s_0 = C^+ w_k$。IBD 使用这一解作为概念向量的权重对w_k进行分解。而$s_{ci}q_{ci}^T a$就是概念c对预测的贡献度，图 3-28 为 IBD 方法的示意图。

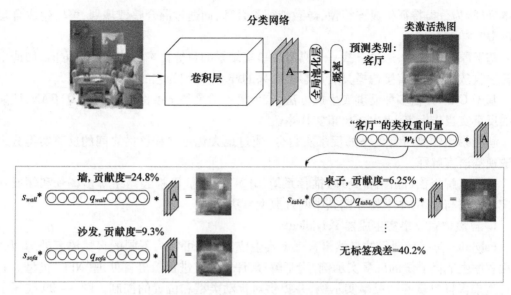

图 3-28 IBD 方法的示意图

3.2.4 基于因果的解释方法

从决策受益者角度考虑,除了以上解释之外,终端用户往往还需要了解影响决策前因后果的因果解释。因果解释的目的是回答与因果推理性和反事实解释性相关的问题,将因果关系作为解释的目标。

本书根据当前因果解释研究方法的原理,将其研究进展归纳为基于模型的因果解释和基于实例的因果解释两类。基于模型的因果解释指解释模型的每个组成部分对最终决策的因果影响;基于实例的因果解释方法主要指为模型生成反事实解释。

反事实是指与原始实例的输入和输出结果不同的实例,反事实解释希望通过对原始实例的输入特征进行最小的更改,以获得不同输出结果的新实例。最基本的形式是"如果 x 没有发生,y 就不会发生"或"如果输入的特征发生了某种特定变化之后,输出的结果将如何变化",通过回答这个问题,可以解释模型是如何做出决策的。例如,在申请被拒绝的信用卡申请人的特征上可以做哪些最小的改变,以使他们的申请被接受。

一个好的反事实解释应当具备如下几个特性:

(1) 稀疏性(Sparsity):关注少数几个核心原因;

(2) 可行性(Feasibility):期望的解释不应该是无法实现的;

(3) 邻近性(Proximity):接近原始数据的分布;

(4) 正确性(Validity):若模型的解释没有说服力,则可以对决策提出异议,所提供的解释应该基于用户期望对决策能产生不同影响的特征。

生成反事实解释器的方法大致可以分为启发式方法、加权法、混合整数规划求解法、基于原形的方法以及基于 GAN 的方法等。

启发式方法主要利用距离度量来寻找最小扰动,加权法在距离度量上为每个特征维度分配不同的权重。

基于混合整数规划的方法,主要应用于多分类特征的场景。其他方法生成的反事实样本,可能为分类特征生成连续值,导致特征不合理,而通过混合整数规划,可以生成合理的反事实样本。

基于原形的方法,通过寻找一个具有反事实结果的目标样本来确定生成方向,加速生成算法收敛,但不能直接选择具有反事实结果的样本,是因为它的扰动可能很大。

基于 GAN 存在多种反事实生成方法,较为简单的是基于条件(Conditional)GAN,把期望的反事实当作标签,来生成反事实样本。

解释模型预测所有负类的反事实得分,通过最大化正类和负类之间的反事实得分来生成视觉语言解释。

反事实解释在自然语言处理、推荐系统、计算机视觉、图神经网络等多场景和领域均有广泛研究与应用,本书将介绍其中两种典型方法。

1. 自然语言反事实生成器 Polyjuice

Polyjuice 是一种通用的自然语言反事实生成器[42],可以为不同的自然语言处理 NLP 应用程序生成高质量的反事实示例,用于解释、评估和改进自然语言处理(NLP)模型。它允许生成多样且真实的反事实示例,并提供对扰动类型和位置的控制。图 3-29 展示了 Polyjuice 解释示例:对原始自然语言陈述 x 进行情感分析后,Polyjuice 生成反事实文本 $\hat{x}_i$ 供下游用。

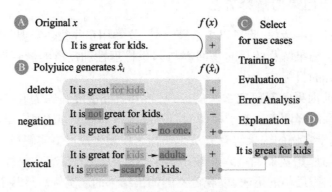

图 3-29 Polyjuice 解释示例

Polyjuice 通过在多个配对句子的数据集上对 GPT-2 进行微调来进行训练。生成的 Polyjuice 反事实示例被证明是多样且真实的,具有多种应用,例如在减少注释工作量的情况下改进训练和评估、增强解释技术以及支持反事实错误分析。

Polyjuice 使用控制代码和填充结构来指定扰动类型和位置。它通过使用现有数据集和自然发生的句子配对的组合进行训练,并且其生成的反事实示例也经过了流利性和多样性的评估。有文献给出了指导反事实生成的控制代码列表与对应的反事实示例及代表性训练数据集,如表 3-1 所示。

表 3-1 Polyjuice 指导反事实生成的控制代码列表与反事实示例及代表性训练数据集

控制代码	反事实示例	训练数据集
negation	A dog is not embraced by the woman.	(Kaushik et al.,2020)
quantifier	A dog is→Three dogs are embraced by the woman.	(Gardner et al.,2020)

续表

控制代码	反事实示例	训练数据集
shuffle	To move (or swap) key phrases or entities around the sentence. A dog → woman is embraced by the woman + dog.	(Zhang et al., 2019b)
lexical	To change just one word or noun chunk without altering the POS tags. A dog is embraced → attacked by the woman.	(Sakaguchi et al., 2020)
resemantic	To replace short phrases without altering the remaining dependency tree. A dog is embraced by the woman → wrapped in a blanket.	(Wieting and Gimpel, 2018)
insert	To add short phrases without altering the remaining dependency tree. A dog is embraced by the little woman.	(McCoy et al., 2019)
delete	To remove short phrases without altering the remaining dependency tree. A dog is embraced by the woman.	(McCoy et al., 2019)
restructure	To alter the dependency tree structure, e.g., changing from passive to active. A dog is embraced by → hugging the woman.	(Wieting and Gimpel, 2018)

2. OmniXAI 工具箱的反事实解释方法

OmniXAI 工具箱[43]采用牛津大学的 Wachter 等(2018)的算法,针对表格、图像数据实现了该方法。反事实解释器(Counterfactual Explanations)通过在现有样本上的特征上,进行最小改动,得到预期的反事实结果,并收集这些经过微小改动的样本,来对模型的决策进行解释。

例如,如果模型预测一个用户将从平台流失,我们将尝试找到一个尽可能小的用户特征变化,使预测结果变为留存。观察特征变化,并以此为依据进行解释。这里仍然使用了扰动的概念,最小扰动得到的可解释样本,即反事实估计器。反事实估计并没有真正对样本进行干预,而是通过模型的预测,模拟了人类的想象,放大了因果关系,因此处于因果阶梯的第三层。

其将对反事实实例的搜索视为一个简单的优化问题,损失函数设计为

$$L = L_{\text{pred}} + cL_{\text{dist}} \quad (3-37)$$

其中,第一个损失项 L_{pred} 为一个应用 L_1 正则化的距离度量 $\|(x'-x)\|_1$,引导搜索点 x' 以改变模型预测结果;第二个损失项 cL_{dist} 为一个应用铰链损失(hinge loss)函数 H 的差异度量 $cH[f_Y(x') - \max_{Y' \neq Y} f_{Y'}(x')]$,以确保 x' 接近 x,其中使用超参数 c 权衡两个竞争损失项的贡献。

具体而言,该方法使用梯度下降来优化反事实图像,根据在原始图像的最小值和最大值确定 c 可能的区间,并使用二分法来调整 c 的值,在距离度量绝对值小于反事实约束公差参数的情况下优化 $\min_{X'} \max_{\lambda} L$。

图 3-30 显示出应用于 MNIST 手写数字数据集进行反事实解释器的解释结果。其生成的反事实图像可被模型以高置信度预测为反事实类别,预测正确性、邻近性好,但可能不适用于复杂的图像数据集。

图 3-30　反事实解释器对字符 4 的解释结果

OmniXAI 工具箱同时基于 IBM 的 Dhurandhar 等（2018）在 NeurIPS 2018 提出的算法实现了对比解释方法（Contrastive Explanation Method，CEM）[44]。CEM 是一种基于实例的局部黑盒 XAI 方法，解释逻辑为"输入 x 被分类为类 y，是因为特征 $f_i,\cdots,f_k$ 存在，且特征 $f_m,\cdots,f_p$ 不存在"。

根据正相关实例（Pertinent Positives，PP）和负相关实例（Pertinent Negatives，PN）为分类模型生成解释。

对于正相关实例 PP，该方法寻找最小且充分的特征集合，在图像数据上表现为最重要的像素，使得预测类别与原始实例相同。

对于负相关实例 PN，该方法确定最小且必要的特征集合，使得从原始实例中删除后，预测类别不变。PN 的目的是给出能够将其与最近的不同类别区分开的特征，形式上与反事实解释的呈现相同。图 3-31 显示出应用于 MNIST 手写数字数据集进行反事实解释器的解释结果。

图 3-31　CEM 对比解释方法的解释结果

具体算法如下：

$$\delta^{\text{neg}} = \text{argmin}_{\delta \in \mathcal{X}/x} c \cdot f_\kappa^{\text{neg}}(x,\delta) + \beta \|\delta\|_1 + \|\delta\|_2^2 + \gamma \|x' + \delta - AE(x+\delta)\|_2^2 \quad (3-38)$$

$$\delta^{\text{pos}} = \text{argmin}_{\delta \in \mathcal{X} \cap x} c \cdot f_\kappa^{\text{pos}}(x,\delta) + \beta \|\delta\|_1 + \|\delta\|_2^2 + \gamma \|\delta - AE(\delta)\|_2^2 \quad (3-39)$$

其中，$\mathcal{X}$ 表示全体数据空间，x 表示任意样本，$\frac{\mathcal{X}}{x}$ 表示除 x 外所有可能的实例空间；$\mathcal{X} \cap x$ 表示样本中分类结果依赖的数据空间；δ 为所求的可解释扰动，$x' = x + \delta$；$f_\kappa^{\text{neg}}(x,\delta) = \max\{[\text{Pred}(x')]_y - \max_{y' \neq y}[\text{Pred}(x')]_{y'}, -\kappa\}$ 是改变预测结果的类铰链损失函数；$[\text{Pred}(x')]_y$ 是 x' 对 y' 类别的预测得分；$\kappa \geq 0$ 类似文献[44]中的超参数 c；$\beta \|\delta\|_1 + \|\delta\|_2^2$ 为用于高效选择高维空间中特征的弹性网络正则化器；

$\|x' - AE(x')\|_2^2$ 是自动编码器评估的 x' 的 L_2 重构误差；

$c,\beta,\gamma \geqslant 0$ 是相关的正则化系数。

针对计算机视觉场景，以上两种不考虑语义的反事实方法在复杂图像的情况下时常会生成难以辨认或难以理解的结果，因此后续还发展出了尝试框选出语义区域的反事实视觉解释方法（Counterfactual Visual Explanations，CVE）[46]、使用语义特征进行扰动的Co-CoX方法[47]等。

3.3 自动驾驶系统的可解释性

随着计算能力强大的人工智能（AI）技术的兴起，自动驾驶在研发方面取得了重大的进步，人们期望自动驾驶车辆可以高精度地感知环境，做出安全的实时决策，在没有人为干预的情况下运行更加可靠，为此工业界和学术界都投入了大量的精力用于自动驾驶系统的开发。从 DARPA 城市挑战赛开始，已经有了一系列的尝试，奔驰等汽车行业巨头和谷歌等 IT 巨头正在竞争开发商用全自动汽车。

然而，在目前的技术水平下，出现的自动驾驶特斯拉命案事故、Uber 无人车致死案和谷歌旗下 Waymo 自动驾驶测试车的事故，考验着人们对自动驾驶的容忍度，人们期望有自动驾驶汽车的交通系统将更加安全和生态友好，但自动驾驶汽车中的智能决策通常不为人类所理解，这种缺陷阻碍了这项技术被社会接受。

自动驾驶是一个高风险且安全攸关的应用，不可能详尽地列出和评估模型可能遇到的每种情况，因此，对自动驾驶智能预测和决策系统的可解释有迫切的需求以便符合监管要求。

3.3.1 自动驾驶可解释的需求

国际汽车工程师学会提出的"驾驶自动化技术分级标准"，将驾驶自动化技术按照自主程度分为 5 个级别，3~5 级统为"自动驾驶系统"（Autonomous Driving System）。3 级为有条件自动驾驶，即当自动驾驶系统发出接管请求时，驾驶员必须接管。4 级为高度自动驾驶（High Driving Automation），可在自动驾驶模式下运行；但只能在一个有限的区域内运行，在出现问题或系统故障时驾驶员进行接管。5 级为完全自动驾驶（Full Driving Automation），是在任何条件下都可自主自动驾驶，不需要驾驶员。

3 级以上的自动驾驶系统可以高精度地感知环境，做出安全的实时决策可靠运行。然而，在目前的技术水平下，自动驾驶汽车的智能决策通常不为人类所理解。

自动驾驶车辆发生的道路事故，直接影响乘客和旁观者的安全，如果用户不信任模型或预测，他们将不会使用它。解释可以帮助工程师和研究人员通过获取有关极端情况、陷阱和潜在故障模式的更多信息来改进未来的版本。对行为或决策的理解是人类思维的自然要求，经验证明提供可解释的系统可以显著提高用户对系统的信任。

如果没有向参与者提供可靠的解释，频繁发生的故障可能会严重损害个人和公众对智能系统的信任。一旦对智能系统的信任被破坏，重新获得信任可能会是一项艰巨的任务。人类自然希望了解特定场景中汽车的关键决策，以建立对自动驾驶的信任。如果汽车的智能决策是可以解释的，就容易获得信任，这与该系统的决定和行动是否符合管辖条例和标准有关。

当系统的性能与人类的性能相匹配时,需要解释以增加用户的信任并使该技术的采用成为可能。如果自动驾驶模型优于人类,那么产生的解释可以用来教人类更好地驾驶并通过机器教学做出更好的决策。

根据自动驾驶中用户的身份和背景知识,可解释的细节、类型和表达方式各不相同。例如,一个对自动驾驶车辆如何运行缺乏专业知识的用户,可能会对相关决策结果的简单解释感到满意。自主系统工程师需要更多信息的解释,了解汽车当前的可操作性,并根据需要适当地调试现有系统。

因此,解释受众的领域知识和知识特点对于提供恰当的、有充分信息的和容易理解的解释至关重要。按照受众的领域知识和需求,将其分为道路用户、自动驾驶开发商、监管机构和保险公司,以及汽车公司的执行管理。由于解释者是根据他们的领域知识和需求进行分类的,解释的设计与评估技术也会根据解释者的知识而有所不同。

事实上,解释性的构建是当前可解释的人工智能研究面临的主要挑战之一。由于自动驾驶涉及具有不同社会背景的人,相关的 XAI 设计需要对背景问题进行固有的调整,解释也因包含它们的类而有所不同。

3.3.2　自动驾驶关键操作可解释

自动驾驶汽车的人工智能系统还需要解释其决策是如何构建的,以便符合许多司法管辖区的监管要求,以支持监管机构、制造商和所有参与的利益相关者对自动驾驶技术的公众认可。可以将自动驾驶汽车的关键操作概括为感知、定位、规划、控制和导航过程以及系统管理,参见图 3 - 32。

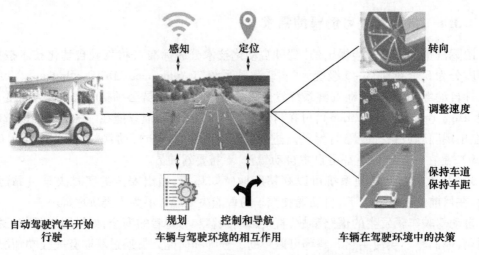

图 3 - 32　自动驾驶汽车的关键操作示意图(Atakishiyev 等,2022)[48]

牛津大学学者 Omeiza 等[49]进一步总结了关于各个操作过程的可解释工作,接下来将进一步介绍自动驾驶系统各个操作过程的可解释方法。

1. 感知和定位过程可解释

感知是使用激光雷达和计算机视觉等多种传感器技术来感知自动驾驶汽车的周围环

境的过程,多个观测数据流输入到自动驾驶汽车的车辆决策系统进行分析处理。感知系统提供环境的数字 3D 表示,包括目标检测、识别和跟踪以及目标位置的信息,并传递给行为和运动规划系统,该系统需要通过估计风险、寻找缓解措施和产生轨迹等做出决策。

定位则是使用全球定位系统、航位推测法和道路地图的技术来感知自动驾驶汽车位置的过程。由于自动车辆的实时决策需要准确地感知道路位置,因此了解如何从不同导航系统和传感器获取车辆位置也至关重要。这就是定位还需要解释性的原因。

从解释角度考虑,感知和定位操作往往可以融合在一起,因为两者都直接从激光雷达、GPS 等传感器接收输入。

准确感知环境及定位是自主驾驶的基本要求,提供自主行动决策的基本解释对于理解场景导航和驾驶行为至关重要,特别是在关键场景中。因此,在自动驾驶车辆的感知和定位任务中需要提供可解释性方法。

感知和定位过程往往采用较多计算机视觉方法,应用大量的深度神经网络模型对感知到的数据进行处理、分析及预测,此过程将结合其计算机视觉模型。例如可以采用基于可视化解释方法来理解卷积神经网络(CNN)的结果,基于梯度的解释方法主要包括提到的 CAM 方法及其衍生的增强方法 Grad – CAM、Grad – CAM + + 等;基于反向传播的方法如引导性反向传播等能为深度 CNN 的预测提供合理的理由。

还可以加上自然语言描述的历史以及所采取的每个相关行动,有助于给关键交通场景提供可靠的因果解释。例如图 3 – 33 所示,某 AI 模型预测车辆的控制命令,如在每个时间轴上的加速和改变路线,解释模型生成对基本原理的自然语言解释:"汽车正在向前行驶,因为其车道上没有其他汽车",以及显著形式的视觉解释,其标注区域直接影响文本解释生成过程。控制器和解释模型的注意力力图对齐,以便解释出对控制器重要的场景部分。

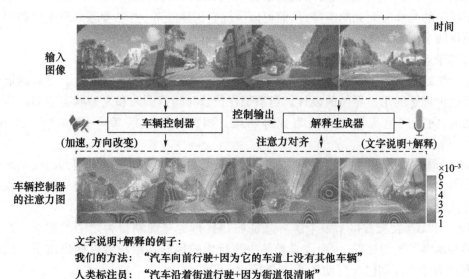

图 3 – 33　对某预测模型的自然语言解释和视觉解释(Jinkyu Kim 等 ECCV2018)[50]

这些显著性方法提供了可以快速处理的解释,向普通汽车用户展示了容易接受的视觉分析解释。虽然事后显著性方法可以为深度黑盒模型提供视觉解释,但它们有一些局限性。首先,它们很难评估,生成的显著图可能具有误导性,因为一些事后显著性方法独立于模型和数据。甚至视觉显著性方法还可能受到攻击,导致生成的显著图不再突出显示重要区域,而预测的类别保持不变。

2. 规划过程的 AI 可解释

规划系统是自动驾驶汽车的一个重要方面,因为它们在例如城市道路、有大量行人和其他道路参与者的动态、复杂、杂乱的环境中进行了复杂的机动。

规划过程基于来自感知和定位的信息来决定自动驾驶汽车的行为和运动。通过人工智能规划和调度,生成代理完成任务所需的动作序列,这些行动序列被进一步用于影响代理在环境动态中的在线决策或行为。

在实际中的交通要素,例如道路侧基础设施、道路网、道路标志和道路质量是动态的,可以随时间变化,这使得自动汽车在运营时定期更新他们的计划。

当用户在复杂的决策程序中与自主系统交互时,可解释的规划(Explainable AI Planning (XAIP))可以在支持用户和改善他们的体验方面发挥重要作用。现有的规划过程解释方法可以区分为基于算法的解释、基于模型的解释和基于规划的解释。

1)基于算法的解释

基于算法的解释方法着重解释底层规划算法,这对于算法的调试非常有用:例如搜索树的交互式可视化。有的解释方法是专门为特定的算法而定制的,这样的解释方法常用于解释由深度强化学习生成的决策。还有研究涉及开发具有内置解释功能的算法,使用分解奖励函数的强化学习技术进行解释。

2)基于模型的解释

XAIP 中的大多数工作着眼于生成解释的与算法无关的方法,因为在给定决策任务模型的情况下,可以独立于生成决策的方法来评估该决策的特征属性。终端用户通常更关心基于模型的与算法无关的解释,从而可以围绕它构建服务,主要考虑推理能力和用户的心智模型两个因素以及它们之间的对齐问题。

3)基于规划的解释

基于规划的解释(Plan - based Explanations)将代理的规划转换为易于理解的形式以及促进这种理解的用户界面的设计。当系统在较长时间范围内和大型状态空间内生成解决方案时,向用户呈现计划或策略变得困难。相关工作包括 XAI - PLAN[51]、WHY - PLAN[52]等。

XAI - PLAN 是一个领域独立的、与规划系统无关的可解释规划模型,为 AI 系统规划过程所做出的决策提供初始解释。用户可以将探索规划中的替代行为与计划者建议的计划进行比较。

XAI - PLAN 框架提供了一个解释来证明替代行为与规划行为之间的差异。这种互动激励并增强了规划过程,达到改进最终决策行为的目的。用户可以提出以下形式的对比查询:"为什么计划包含行动 X 而不是行动 Y?"

Korpan 和 Epstein 提出的 WHY - PLAN 是一种人机协作规划的解释技术。该方法将一个人的目标和 AI 代理的目标并列在路径规划过程中来提供解释,以一种有意义的和人类友好的方式平移目标的差异。它解决的是诸如"为什么你的规划会涉及这个行动?"

例如,自主驾驶中的强化学习 RL 智能体可能会提出问题:

例如:"在下一个十字路口不遇到红灯的可能性有多大?"或者"根据目前的驾驶策略,到达目的地预计时间是多少?"

例如:"交通灯会很快从绿色变为黄色吗?"或者"前面的行人打算过马路吗?"或者"前面的车会加速吗?"

诸如这样一些代表性的问题,反映了在运动过程中与驾驶相关的考量。

驾驶相关问题通常是暂时性的,几秒钟后就可以为后续行动生成新问题。驾驶决策的时间敏感性实时动态变化,使车辆面临不同程度的风险。风险较低的动作是首选,然而在时间和计算方面,需要评估和相应动作相关的风险水平。

3. 控制过程的 AI 可解释

车辆控制反映了自动驾驶系统的最终决策,用户需要获得实时自动行动选择的解释,这一需求将可解释性的本质引入自动驾驶的控制系统中。DARPA XAI 项目是推进可解释 AI 研究的重要催化剂,也见证了从分类任务的核心焦点到更广泛的人类-AI 协作的演变。人工智能在决策任务中的可解释性存在这一缺陷,长期决策的重要性无法回避。

当 AI 做出违背他们预期的决定时,利益相关者可能会通过车内界面、仪表板和其他用户友好功能,发出调查查询。

在强化学习 RL 中,只考虑奖励而不考虑风险作为衡量标准,并不总是自动化系统的完美决策,并且强化学习 RL 智能体可能无法通过这种探索找到最优策略。相比之下,将不同级别的风险与相应的动作结合起来,有助于通过不同的过渡和奖励,在环境中动态发现最优策略。因此,构建良好的问题层次结构和评估与适当动作相关的风险水平,在关键交通环境中有助于对智能车辆做出及时、直观、丰富且可信赖的解释。

例如用户可能提出不同类型的问题如下:

(1)"为什么"的问题形式:例如,"车为什么左转?""车为什么右转?"
(2)"为什么不"的问题形式:例如,"为什么切换到左车道而不是右车道?"
(3)"比较问题":例如,"如果向左转而不是向右怎么办?"
(4)反事实(counterfactual)问题:例如,"如果选择了该路线而不是当前路线,怎么办?"
(5)描述性问题:例如,"十分钟后会在哪里?"

支持用户和 AI 之间消息交换的车内界面是至关重要的,用户应该能够查询界面,并以适当的形式接收关于导航和控制决策的解释,通过语音、文本、视觉、手势或任何这些选项的组合。

3.4 人工智能可解释软件工具

当前众多机构已经开发出一系列开源、集成的人工智能可解释工具。这些可解释工具可以分为两种类型:一种是基于编程的接口,供编程时进行调用;另一种是基于网页、应用的可解释平台,用户可以直接将训练好的模型部署到平台上,从而直接获得模型解释,不需要额外的编程手段。

在视觉分析和推荐任务上,已有数十种可解释工具供广大开发者和终端用户使用,我们选取了在 Github 上超过 1000 颗星,有相关论文发表或有重大项目支持背书的具有较大使用群体、业内人士认可的可解释工具进行分析。

3.4.1　XAI 工具箱比较分析

目前已经有一些已发布的人工智能解释工具箱,如 Salesforce 公司发布的 OmniXAI 工具箱,Thomas Fel 等(2022)提出的 Xplique 工具箱和 IBM 公司发布的 AIX360 工具包等。这些工具箱实现并集成的解释方法数量众多,基本涵盖了已发表且效果良好的特征解释方法。

1. OmniXAI 解释工具箱

Salesforce 公司 OmniXAI 工具箱实现了 24 种可解释方法,既有全局解释方法,也有局部解释方法。对数字图像数据局部解释提供的方法有 Grad–CAM、LIME、Integrate dgradient、Contrastive explanation、ScoreCAM、LayerCAM、Smooth gradient、Guided backpropagation。

可以为不同格式的数据提供解释支持,如结构化数据、非结构化数据图像、文本、时间序列数据等。

对拥有一定基础知识的用户可以调用 OmniXAI 提供的程序来对图像分类预测结果进行解释,同时提供多种方法的解释可视化结果。图 3–34 是实现其中部分局部特征解释方法的实验结果。

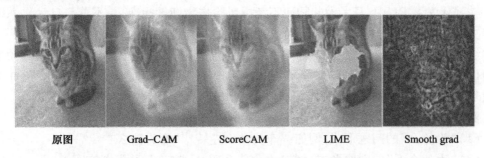

原图　　　Grad–CAM　　　ScoreCAM　　　LIME　　　Smooth grad

图 3–34　OmniXAI 工具箱解释方法结果示例

OmniXAI 工具箱的优点:实现的方法数量多,用户可以根据自己数据集和模型的特点来选择合适的解释方法。

OmniXAI 工具箱的局限:对不具备 AI 背景知识的用户具有较高的使用门槛,解释结果都是以特征图的形式给出,初次见到这种特征图的用户会觉得难以理解,不了解图像特征的深层含义。

OmniXAI 集成众多特征解释方法,缺乏基于概念的解释方法,没能从更高维度的语义空间进行解释。

2. Xplique 解释工具箱

Xplique 工具箱[53]除了集成常见的特征解释方法外,还引入了基于概念(concept)的解释方法,这种解释方法从更高维度的语义空间提取概念,相较于其他方法,这是一种更靠近人类思维的解释方式。

Xplique 在提供基于视觉的解释方法的同时,还提供了一些全局的需要引入外部知识的语义解释的方法,如 CAV、TCAV、Robust TCAV、ACE 等。Xplique 工具箱中实现的基于概念的解释方法是 TCAV(Testing with Concept Activation Vectors,概念激活向量),不同于局部特征解释方法只能解释单个输入,TCAV 试图从整个概念的维度来解释。

Xplique 实现的 TCAV 方法包括了常见的 46 种概念，并且提供了 MIT 周博磊提出的 broden 数据集中各种概念的数据图像，可以用来训练 CAV。例如选择从网络上爬取的 tabby（斑猫）数据集作为测试，如图 3-35 所示，选择 marbled（斑驳的）、striped（条纹的）、bubbly（泡状的）、potholed（坑洞的）四种特征概念，计算对应的概念激活向量 CAV，如图 3-36 所示。

图 3-35 斑猫图像数据集示例

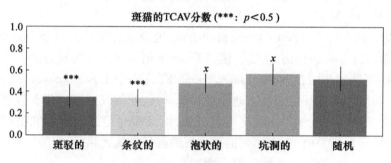

图 3-36 斑猫 tabby 几种概念的 TCAV 分数结果

对结果进行双侧 t 检验，其中 marbled（斑驳的）和 striped（条纹的）两个概念假设检验结果 p 值小于显著性水平 0.05，可以认为这一组斑猫图像中含有以上这两种概念，这两个概念对斑猫这一类别有很大的贡献。同时 bubbly（泡状的）、potholed（坑洞的）两组概念虽然 TCAV 分数高，但是显著性检验未通过，说明斑猫图像中不具备这两组概念。

以上 Xplique 工具包给出的结果和人们日常认知也基本符合，斑猫或狸花猫身上的花纹主要构成是条纹状的或斑驳的花纹，这些花纹在一组图像中占据了很大的比例，所以 TCAV 方法能够提取出这些常见的概念，并给出解释。

TCAV 方法的局限如下：

（1）虽然可以训练自己选择的概念激活向量，提供了比较大的自由度，但是可选择的概念往往都是一系列纹理特征，如 banded（带状的）、blotchy（斑点的）、cobwebbed（蜘蛛网状的）等，如果想提取更具体的语义特征往往效果不好。

（2）这种方法需要自己准备两组相对应的正向和负向的图像以提取这种概念，这提高了概念提取成本。

（3）此外，通过人工选择概念也会导致概念覆盖不全，因为每个人的知识和经验难以覆盖。

Xplique 工具包在 MIT 许可证下获得许可，可在 https://github.com/deel-ai/xplique 免费获得。

3. AIX360 解释工具箱

IBM 公司的 AIX360[54]工具包是一个开源库,支持数据集和机器学习模型的可解释性,在满足模型开发者的相关需求外,还针对其他类型的群体提供了角色特定的解释(Persona – SpecificExplanations),为其他对模型和解释方法有关 AI 专业知识了解较少的群体提供了指导材料,包括对可解释性关键概念的一般指导,不同可解释性方法的 Web 演示,以及多个实例教程。

在提供的可解释方法上,对于终端用户决策者而言,他们需要通过解释了解 AI 模型判断及预测逻辑或规则是否贴合其应用领域的背景知识,并需要解释帮助他们做出个体层面的决策,这些需求都可以通过该工具所提供的局部、直接或事后的可视化解释、实例解释和因果解释等可解释方法来满足,例如 LIME、SHAP、ProtoDash、Contrastive Explanations Method 等可解释方法。

针对高层管理者而言,该工具提供的基于语义和知识的全局解释方法,例如布尔决策树、广义线性规则等,能够满足其从全局角度观察和监督整个 AI 模型的需求。

4. SHAP 模型解释包

SHAP 模型解释利用博弈论中的经典 Shapley 值及其相关扩展计算局部解释,确定了可加性特征重要性方法的类别,主要提供以 Shapley 值为代表的解释方法。该框架提供的主要是基于视觉的解释方法,包括 LIME、DeepLIFT、LRP、Classic Shapley Value Estimation 等,该工具能够帮助模型开发者快速地使用解释方法,并使其通过这些事后解释方法深入了解其所开发的黑盒深度学习模型的内部机制,以及实时监控模型可能出现的缺陷与偏误,为其更好地开发相关模型、为模型提供更好的解释方法提供帮助。

5. Facebook 开发的 Captum 模型解释库

Facebook 主导开发的 Captum[55]还在提供局部可解释方法的基础上,提供了类似于 Tensorboard 的可视化交互工具 CaptumInsights,帮助模型开发者在计算出每一个输入样本的 Attribution 得分之后直接进行可视化并实现一定的交互。

为了满足模型开发者能够更进一步观察和监控整个 AI 模型和输入数据的状态,及时发现模型可能存在的偏误并精准溯源起因,一些可解释工具在提供局部可视化的解释方法基础上,还增加了示例、语义和知识解释、因果解释等更加高级的解释方法供模型开发者进行使用和分析。例如 Alibi[56],提供了 Anchors、CEM、Prototype 等基于反事实和实例的局部解释方法的同时,还提供了 ALE、Kernel SHAP、Tree SHAP 等基于黑盒模型的全局解释方法。

模型开发者还需要考虑他们所使用的模型解释是否准确解释了模型的预测结果,评估解释方法选择是否合理,因此他们需要将各种解释方法通过一系列手段进行对比和评估。

6. Delex 可解释工具

Delex 是另一个面向多种受众群体的可解释工具,该工具以结合模型分析的可解释性、公平性以及人机交互性这三个方面为开发目标,提供了 LIME 方法和以 Shapley 值为代表的可解释方法,支持 Python 和 R 语言,并同时适合多种深度学习编程框架,满足了模型开发者的需求。另外,该工具还提供了交互式的分析仪表盘,终端用户决策者以及影响群体(Impact Groups)都能够直接通过这一工具得到解释,满足他们各自的需求。

除此之外,该工具所提供的公平性评价还满足了监管群体(Regulatory Bodies)对模型进行公平或伦理分析的需要,从而帮助他们评估 AI 模型保证公平以及保护用户隐私的能力。

7. ThalesXAI 平台

ThalesXAI 平台[57]旨在为机器学习 ML 任务(分类、回归、对象检测、分割)提供解释。Thales XAI 平台确实提供了不同级别的解释,例如,基于示例、基于特征、使用文本和视觉表示的反事实,强调通过知识图谱进行基于语义的解释。满足了终端用户决策者和影响群体希望从个体、局部的角度了解模型预测的解释效果的需求,同时基于知识图谱的语义解释方法也满足了高层管理者期望从全局的角度看待整个 AI 模型的预测和解释问题,帮助其更好地做出商业决策。

8. Google Cloud XAI 平台

Google Cloud XAI Platform 是谷歌开发的一款 XAI 平台,平台能够直接使用用户部署好的机器学习模型,并通过该模型以及基于可视化的解释算法对输入的每个因子进行打分,从而关注它们对最终预测结果的贡献。

该平台还提供了 4 种不同类型的工具,包括 AutoML Tables、Big Query ML、Vertex AI、What – if Tool,一方面基于 Google Colab 的平台能够帮助模型开发者满足开发需求,关注并监测模型的表现以及可能会存在的一些问题;另一方面能够减少代码的编写难度,满足了终端用户的解释需求,为其得到模型解释提供一个便利的平台。

这些平台提供的解释方法以及具体的操作方式能够帮助模型开发者提升模型性能,提升高层管理者对 AI 模型的信任感,为终端决策者提供具体的解释效果,满足其进行具体决策的需求。

3.4.2 以人为本的可解释 AI

现在以编程接口和可视化交互平台为代表的可解释 AI 工具已经变得越来越多,已有不少研究对不同可解释工具之间提供的可解释方法和解释评估从解释工具本身功能的角度进行了对比和比较,呈现出多类解释、多种受众、用户友好的特征。

我们从"以人为中心"的角度进行考虑,这些可解释工具的开发以及对这些可解释工具进行评估的研究仅考虑了技术细节和实现方式,很少分析不同利益相关者的具体需求,导致大多数可解释工具的受众群体往往仅面向单一类型的利益相关者,开发工具的目标仅是基于研究而不是基于具体应用,实现内容对缺乏人工智能背景知识的终端用户并不友好。

因此,为了解决有关可解释工具的应用性问题,本节将从"以人为本"的角度,从不同利益相关者的具体需求出发,将利益相关者分为模型开发者(Model Developer)、终端用户和个体决策者(End User)、经营管理者(Business Owner & Board Members)、影响群体(Impact Groups)、监管群体(Regulatory Bodies),如图 3 – 37 所示,总结并分析现有 XAI 可解释工具满足不同群体需求的程度,并对目前 AI 可解释工具进行讨论。

1. 模型开发者

此类角色主要负责设计、开发、测试和部署 AI 模型,是对 AI 专业背景知识掌握程度相对较高的群体,在实际应用中可能被称为数据科学家、AI 工程师、数据工程师和人工智能研究人员等。

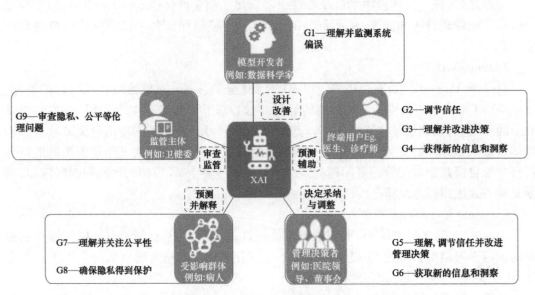

图 3-37 XAI 的利益相关者分类

他们的主要目标在于从 AI 模型开发和部署的角度实现模型预测表现的诊断、优化，并如预期地顺利投入应用。

2. 终端用户

此类角色是直接接收模型所产生的预测结果并指导其个体决策的终端用户，他们致力于结合 AI 模型的预测结果做出符合其自身应用目标的个体决策，如医疗领域的医生、司法领域的法官、律师和警察等。

他们的主要目标是参考 AI 模型对业务重要决策的有效预测来达到降低决策风险和提升决策效率的目标。需要首先理解 AI 模型预测的不确定性和风险，从而校准对模型的信任，并理解和审核个体预测的逻辑是否符合领域知识。

3. 管理决策者

此类角色是 AI 模型所属组织中的高层管理层，如企业主、董事会成员和管理者，他们依据组织管理层的业务、战术战略目标，结合 AI 模型应用的预测机制和效果进行管理决策，并通过 AI 模型预测更深层的领域知识动向，进而反馈到其业务策略的制定中去。

他们与 AI 模型交互的主要目标是跟进 AI 模型的应用情况，监督模型的工作机制以及模型效果是否满足其业务目标，进一步通过模型反馈更新应用领域知识的动向，从而更好地进行管理决策。

4. 受影响群体

这类群体是受到 AI 模型预测结果、提供的解释以及提出的建议影响的群体，例如，医疗领域的病人、司法领域的被告，还有其他受影响组如数据提供者等，对 AI 专业知识掌握程度往往较低，该群体与 AI 模型的目标同样是希望了解他们是否得到公平对待、哪些因素导致其获得某种反馈或影响以及隐私是否有被保护等。

5. 监管主体

监管主体是对 AI 模型从法律、伦理、社会等层面进行监管与审查的角色,专注于终端用户决策者和数据主体,确保 AI 模型符合他们的权利,以安全和公平的方式辅助人们做出决策,尽可能消除 AI 模型可能产生的负面社会隐患。

对于 XAI 技术的需求主要从道德、法律、规章等角度出发,关注 AI 技术可能带来的不公平、不透明、追责困难、偏见等社会问题,希冀能够通过 XAI 阻止黑箱模型产生上述问题。

在自动驾驶汽车的高风险场景中,结合以上利益相关者分类,我们可以将驾驶员视为直接从自动驾驶系统接收建议和预测驾驶路径的最终用户,而车辆中的所有乘客都属于受影响群体。自动驾驶系统及汽车公司的经理是管理决策者,他们决定是否采用或更新由软件工程师开发的自动驾驶系统。自动驾驶汽车产品推出时,也将受到监管机构的严格审查,以监督产品质量和安全。

不同的利益相关者在不同的 AI 生命周期点参与其中。这些利益相关者,如用户、领域专家、政策制定者或受决策影响的人,需要不同级别的解释。例如,设计系统的领域专家需要更深入地解释哪些属性导致特定决策;然而,政策制定者需要解释系统作为一个整体的行为,以验证其是否符合现行法律,并且用户可能只想知道特定决策的主要原因。没有单一的方法可以满足利益相关者的不同要求,一些研究人员根据利益相关者的需求组织了可用的可解释性方法。

以人为本的可解释人工智能利益相关者对 XAI 的需求框架如图 3-38 所示。

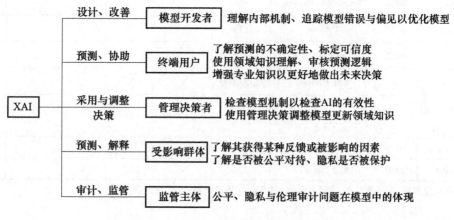

图 3-38 以人为中心的 XAI 需求框架

从现有的可解释工具来看,早期开发出来的大多数工具由于只提供编程接口,缺少用户交互页面,工具的使用通常需要用户拥有一定水平的编程能力,门槛较高,需要由模型开发者(Model developer)先使用该工具进行实现并部署,因此我们把这些类型的工具都归类为直接面向模型开发者的工具。

我们针对现有可解释工具所发布的时间、支持的框架以及提供的解释评估类型,以及根据五种不同受众群体的需求划分不同可解释工具所面向的受众对象进行对比分析,如表 3-2 所示。

表3-2 典型软件XAI工具箱的利益相关者受众分析

Toolbox	Year	Support Framework	Support Method	Model Developers	End Users	Managers	Regulatory Bodies	Impact Groups
SHAP	2017	Tensorflow, Pytorch	①	√				
Lucid	2018	Tensorflow1.x	①	√				
DeepExplain	2018	Tensorflow1.x	①	√				
INNvestigate	2018	Tensorflow1.x	①⑤	√				
TorchRay	2019	Pytorch	①	√				
AIX360	2019	Sklearn, Tensorflow, Pytorch	②③④⑤	√	√	√		
Alibi	2020	Tensorflow2.x	①②④	√				
Delex	2020	Sklearn, Tensorflow	①⑤	√	√		√	√
Tf-explain	2021	Tensorflow2.x	①	√				
Zennit, CoRelay & ViRelAy	2021	Pytorch	①	√	√			√
Quantus	2022	Tensorflow, Pytorch	⑤	√				
Captum	2022	Pytorch	①⑤	√				
Xplique	2022	Tensorflow2.x	①③④⑤	√				
Thales XAI	2019	XAI Platform	①②③④	√	√	√		√
Google Cloud XAI	2019	XAI Platform	①	√	√			
Fiddler Labs	2019	XAI Platform	①	√	√	√		√
Flowcast	2020	XAI Platform	①	√	√			√

注：①视觉解释；②样例解释；③语义和知识解释；④因果解释；⑤模型评价。

3.5 人工智能可解释性的评估

人工智能系统必须提供证据、支持或给出系统做决定的推理，人工智能可解释方法需要评估方法去度量。但目前学术界对于机器学习的可解释性没有真正的共识，也不清楚如何衡量它。目前学术界对于人工智能可解释的评估已经有了初步的研究，并尝试制定了一些评估方法，但目前单一的评估方法只能针对部分性质进行评价，还没有形成统一的体系和评估指标，亟待建立综合的评估体系以全方位地评估人工智能可解释的效果。

图 3-39 给出了一个供参考的人工智能可解释评估指标体系框架：XAI 的一级评估指标可分为主观评估和客观评估两类。其中主观评估方法适用于绝大多数的解释方法，客观评估方法由于算法机理的限制，有一些是算法特定的，需要根据解释方法的不同进行选择。

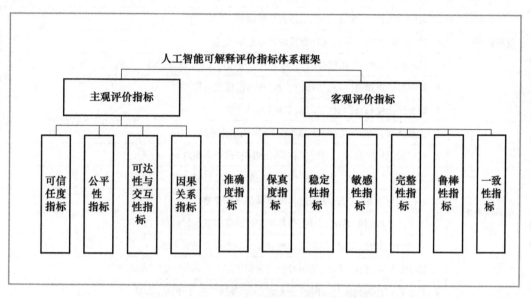

图 3-39　人工智能可解释评估指标体系框架

二级指标是对一级指标依据一定的准则进行分析和分解所得，涵盖解释的公平性、可信任度、交互性与可达性、因果关系、准确度、保真度、敏感性、完整性、鲁棒性等多个属性的评估。

3.5.1　解释的主观评估标准

主观评估关注人类对于人工智能可解释的主观认知，包括解释的可信任度指标、解释的公平性指标、解释的交互性与可达性指标以及解释的因果关系指标等。这些指标和人机交互领域的研究息息相关，大部分可以通过李克特量表来衡量。目前针对主观评估的研究还比较少，从侧面也可以看出 XAI 领域的研究需要心理学、人机交互等领域的研究者共同参与。

1. 可信任度指标

人工智能可解释评估体系中的"可信任度指标"用于衡量可解释模型解释结果的可信任度、可靠性和说服力等，是评估可解释模型最基础和必要的指标。主观可信任度指标指通过可解释系统利益相关者的主观判断对可解释系统可信任度进行评估的指标，主要包括解释良好性指标、解释满意度指标、解释信任度指标等。

根据已有研究文献[58]，参考解释的特性，我们列举了评估解释可信任度指标的特征如表 3-3 所示。该量表预期的使用背景是让已经有相当的使用 XAI 系统经验的研究人员或领域专家在使用一段时间后，对其他研究人员或 XAI 系统生成的解释的好坏进行独立的、先验的评价。

表 3-3 XAI 解释可信任度量表

指标	量表问题
解释良好性	1. 解释有助于我理解[软件、算法、工具]的工作原理
	2. 对[软件、算法、工具]工作原理的解释令人满意
	3. 对[软件、算法、工具]的说明是否足够详细
	4. 对[软件、算法、工具]工作原理的解释足够完整
	5. 解释是可操作的,也就是说,它帮助我知道如何使用[软件、算法、工具]
	6. 该解释让我知道[软件、算法、工具]有多准确或可靠
	7. 该解释让我知道[软件、算法、工具]的可信度
解释满意度	1. 从解释中,我理解了[软件、算法、工具]的工作原理
	2. 这种对[软件、算法、工具]工作原理的解释是令人满意的
	3. 这种对[软件、算法、工具]工作原理的解释已经足够详细
	4. 对[软件、算法、工具]如何运作的解释似乎很完整
	5. 这个关于[软件、算法、工具]如何工作的解释告诉我如何使用它
	6. 对[软件、算法、工具]如何工作的解释对我的目标是有用的
	7. 这个[软件、算法、工具]的解释让我看到了[软件、算法、工具]的准确性
	8. 这个解释让我判断什么时候应该相信和不相信[软件、算法、工具]
解释可信任度	1. 我对该[软件、算法、工具]充满信心,我觉得它很好用
	2. [软件、算法、工具]的输出是非常可预测的
	3. 这个[软件、算法、工具]非常可靠,我可以指望它一直都是正确的
	4. 我感到安全,当我依靠[软件、算法、工具]时会得到正确的答案
	5. 该[软件、算法、工具]效率高,因为它的工作速度非常快
	6. 我对[软件、算法、工具]有戒心
	7. [软件、算法、工具]可以比人类新手更好地执行任务
	8. 我喜欢用这个[软件、算法、工具]来做决策

2. 公平性指标

人工智能可解释评估体系中的"公平性指标"是用来衡量可解释模型解释结果是否具备社会角度上的决策公平性,避免算法可能存在的歧视性、偏袒性等问题,是评估可解释模型的必要指标。

3. 交互性与可达性指标

人工智能可解释评估体系中的"交互性与可达性指标"是用来衡量可解释模型产生解释结果的过程与人类交互者的互动情况,评价其是否能够根据利益相关者的交互需求,产生满足任务的特定解释。

4. 因果关系指标

人工智能可解释评估体系中的"因果关系指标"是用来衡量可解释模型解释结果是否包含逻辑因果关系,是评估可解释模型的高级指标。

3.5.2 解释的客观评估指标

目前的研究主要聚焦在 XAI 评估研究的客观指标上。常用的指标如衡量解释是否真实反映原模型的保真度,衡量解释是否完整地反映出原模型行为的完整度,衡量解释自身长短和个数的复杂度,衡量解释是否容易被输入扰动或者对抗样本所攻击的鲁棒性等。

客观评估指标利用算法和数据的特性计算客观数值,对人工智能可解释系统进行评估,主要衡量人工智能可解释系统的准确度、保真度、敏感性、完整性和鲁棒性等方面性质。归纳现有研究提出的三级具体指标,与指标体系框架中客观评估二级指标的对应如表 3-4 所示,后面将依据二级指标归类介绍。

表 3-4 客观评估二级指标与三级指标的对应关系

三级指标	准确度指标	保真度指标	稳定性指标	敏感性指标	完整性指标	鲁棒性指标	一致性指标
FS 保真度和敏感性指标		√		√			
PP 像素扰动评估指标	√						
MIQ 视觉解释质量提升指标	√						
BSM		√					
CRC 完整性、鲁棒性和共性指标					√	√	√
CS 分类敏感性指标				√			
IROF		√					
APEM 对抗扰动解释评估指标		√					

1. 准确度指标

人工智能系统提供的解释必须准确反映系统的过程。人工智能可解释评估体系中的"准确度指标"是用来衡量人工智能模型预测结果的准确性和可解释模型解释结果的准确度。

Grabska-Barwińska(2020)提出了视觉解释质量指标 MIQ[59]。其通过删除图像中的像素直到预测结果发生变化的像素变化量来评估一个解释是否准确。

$$e(x,s) = 1 - \frac{\|x_s\|_2}{\|x\|_2} \quad (3-40)$$

其中,x 为输入图像,x_s 表示删除非重要像素直到预测结果发生变化后的图像。当 $e(x,s)$ 结果小于 0.2 时表明该指标下解释的准确性已经得到满足,0.2 和 0.5 之间时表明未得到充分满足,大于 0.5 时表明未得到满足。

类似地,Srinivas 和 Fleuret(2019)提出了通过删除图像中的非重要像素计算删除像素比例与预测值变化比例曲线 AUC 值的 PP 像素扰动评估指标[60],Rieger 和 Hansen(2020)提出了通过删除图像中的重要像素计算的 IROF 曲线 AOC 值的像素删除评估指标[61]。Valle 等(2020)则针对图像解释提出 APEM(Adversarial Perturbation Explanation Measure)指标[62],根据解释的结果,在输入图像加入对抗扰动,并通过模型预测结果的变化程度来衡量解释区域的可靠性。

$$\text{APEM} = \frac{\sum_{i=1}^{n}(\epsilon_i^+ - \epsilon_i^-)}{n} \qquad (3-41)$$

其中第一项 ϵ_i^+ 表示在非解释区域对应的像素点中加入的导致模型预测变化的最小对抗扰动,这一项越大越好。第二项 ϵ_i^- 表示在解释区域对应的像素点中加入的导致模型预测变化的最小对抗扰动,这一项越小越好。

2. 保真度指标

人工智能可解释评估体系中的"保真度指标"指可解释模型提供的解释反应原始模型的真实程度。好的解释模型应该如实地反映人工智能模型学习到的结果,不以额外或残缺的信息进行解释。

Yeh 等(2019)提出了一种保真度的计算评估指标 INFD,通过量化输入被扰动时分类器变化的程度,评估一个解释是否准确反应模型[63]。

$$\text{INFD}(\Phi, f, x) = E_I[\ \|I^T \Phi(f,x) - (f(x) - f(x-I))\|^2\ ] \qquad (3-42)$$

其中,x 为输入图像,f 为黑盒预测函数,Φ 为解释函数,I 为对图像进行扰动的随机变量矩阵。

3. 稳定性指标

相似实例的解释有多相似?稳定性是指 XAI 对相似样本生成的解释具有相似性。对于同一样本或相似的样本,若产生具有较大差异的解释,将会影响用户对 XAI 的信任。高稳定性意味着实例特征的轻微变化基本上不会改变解释,除非这些轻微变化也强烈改变预测。

一些评估用某种解释方法对相同样本进行多次重复解释,然后用解释的相似性来评估该解释方法的稳定性。Alvarez–Melis 和 Jaakkola(2018)计算给定样本 x_i 的邻近样本中相对离散利普希茨常数(Relative Discrete Lipschitz Constant)最大的样本 $\hat{L}(x_i)$,用其相对离散利普希茨常数来表示解释的稳定性[64]:

$$\hat{L}(x_i) = \underset{x_j \in B_\varepsilon(x_i)}{\arg\max} \frac{\|f(x_i) - f(x_j)\|_2}{\|h(x_i) - h(x_j)\|_2} \qquad (3-43)$$

其中,f 为解释方法;B_ε 为邻近样本集合;h 为聚合函数。

一般来说,解释内容的基本单元是样本中的变量(特征或像素),当该变量为高度、面积等用户可理解的信息时,$h(x_i) = x_i$;当该变量为像素等用户难以理解的信息时,解释内容的基本单元是用户可理解的高阶变量,如像素块,此时 $h(x_i)$ 为由高阶变量组成的样本。

4. 敏感性指标

人工智能可解释评估体系中的"敏感性指标"指人工智能可解释的解释结果对输入扰动的敏感性,即输入变化对解释结果的影响。低敏感性的 XAI 通常更受欢迎,因为其具有较强的抗干扰性,当输入样本受到与模型预测无关的微小扰动时,XAI 的解释不会产生明显变化。

Yeh 等(2019)也提出了最大敏感性指标 SENS_{MAX}(Max-sensitivity),通过量化输入被扰动时解释变化的程度,评估一个解释对于输入样本被扰动的敏感性。具体而言,该指标计算邻近样本解释间的最大距离作为敏感性。

$$\text{SENS}_{\text{MAX}}(\Phi, f, x, r) = \max_{\|y-x\| \leq r} \|\Phi(f,y) - \Phi(f,x)\| \qquad (3-44)$$

其中,r 为一个预定义的参数,表示扰动范围;x 为输入样本;f 表示黑盒模型;Φ 表示解释方法,当取值为 2 时,表明该指标下解释的敏感性已经得到满足;当取值为 1 时,表明该指标下解释的敏感性未得到充分满足;当取值为 0 时,表明该指标下解释的敏感性未得到满足。

5. 完整性指标

人工智能可解释评估体系中的"完整性指标"或"完备性指标"衡量能够阐明预测模型运作原理的程度,能够解释到的所有特性的多少。理想情况下,解释应在准确提供全部真相的同时保持解释的内容精简。

输出完整性和推理完整性是两种不同的完整性指标。前者指解释覆盖模型输出的程度,其量化无法解释的特征组成部分并衡量解释方法与原预测模型的预测一致性;后者则指解释描述模型内部动态的全面程度。通常只进行定性评估来比较不同解释类型:根据不同场景,从天然揭露所有数学运算和参数的白盒模型到仅学会模仿黑盒模型预测的全局替代模型之间,选择适当的解释类型来权衡推理完整性。

6. 鲁棒性指标

人工智能可解释评估体系中的"鲁棒性指标"衡量解释是否容易被相似实例或者对抗样本所攻击。Zhang 等(2019)提出通过比较原始输入图像与使用掩码分别屏蔽原始输入图像右半、左半、上半和下半部分后的四个屏蔽图像的解释结果,衡量解释在输入扰动或对抗样本攻击时的解释变化。值越小表示解释鲁棒性越好,$M_{\text{robust}} < 0.5$ 鲁棒性好,$0.5 < M_{\text{robust}} < 1$ 较好,$M_{\text{robust}} > 1$ 较差。

$$M_{\text{robust}} = E_I\left[\frac{1}{\|a\|}\sqrt{\sum_{i \in I\setminus I_{\text{mask}}}(a_i - \widehat{a_i})^2}\right] \tag{3-45}$$

其中,I 为原输入图像,I_{mask} 为掩码扰动后的图像,$I\setminus I_{\text{mask}}$ 为在掩码扰动后仍然保留的部分;a_i 为原输入的每个像素的解释,$\widehat{a_i}$ 为输入被扰动后每个像素的解释;I 使用 $\|a\|$ 进行归一化。

7. 一致性指标

对于在同一任务中训练并产生相似预测的模型之间的解释有多大差异?例如,在同一任务上训练支持向量机和线性回归模型,两者都产生非常相似的预测。用选择的方法计算解释并分析解释的不同之处,如果解释非常相似,那么解释是一致的。若其中一种解释方法有错误,在这种情况下不期望高度一致性,因为两个解释的差异性必然非常大。如果模型确实依赖于相似的关系,则需要高度一致性。

3.5.3 DARPA 的 XAI 评价案例

美国国防部高级研究计划局(DARPA)的可解释人工智能(XAI)项目认为衡量解释的有效性是至关重要的一环,虽然可解释性自动测量很方便,但是 XAI 系统的解释有效性必须根据其解释如何帮助人类用户来评估,这就需要开展用户心理实验衡量用户的满意度、心智模型、任务表现和适当的信任。

1. 评估内容

由美国海军研究实验室(NRL)的埃里克·沃姆博士领导的评估小组研发了一个解释定量评分系统(EES),ESS 评估用户研究的多个要素,包括任务、领域、解释、解释交互、用户、假设、数据收集和分析,用于评估 XAI 用户研究设计在技术和方法上的合理性和稳健性,确保每个研究符合人类被试研究的标准。

在实现过程中开展的工作如下:

(1)学习一个可解释的模型,评估模型的性能,将学习模型与解释界面相结合,创造出可解释学习系统。

(2)开展实验,采用 IHMC 的心理学解释过程模型和 EES 解释评分系统来测量解释的有效性。

(3)评估解释的效用,从没有解释的情况到热力图的可视化解释,从到 AI 的近似层次选择逻辑,再到诊断故障原因定义了七个级别的能力。

IHMC 团队包括来自 MacroCognition 公司和密歇根理工大学的研究人员,根据心理学解释理论,建立了评估解释好坏标准的模型。该心理学解释模型展示了解释质量、用户心智模型、用户任务表现的度量方法和评估解释有效性的度量类别,由此用户可以对何时信任或怀疑系统做出合理准确的判断。用户收到来自 XAI 系统的建议或决定,以及可以测试好坏和用户满意度的解释,通过用户对该解释的判断,有助于建立用户的心智模型。

2. 案例启示

为期四年的 DARPA XAI 计划创建了一个可解释的人工智能工具包(XAITK),将代码、论文、报告等各种程序文件集中并可以公开访问,在任务需求的环境中部署人工智能功能需要解释,可以借鉴该工具包。

DARPA 的 XAI 项目对人工智能可解释方法的评估展示了精心设计用户研究的重要性,这对从人类用户的使用和信任等角度准确评估解释的有效性,支持人机合作都具有重要意义。人工智能系统的建议和用户的心智模型可能会提高或降低用户的任务表现,有助于用户对 AI 系统形成适当的信任。该计划起到了刺激 XAI 研究的催化剂作用。

3.6 小　　结

- 介绍了人工智能可解释的缘由和相关概念。
- 描述了典型人工智能解释方法的基本原理。
- 从系统角度简要介绍了自动驾驶系统的可解释性。
- 对当前的 XAI 软件工具和受益者进行了分析。
- 介绍了人工智能可解释方法的主观和客观评估。

参考文献

第4章 人工智能对抗样本和防御

4.1 引 言

人工智能飞速发展的同时也带来了风险和安全问题，人们担忧的 AI 内生风险很快被对抗样本作为突出代表笼罩了，已知的深度学习模型都无一例外受到对抗样本的影响，对抗样本的存在对于人工智能系统在实际场景的部署，特别是对安全性要求较高的场景带来了新的安全威胁。鉴于人工智能在战略竞争中的作用，我们必须了解对抗样本的攻击能力，寻找相应的防御策略和方法，探索在其他方面的影响。

在本章中，我们将介绍人工智能对抗样本相关的概念和分类，一方面分别介绍数字世界的对抗样本和物理世界对抗样本的典型方法及评价指标；另一方面介绍对抗样本检测和防御的方法和评价指标，最后介绍当前对抗样本和防御工具软件及竞赛，简要给出光电对抗的案例。

4.1.1 对抗样本的概念

对抗样本(adversarial examples)在 2013 年由 Szegedy 等首次提出[2]，将对抗样本定义为经过故意添加扰动的、能够诱导分类模型产生错误判断的输入样本。

不同数据形式的对抗样本具有的共性为：若扰动加载到图像视频中，人的肉眼难以察觉，若扰动加在音频上，人耳难以辨别。由于深度神经网络模型本身的脆弱性及黑盒性，看似正常的样本，仍然可以导致人工智能模型给出完全错误的预测结果。

对抗样本攻击是一种发生在深度神经网络模型预测、识别阶段的攻击行为。以图像分类模型为例，给定分类模型 $f(x)$ 为

$$f(x) = y \tag{4-1}$$

其中，x 为模型的输入，y 为模型的输出。

对抗样本攻击在输入 x 上添加一个小的噪声数据 r，当 r 叠加在 x 上输入到输出模型 f 后，使得模型改变如下：

$$f(x+r) \neq f(x) \tag{4-2}$$

也就是对抗样本 = 干净样本 + 扰动，导致模型 f 的结果发生变化，图 4-1 所示为手写数字 7 的原始图像、对抗噪声和对抗样本。其中，图 4-1(a)为原始图像，图 4-1(b)为对抗噪声，扰动后的图像即对抗样本(图 4-1(c))被错误地分类为数字 2。

4.1.2 对抗样本的分类

从不同角度考虑，有多种对抗样本的分类方法，介绍如下。

从攻击的指向性角度分类，可以分为有目标攻击和无目标攻击。

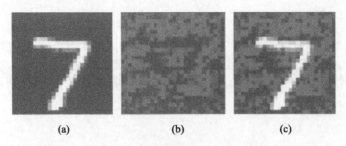

图 4-1　数字 7 的原始图像、对抗噪声和对抗样本

在有目标攻击的对抗攻击算法中,需要使模型成为以下目标:
$$f(x+r) = y' \tag{4-3}$$
其中,y' 为期望的目标预测结果。

在无目标的随机攻击对抗攻击算法中,需要使模型成为以下目标:
$$f(x+r) = y^* \tag{4-4}$$
其中,$y^* \neq y$ 为无目标预测的结果,只要和原始的预测结果不同即可。

从攻击的空间角度分类,对抗样本攻击可以分为数字攻击(digital attacks)和物理攻击(physical attacks)。

数字攻击:对抗样本在数字世界(即计算机层面,输入方式为像素点)的攻击行为被称为数字攻击。

物理攻击:指的是通过改变物体在物理世界中的可见特征(颜色、外观)来攻击深度学习模型。

对于图像分类领域而言,深度神经网络虽然在分类上有很好的性能表现,但其模型也容易受到对抗样本的欺骗,即通过在原始图像中加入人类难以察觉的噪声就能够使分类器出现误分类。除此之外对抗样本还具有迁移性,在一个深度神经网络模型上生成的对抗样本还可以攻击其他模型,这对于人工智能系统来说是致命的。

例如在自动驾驶系统中,攻击者可以通过恶意篡改交通标识,让原本表示停车的交通路牌被自动驾驶汽车识别成继续前进,导致出现交通事故。例如通过佩戴一副 3D 打印的太阳镜,攻击者就可以欺骗政府部门或公司的人脸识别系统,识别成内部人员。

4.2　数字世界的对抗样本

深度神经网络对输入图像中设计添加的轻微扰动非常敏感,即使是微小的改变也足以欺骗深度学习模型,导致深度学习系统产生错误。这种扰动首先在数字世界中产生,随后各种对抗攻击的出现给人工智能应用带来了一系列新的安全威胁。

4.2.1　AI 模型对抗样本生成

我们重点介绍图像识别相关的对抗样本,对抗样本可以直接针对图像分类任务欺骗基于深度学习的分类器,图 4-2 所示的 CNN 分类系统将熊猫图像加扰生成的对抗样本误判为长臂猿。

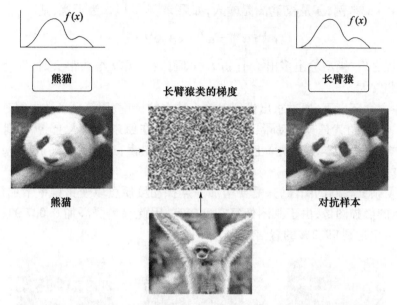

图4-2 CNN分类系统将熊猫图像加扰生成的对抗样本误判为长臂猿

1. FGSM 对抗样本生成方法

那生成对抗样本的这个微小扰动或噪声如何添加呢？在2015年ICLR会议上，GoodFellow等发表了论文"Explaining and harnessing adversarial examples"，提出一种能生成对抗扰动的方法 Fast Gradient Sign Method（FGSM）[2] 来计算输入样本的扰动，此方法扰乱图像的实现是以增加分类器在所得图像上的损失实现的，这篇论文是对抗样本生成领域的经典论文。

FGSM 是一种基于梯度生成对抗样本的算法，通过梯度的符号来生成对抗样本，扰动可以被定义为

$$\varepsilon \cdot \text{sign}(\nabla_x(J(x,y))) \tag{4-5}$$

加扰后样本的公式为

$$x^{adv} = x + \varepsilon \cdot \text{sign}(\nabla_x(J(x,y))) \tag{4-6}$$

其中，x,y 分别是干净的样本以及对应的真实类标签 label，这里的 label 是指独热（one-hot）向量。函数 J 是交叉熵函数（cross-entropy），x^{adv} 则是对应的对抗样本。函数 sign(·) 是符号函数，正数返回1，负数返回-1，0返回0。ε 为步长，控制原图像和对抗样本之间的差异程度，一旦扰动值超出阈值，该对抗样本会被人眼识别。

Goodfellow 发现，令 $\varepsilon=0.25$，用这个扰动能给一个单层分类器造成99.9%的错误率。在 FGSM 中，用加梯度方向 ε 倍的方式更新输入，将输入样本向着损失上升的方向再进一步，得到的对抗样本就能造成更大的损失，提高模型的错误率。FGSM 中要让损失函数增加的目的是损失函数 J 越大，表明预测类概率向量和真实独热类向量的距离越大，更有可能使预测器输出错误的类标签。

很多人认为对抗样本导致的错误是模型的高度非线性导致的，但在 Goodfellow 等文章中的解释恰恰是由于其线性本身导致的。GoodFellow 认为，深度神经网络由于其线性的特点，很容易受到线性扰动的攻击，举例如下：

以 $y = \boldsymbol{\omega}^T \cdot x$ 举例，$\boldsymbol{\omega}$ 是权重，x 是输入，如果 $x^{adv} = x + t$，t 为干扰，则

$$\boldsymbol{\omega}^T \cdot x^{adv} = \boldsymbol{\omega}^T \cdot x + \boldsymbol{\omega}^T t \cdot t \tag{4-7}$$

加入干扰之后，模型输出多出一个 $\boldsymbol{\omega}^T t \cdot t$ 项，当 $\boldsymbol{\omega}$ 和 t 维数很大时，即使很小扰动，累加起来也非常大。

总之，在白盒环境下，通过求出模型对输入数据的梯度，用符号函数求得其梯度方向，再乘以步长，得到的就是其扰动量，将这个扰动量加在原来的输入上，就得到了在 FGSM 攻击下的样本，这个样本很大概率上可以使模型分类错误，这样就达到了对抗样本攻击分类模型的目的。

如果是复杂度较高的图像，只需要增加一点扰动量便可以使错误率增加很大。例如图 4-3 所示的熊猫图像，由于其图像复杂度较高，因此只需要添加 0.007 的扰动量便可以使预测错误率达到 99.3% 的置信度。

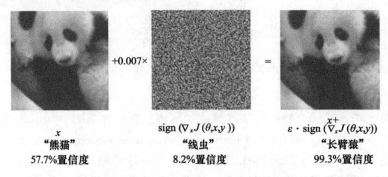

图 4-3　熊猫图像添加扰动后深度分类模型将其错分为长臂猿

之后，Kurakin 等提出了 FGSM 的单步有目标攻击的变体。通过用识别概率最小的目标类别代替对抗扰动中的类别变量，再将原始图像减去该扰动，原始图像就变成了对抗样本，并能输出目标类别。Kurakin 等得到 Basic Iterative Method(BIM) 是将 FGSM 修改为多步搜索(FGSM 生成对抗样本只进行一次梯度上升)。Iterative least-likely class method 则是修改 BIM 为有目标攻击，并且选取概率最小的类别作为目标类别[3]。

2. JSMA 对抗样本生成方法

JSMA 全名为 Jacobian-based Saliency Map Attack，是 2016 年由 Papernot 等在论文"The Limitations of Deep Learning in Adversarial Settings"中提出来的。其思路主要是利用一个显著图(Saliency Map)来指导对抗样本的生成，JSMA 算法主要包括三个过程：计算前向导数，构建对抗性显著图，添加扰动。

1) 计算前向导数

前向导数是计算神经网络最后一层的每一个输出对输入的每个特征的偏导。前向导数标识了每个输入特征对于每个输出分类的影响程度，其计算过程也是采用链式法则。计算模型类别置信度输出层中的每一个类别置信度对输入 x 的偏导，该偏导值表示不同位置的像素点对分类结果的影响程度。

JSMA 中前向导数是通过对神经网络最后一层输出求导得到的。前向导数 $\nabla F(x)$ 具体计算过程如下：

$$\nabla F(x) = \frac{\partial F(x)}{\partial x} = \left(\frac{\partial F_j(x)}{\partial x_i}\right) \tag{4-8}$$

其中,j 表示对应的输出分类,i 表示对应的输入特征。

2)构建对抗性显著图

通过得到的前向导数,可以计算其对抗性显著图,即对分类器特定输出影响程度最大的输入。

分类器对于一个输入 x 的分类规则为输出概率向量最大值对应的类别:

$$\text{lable}(x) = \arg\max_j F_j(x) \tag{4-9}$$

作为攻击者的目标是希望分类器将输入 x 错误分类为目标标签 $t(t \neq \text{label}(x))$。

为此,需要增加目标标签的概率 $F_t(x)$,同时减少其他标签的概率 $F_j(x)$,$j \neq t$,直到

$$t = \arg\max_j F_j(x) \tag{4-10}$$

构建显著图(按照扰动方式的不同分为正向扰动与反向扰动):

正向扰动定义为

$$S(\boldsymbol{x},t)[i] = \begin{cases} 0, \dfrac{\partial \boldsymbol{F}_t(\boldsymbol{x})}{\partial \boldsymbol{x}_i} < 0 \text{ 或 } \sum_{j \neq t} \dfrac{\partial \boldsymbol{F}_j(\boldsymbol{x})}{\partial \boldsymbol{x}_i} > 0 \\ \left(\dfrac{\partial \boldsymbol{F}_t(\boldsymbol{x})}{\partial \boldsymbol{x}_i}\right)\left|\sum_{j \neq t} \dfrac{\partial \boldsymbol{F}_j(\boldsymbol{x})}{\partial \boldsymbol{x}_i}\right|, \text{其他} \end{cases} \tag{4-11}$$

反向扰动定义为

$$S(\boldsymbol{x},t)[i] = \begin{cases} 0, \dfrac{\partial \boldsymbol{F}_t(\boldsymbol{x})}{\partial \boldsymbol{x}_i} > 0 \text{ 或 } \sum_{j \neq t} \dfrac{\partial \boldsymbol{F}_j(\boldsymbol{x})}{\partial \boldsymbol{x}_i} < 0 \\ \left(\dfrac{\partial \boldsymbol{F}_t(\boldsymbol{x})}{\partial \boldsymbol{x}_i}\right)\left|\sum_{j \neq t} \dfrac{\partial \boldsymbol{F}_j(\boldsymbol{x})}{\partial \boldsymbol{x}_i}\right|, \text{其他} \end{cases} \tag{4-12}$$

从而计算得到哪些像素位置的改变对目标分类 t 的影响最大。

若对应位置导数值为正值(正向扰动),则增大该位置像素,可增加目标 t 分数;

若对应位置导数值为负值(反向扰动),则减少该位置像素,可增加目标 t 分数。

正向扰动与反向扰动作为超参数存在,一旦设定,说明干净样本要么只进行加操作,要么只进行减操作。

使用显著图挑选需要改变的像素位置中,找到单个满足要求的特征很困难,所以作者提出了另一种解决方案。通过显著图寻找对分类器特定输出影响程度最大的输入特征对,即每次计算得到两个特征。

在构建的显著图里,通过下式找到一组特征对所对应的像素位置,一次迭代只更新这两个像素。

$$\arg\max_{(p_1,p_2)} \left(\sum_{i=p_1,p_2} \frac{\partial \boldsymbol{F}_t(\boldsymbol{x})}{\partial \boldsymbol{x}_i}\right) \times \left|\sum_{i=p_1,p_2}\sum_{j \neq t} \frac{\partial \boldsymbol{F}_j(\boldsymbol{x})}{\partial \boldsymbol{x}_i}\right| \tag{4-13}$$

3)添加扰动

根据对抗性显著图得到的特征,可以对其添加扰动。扰动方式包括正向扰动和反向扰动。如果添加的扰动不足以使分类结果发生转变,可以利用扰动后的样本重复上述过程计算前向导数、构建对抗性显著图和添加扰动三个步骤。

JSMA 算法通过特定的特征修改,使输出为特定输出。与 FGSM 利用模型输出的损失函数梯度信息不同,JSMA 主要利用模型的输出类别概率信息来反向传播求得对应梯度信息。

通过前向梯度可以知道每个像素点对模型分类结果的影响程度,进而利用前向梯度信息来更新干净样本 x,生成的对抗样本就能被分类成为指定的类别。

对抗攻击文献中通常使用的方法是限制扰动的无穷范数或二范数的值以使对抗样本中的扰动无法被人察觉。但 JSMA 提出了限制零范数的方法,即仅改变几个像素的值,而不是扰动整张图像。算法每次修改原图中各个像素,并且通过网络的输出梯度来记录对结果分类的影响。结果的数值越大,表明图像越容易被扰乱,这样就可以选取最有效的像素进行图像扰动[4]。

3. 对抗样本生成的其他方法

Moosavi – Dezfooli 等提出 DeepFool 算法生成的扰动比 FGSM 更小,同时有相似的攻击成功率[5]。Universal Adversarial Perturbations 能生成对任何图像实现攻击的扰动,这些扰动同样对人类是几乎不可见的,这种扰动可以泛化到其他网络上[6]。

Sarkar 等提出了两个黑箱攻击算法 UPSET 和 ANGRI[7]。UPSET 可以为特定的目标类别生成对抗扰动,使得该扰动添加到任何图像时都可以将该图像分类成目标类别。相对于 UPSET 的图像不可感知扰动,ANGRI 生成的是图像特定的扰动,它们都在 MNIST 和 CIFAR 数据集上获得了高欺骗率。

Houdini 是一种用于欺骗基于梯度的机器学习算法的方法,通过生成特定于任务损失函数的对抗样本实现对抗攻击,即利用网络的可微损失函数的梯度信息生成对抗扰动。Baluja 和 Fischer 训练了多个前向神经网络来生成对抗样本,可用于攻击一个或多个网络。该算法通过最小化一个联合损失函数来生成对抗样本,该损失函数有两个部分,第一部分使对抗样本和原始图像保持相似,第二部分使对抗样本被错误分类。在这个方向上,Hayex 和 Danezis 也使用了这类神经网络来训练针对黑盒攻击的对抗例子,在 MNIST 和 CIFAR 数据集上获得了更高的欺骗率。

除了深度学习分类应用领域之外,攻击深度神经网络的方法还有:在自编码器和生成模型上的攻击,在循环神经网络上的攻击,深度强化学习上的攻击,在语义分割和目标检测的攻击等。

4.2.2 对抗样本的攻击类型

对抗攻击分类标准也有许多,可以根据对抗攻击是否需要了解模型内部参数(白盒攻击与黑盒攻击)、对抗特异性(目标攻击与非目标攻击)、攻击频率(非迭代攻击与迭代攻击)、攻击范数(L_0、L_2 与 L_∞ 攻击)、对抗样本的生成过程(基于梯度的攻击方法,基于优化的攻击方法,基于决策面的攻击方法,其他攻击方法)对攻击方法进行分类。

1. 白盒攻击与黑盒攻击

根据对抗攻击是否需要了解模型内部参数分类,可以分为白盒攻击和黑盒攻击:白盒攻击是指攻击者能够获得模型的所有内部参数信息。在白盒攻击算法中,攻击者必须知道原始模型的内部信息,如模型使用的网络结构、模型的参数以及模型应用场景等。

黑盒攻击指的是攻击者不能够事先获得模型参数。黑盒攻击算法中,攻击者则无法得知原始模型的任何信息,只能通过不断向模型进行数据输入后观察模型的输出有何变化与模型互动。

2. 有目标攻击与无目标攻击

根据对抗特异性分类:目标攻击是指生成具有特定目标类的对抗样本;非目标攻击指生成与真实类不同的其他类的对抗样本。

有目标攻击(targeted attack)也被称为针对性攻击,指的是攻击者可以决定攻击的范围与效果,使得攻击模型在对输入样本错误分类的基础上将样本分类为攻击者期望的类型。

无目标攻击(untargeted attack)也被称为可靠性攻击,攻击者并不指定错误分类的类别,而只希望模型做出错误的决策。

3. L_0、L_2 与 L_∞ 范数攻击

根据算法生成扰动大小限制不同将攻击算法分为不同范数,可以分为 L_0、L_2 与 L_∞ 攻击。

范数可以理解为一种距离概念,在对抗攻击算法中用于描述噪声数据的大小,其数学定义为

$$L_P = \|x\|_p = \sqrt[p]{\sum_{i=1}^{n} x_i^p} \tag{4-14}$$

对于图像数据而言:

L_0 范数攻击指的是,算法在生成的对抗样本相对原始图像上修改像素点的数量,这种攻击方法限制了像素点的修改数量,但并不限制像素点的更改幅度;

L_2 范数攻击指的是,算法在生成的对抗样本相对原始图像所修改的像素变化量的平方和再开根号,这种攻击方法限制了图像总体的变化量,期望在修改像素数量和修改幅度之间达到平衡;

L_∞ 范数攻击指的是,算法在原始图像上对每个像素点修改幅度的最大值,这种攻击方法限制了修改的幅度但不限制修改像素点的数量。

4. 迭代攻击与非迭代攻击

根据攻击频率分类:非迭代攻击通过一步生成对抗样本;迭代攻击则是通过多步迭代生成对抗样本。

非迭代攻击:又称为单步攻击,指的是不通过迭代的方式,直接通过一步梯度更新,对原样本进行攻击后生成对抗样本的方法,例如 Goodfellow 提出的 FGSM 算法。

迭代攻击:指的是在更新对抗样本时通过多步迭代的方式产生对抗样本,即在原样本的基础上迭代使用攻击算法从而生成对抗样本,例如 PGD 方法。

相对于非迭代攻击而言,迭代攻击所产生的对抗样本对模型的欺骗效果更强,但需要消耗更多的计算资源。

将迭代攻击与目标攻击分类方式进行整合,可以将现有的攻击方法分成四类:非迭代非目标攻击、迭代非目标攻击、非迭代目标攻击、迭代目标攻击。

1)非迭代非目标攻击:如 FGSM,R + FGSM

Fast Gradient Sign Method (FGSM) 由 Goodfellow 等提出[1],FGSM 通过最大化分类器在图像上的损失来扰乱图像:

$$x^{\mathrm{adv}} = x + \varepsilon \cdot \mathrm{sign}(\nabla_x J(x,y)) \qquad (4-15)$$

其中,ε 表示原始样本和对抗样本之间距离服从 L_∞ 约束的超参数。

R+FSGM 是 FGSM 方法的变体,主要是在线性化损失函数之前加入一个小的随机扰动。

2)迭代非目标攻击:如 BIM,PGD,UMI-FGSM,DeepFool,UAP,OM

Basic Iterative Method(BIM)是 Kurakin 等提出对 FGSM 的扩展方法[3],不同于 FGSM 通过一大步运算增大分类器的损失函数对图像进行扰动,BIM 迭代地进行多个小步骤,并在每个步骤之后调整方向:

$$X_0^{\mathrm{adv}} = x; x_{n+1}^{\mathrm{adv}} = \mathrm{Clip}_{x,\varepsilon}(x_n^{\mathrm{adv}} + \partial \cdot \mathrm{sign}(\nabla_x J(x_n^{\mathrm{adv}}, y))) \qquad (4-16)$$

其中,$\mathrm{Clip}_{x,\varepsilon}$ 用来限制扰动的 L_∞ 范数。

在 BIM 之后,Madry 等引入了 BIM 的一种变体称为 Projected Gradient Descent(PGD)攻击,即采用随机启动的投影梯度下降法[8]。

Dong 等提出 MI-FGSM 攻击,原理是将动量技术整合到 BIM 中,目的是在迭代过程中稳定更新方向,避免在迭代过程中陷入局部极值,MI-FGSM 攻击方法既可以作为目标攻击,也可以作为非目标攻击,如 UMI-FGSM[9]。

Moosavi-Dezfooli 等提出了通过搜索原始图像到目标模型决策边界的最近距离来生成对抗样本的 DeepFool 攻击[5]。与 DeepFool 攻击类似,Moosavi-Dezfooli 等继续提出了一种通用对抗扰动——Universal Adversarial Perturbation(UAP)攻击,在这种攻击中,可以使用一种不可感知的通用扰动来对数据集中的几乎所有图像进行错误分类。He 等提出了 OptMargin(OM)攻击,能够生成规避现有基于区域的分类防御算法的鲁棒对抗样本[10]。

3)非迭代目标攻击:如 LLC,R+LLC

Least Likely Class(LLC)攻击是将 FGSM 改变成目标攻击的形式:

$$x^{\mathrm{adv}} = x - \varepsilon \cdot \mathrm{sign}(\nabla_x J(x, y^{\mathrm{LL}})) \qquad (4-17)$$

LLC 攻击指定原始图像 x 的最小识别概率类别 y^{LL} 作为目标类,其中 $y^{\mathrm{LL}} = \mathrm{argmin} P(y|x)$,之后 Tramer 等在线性化损失函数之前加入了一个小的随机扰动,提出了 R+LLC 攻击。

4)迭代目标攻击:BLB,ILLC,TMI-FGSM,JSMA,CW,EAD

Szegedy 等首次证明了通过对图像添加少量的人类察觉不到的扰动,可以误导神经网络做出误分类,并将这种迭代目标攻击方法称为 Box-constrained L-BFGS(BLB)攻击,BLB 攻击的缺点在于大规模线性搜索最优解既费时又不切实际。

为了提高迭代目标攻击的效率,Kurakin 等提出了 LLC 的直接迭代版本——ILLC 攻击,同时动量技术也可以推广到 ILLC 攻击中,称为目标 MI-FGSM 攻击(TMI-FGSM)。

Papernot 等针对不同的感知提出了基于雅各比的显著图攻击 Jacobian-based Saliency Map(JSMA),JSMA 首先计算给定样本的雅各比矩阵,然后通过找出对输出分类结果影响最大的输入特征来对样本进行扰动。

Carlini 和 Wagner 引入了一组强大的攻击方法称为 CW,这些攻击基于对扰动大小的不同范数度量,分别为 CW_0、CW_2 和 CW_∞,该算法可以理解为寻找高置信度小扰动的对抗样本的优化问题[11]。

Chen 等发现 L_1 范数尚未被用来作为产生对抗样本的度量指标,因此,他们提出 Elastic-net Attacks to DNNs(EAD)攻击,将对抗样本的产生归结为一个弹性网络正则化的优化问题,并以 L_1 范数作为限制扰动的度量指标[12]。

5. 根据生成过程的分类

根据对抗样本的生成过程可将攻击方法分为四类:基于梯度的攻击方法,基于优化的攻击方法,基于决策面的攻击方法以及其他攻击方法。

基于梯度的攻击方法是通过梯度下降法最小化损失函数来生成对抗样本,如 FGSM、BIM、RFGSM、PGD、MIFGSM。

基于优化的攻击方法是通过精心设计的指标寻找对抗样本,可以理解为寻找高置信度小扰动对抗样本的优化问题,如 CW、EAD、BLB。

基于决策面的攻击方法是通过将原始图像不断推向目标模型决策边界来产生对抗样本,如 DeepFool、UAP、OM 等。

6. AI 对抗攻击算法总结

针对上文所介绍的对抗攻击算法,从攻击的扰动范数、攻击类型、攻击目标与算法优劣四个角度进行了比较,总结分析出不同攻击算法的特点。其中,攻击类型分为单步攻击和迭代攻击两种,分析结果如表 4-1 所示。

表 4-1 对抗攻击算法总结

攻击算法	扰动范数	攻击类型	攻击目标	算法特点
FGSM	L_∞	单步	无目标攻击	生成效率较高且迁移攻击能力较强,但扰动程度较大且攻击能力一般
BIM	L_∞	迭代	无目标攻击	迭代攻击,攻击能力强于 FGSM,但迁移攻击能力较差且易过拟合
PGD	L_∞	迭代	无目标攻击	攻击能力强于 BIM,但迁移攻击能力较差
R+FGSM	L_∞	单步	无目标攻击	加入随机扰动,攻击能力强于 FGSM
LLC	L_∞	单步	有目标攻击	生成效率较高、迁移攻击能力较强且攻击破坏程度更大,但扰动程度较大且攻击能力一般
ILLC	L_∞	迭代	有目标攻击	攻击能力强且破坏程度更大,但迁移攻击能力较差
R+LLC	L_∞	单步	有目标攻击	加入随机扰动,攻击能力强于 FGSM 且破坏程度更大
MIFGSM	L_∞	迭代	有目标攻击或无目标攻击	兼具较好的攻击能力与迁移攻击能力,但攻击能力比 PGD 算法弱
DeepFool	L_2,L_∞	迭代	无目标攻击	计算精确,得到的扰动很小且效率更高,但不具备有目标攻击能力
UAP	L_2,L_∞	迭代	无目标攻击	生成的通用对抗扰动具有较好的迁移攻击能力且效率较高,但无法保证对特定数据点的攻击成功率

4.2.3 对抗样本可视化解释

对抗样本的可视化解释指的是将生成的对抗样本与可解释方法结合,通过全局解释、局部解释等解释方法,观察对抗样本的"显著区域"与原样本的"显著区域"之间的可视化差异。本节我们用到的可视化解释方法包括:Grad-CAM、改进的 Grad-CAM 等,具体原理在第3章可解释知识推理中已进行了介绍。

1. Grad-CAM 解释方法分析对抗样本对图像分类模型的影响

对抗样本如何改变深度神经网络的各层,我们可以通过可解释方法的可视化去探索。在 ImageNet 数据集上,用现有的对抗攻击算法如基于梯度的方法 RFGSM、基于优化的方法 PGD 生成数据的对抗样本,分类模型采用 ResNet50 架构,采用 Grad-CAM 解释方法进行可视化,结果如图4-4所示。

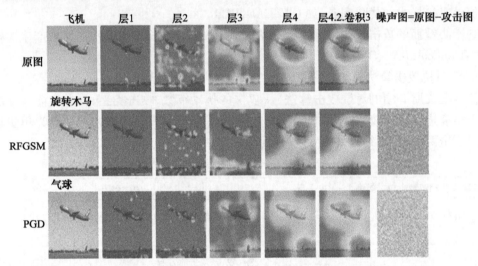

图4-4 用 Grad-CAM 解释方法分析对抗样本的网络模型各层可视化

深度神经网络的层间间隔为(3,4,6,3)的残差块,从左到右层数递增,左边为飞机原图,向右分别为层1、层2、层3、层4,层4.2.卷积3,其中层4.2.卷积3表示最后一层卷积层,最右边的一列为原图和对抗样本攻击图相减形成的噪声图。

可以看出,对抗样本的可视化解释明显和原图像的解释不在同一个位置,RFGSM 产生的对抗样本将飞机识别为旋转木马,PGD 产生的对抗样本导致的热力图偏离目标更大,因此将原本是飞机的图像识别为气球。我们得到一些规律如下:

(1)从 Grad-CAM 解释方法获得的热力图结果与对抗样本的生成方法有关。
(2)基于梯度的方法产生的噪声最大,相对分散。
(3)基于优化的方法产生的噪声最小,相对集中。
(4)从可视化解释上明显看出,对抗样本使识别结果的贡献偏离正常。

2. 基于梯度解释方法分析对抗样本

我们主要对 Smooth Grad、Guided Smooth Grad、Vanilla Gradients、Guided Grad 四种基于梯度的对抗攻击方法进行了可视化研究,结果如图4-5所示,可以发现尽管图像上添加了小的梯度扰动,但基于梯度的解释方法并不能有效检测出图像是否受到攻击,解释图像仍旧与原图基本一致,未发生明显改变。

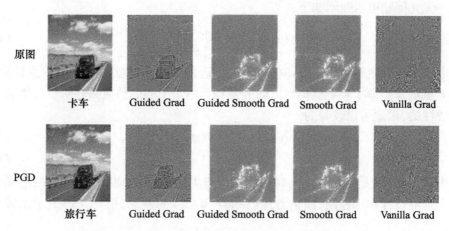

图 4-5　基于梯度解释方法分析对抗样本的可视化

3. 基于梯度的攻击方法对目标检测的影响

不同攻击方法对可解释方法的显著图、语义分割和目标检测结果有所不同。基于梯度攻击方法产生的对抗样本目标检测结果会发生变化：一种是检测框的改变；另一种是预测检测框中物体的类别发生改变，结果如图 4-6 所示。

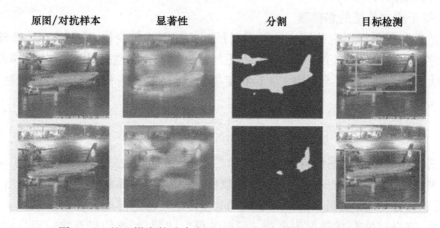

图 4-6　基于梯度的攻击方法 PGD 对目标检测的解释效果图

4. 攻击分类模型及解释器的 ADV^2

对抗样本相较于原样本而言，虽然人眼并不能直接看出原图像之间的差别，但通过可视化可解释方法产生的"热力图"仍旧能够反映细微的差异。直观来看，人们可以通过可视化可解释技术来初步判断该样本是否为对抗样本，但可解释方法是否也可能会受到攻击？

我们提出了 ADV^2 攻击来挑战这一传统观点，ADV^2 攻击是一种广泛的攻击，它可以同时欺骗目标深度神经网络模型及其解释器。

ADV^2 攻击的目标是找到对真实样本输入的足够小的扰动，它能够改变模型的分类结果，但保持了解释的完整性[13]。

这一优化问题可以表示如下：

$$\min_{x} \Delta(x, x_o) \quad \text{s.t.} \begin{cases} f(x) = c_t \\ g(x;f) = m_t \end{cases} \quad (4-18)$$

其中，f和g分别表示分类器和解释器，c_t表示错误目标类别，m_t表示目标属性图，$\Delta(x, x_o)$表示真实样本和对抗样本之间的差异。由于上述的约束条件对于分类器来说是高度非线性的，因此可以改写为

$$\min_{x} l_{prd}(f(x), c_t) + \lambda \, l(g(x;f), m_t)_{int} \quad (4-19)$$

$$\text{s.t.} \ \Delta(x, x_o) \leqslant \varepsilon \quad (4-20)$$

其中，l_{prd}衡量的是真实样本与对抗样本预测类别的差异，如交叉熵损失；l_{int}衡量的是真实样本与对抗样本属性图，如热力图（Grad-CAM）的差异，用$l_{adv}(x)$表示上式中的全部损失。

公式（4-19）的求解可以在不同的对抗攻击框架中进行，以下都以 PGD 攻击框架为例。通常来说，对抗样本可以直接通过梯度下降法选取：

$$x^{(i+1)} = \prod_{B_\varepsilon(x_o)} (x^{(i)} - \partial \mathrm{sgn}(\nabla_x l_{adv}(x^{(i)}))) \quad (4-21)$$

然而由于每种解释器都具有不同的特性，直接应用公式（4-21）可能会无效。下面对四类解释器进行介绍。

1）基于反向传播的解释器

这类解释器根据给定的输入计算模型预测的梯度或其变体，从而得出每个输入特征的重要性。假设梯度幅值越大，说明该特征与预测的相关性越高，代表方法为梯度显著图（GRAD）。GRAD 考虑了给定输入x和给定类c的模型预测（概率）$f_c(x)$的线性近似，其属性图m为

$$m = \left| \frac{\partial f_c(x)}{\partial x} \right| \quad (4-22)$$

攻击基于梯度显著图的可解释深度学习系统，可通过公式（4-20）定义的梯度下降法寻找对抗样本。根据公式（4-22）计算属性图$g(x;f)$的梯度相当于计算$f_c(x)$的海森矩阵，对于具有 ReLU 激活函数的 DNNs，其为全零。

因此，解释损失l_{int}的梯度为更新x只提供很少的信息，这使得直接应用公式（4-21）变得无效。因此攻击此类解释器时需要平滑 ReLU 的梯度，用$r(z)$表示，$h(z)$是$r(z)$的近似。

$$h(z) = \begin{cases} (z + \sqrt{z^2 + \tau})' = 1 + \dfrac{z}{\sqrt{z^2 + \tau}} \ (z < 0) \\ (\sqrt{z^2 + \tau})' = \dfrac{z}{\sqrt{z^2 + \tau}} \ (z \geqslant 0) \end{cases} \quad (4-23)$$

这种攻击还可以扩展到其他基于反向传播的解释器，如 Deeplift、SmoothGrak 和 LRP。

2）基于表征的解释器

此类解释器是利用 DNNs 中间层的特征图生成属性图，如类激活映射（CAM）。CAM 对最后一个卷积层的特征图执行全局平均池化，并将输出作为一个激活 softmax 的线性层的特征来近似模型预测。CAM 通过将线性层的权值投影到卷积特征图上计算属性图。

设 A_{ij}^k 表示在空间位置 (i,j) 处的最后一个卷积层的第 k 个通道的激活,全局平均池化的输出定义为 $A_k = \sum_{i,j} A_{ij}^k$。因此,给定输入 x 判别为类别 c 的概率近似为

$$z_c(x) \approx \sum_k \omega_k^c A_k = \sum_{i,j} \sum_k \omega_k^c A_{ij}^k \qquad (4-24)$$

类激活图 L_c 表示为

$$L_{ij}^c = \sum_k \omega_k^c A_{ij}^k \qquad (4-25)$$

由于在中间层使用了深度表示,CAM 能够生成具有高视觉质量且只有很少的噪声和伪影的属性图。通过对公式(4-21)使用梯度下降法即可得到攻击 CAM 的对抗样本。同时,该攻击也可以拓展到其他基于表征的解释器,如 Grad-CAM 等。

3)基于模型的解释器

模型引导方法不依赖于模型中间层的表示,而是训练一个元模型,直接预测单个前馈传递中给定输入的属性图,代表方法:RTS。RTS 方法的原理在上一节中已介绍,这里不再赘述。直接利用公式(4-21)攻击 RTS 经常会产生无效的对抗样本,这是由于编码器在生成属性图的过程中起到了十分重要的作用,因此加入一个损失项 $l_{enc}(enc(x), enc(c_t))$,该损失项衡量了对抗样本与目标类之间编码器的输出差异。

4)基于干扰的解释器

通过对输入进行最小噪声扰动,观察模型预测的变化来生成属性图,代表方法:MASK。对于一个特定的输入 x,MASK 通过检查改变图像某一部分是否影响最后的预测结果来识别对预测最重要的部分。优化 MASK 的过程如下:

$$\min_m f_c(\phi(x;m)) + \lambda \|1-m\|_1 \quad \text{s.t.} \ 0 \leq m \leq 1 \qquad (4-26)$$

其中,$\phi(x,m)$ 是将高斯噪声和输入 x 混合的扰动操作。式(4-26)中第一项是寻找掩码 m 使得当前预测的概率显著降低,而第二项鼓励掩码 m 是稀疏的。与攻击其他解释器不同,直接使用优化公式(4-21)不可行,因为该解释器 g 本身就是一个优化问题。因此,这里使用双层优化框架重新定义 ADV^2 攻击,即有了以下的攻击框架:

$$\min_x l_{adv}(x, m_*(x))$$
$$\text{s.t.} \ m_*(x) = \arg\min_m l_{map}(m;x) \qquad (4-27)$$

其中,损失函数引入 m 作为一个附加变量,由 MASK 生成的属性图为

$$m_*(x) = \arg\min_m l_{map}(m;x) \qquad (4-28)$$

5)实验结果分析

实验在 ImageNet 数据集下进行,每张图像中心裁剪为 224×224 的大小。选择的分类器包括 ResNet-50 和 DenseNet-169,在 ImageNet 上的 Top-1 准确率分别为 77.15% 和 77.92%。选择的解释器包括 GRAD、CAM、RTS 和 MASK,分别代表基于反向传播、中间表示、模型和干扰的四类解释器。用于比较的攻击框架包括 PGD 和 STADV(空间转换框架)。

(1)ADV^2 攻击欺骗深度神经网络的有效性,有效性通过攻击成功率(ASR)和误分类置信度(MC)衡量。

表 4-2 给出了 PGD 攻击和 ADV^2 攻击的攻击成功率,由实验结果可见,ADV^2 攻击实现了较高的攻击成功率(95% 以上),误分类置信度 0.98 以上。尽管 ADV^2 攻击是具有双

重目标的,可以同时攻击分类器和解释器,其在欺骗目标深度神经网络方面与常规的对抗攻击一样有效。

表4-2 PGD攻击和 ADV^2 攻击的攻击成功率(误分类置信度)

分类器	ResNet				DenseNet			
解释器	GRAD	CAM	MASK	RTS	GRAD	CAM	MASK	RTS
PGD	100%(1.0)				100%(1.0)			
ADV^2	100% (0.99)	100% (1.0)	98% (0.99)	100% (1.0)	100% (0.98)	100% (1.0)	96% (0.98)	100% (1.0)

(2)评价 ADV^2 攻击生成与真实样本相似解释的有效性。

由于缺乏评价解释合理性的标准度量指标,因此在评估中使用了多种度量标准,包括可视化结果、L_p 范数度量和 IoU 分数。实验结果如图4-7所示。

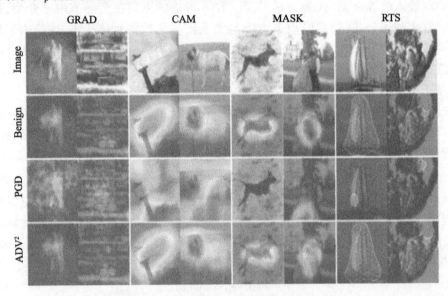

图4-7 不同攻击方法属性图的可视化结果

由可视化结果可见,ADV^2 攻击生成的解释与真实样本之间的解释是十分相似的,而 PGD 攻击的属性图则发生了较大的变化。

4.2.4 对抗样本的评价指标

成功的对抗样本不仅可以导致模型错误分类,而且对人类来说是不可察觉的。面对不断涌现的对抗样本生成算法,如何评价对抗样本攻击的效果是一项重要的工作。在本节中,我们将误分类、不可感知性和鲁棒性作为效用需求对10种攻击评价指标进行描述。

1. 误分类评价指标

(1)误分类率(MR):即对抗样本使分类器误判的百分比值。

(2)对抗类别的平均置信度(ACAC):即对抗样本被成功误判后的平均预测置信度,表示误判的确信程度有多高。

$$ACAC = \frac{1}{n}\sum_{i=1}^{n} P(x_i^a)_{F(x_i^a)} \qquad (4-29)$$

其中，n 为对抗样本的总数。

（3）真实类别的平均置信度（ACTC）：即对抗样本原始真实类别的平均预测置信度，表示对抗样本类别离正确类别的距离。

$$ACTC = \frac{1}{n}\sum_{i=1}^{n} P(x_i^a)_{y_i} \qquad (4-30)$$

2. 不可感知性评价指标

不可感知意味着对抗样本仍然会被人类的视觉正确地分类，从而保证对抗样本和正常样本传达相同的语义含义。

1）平均 L_p 范数失真（ALD_p）

现有的攻击方法几乎都采用 L_p 范数距离（Average L_p Distortion, ALD_p）作为评价失真度的指标。其中 L_0 范数距离计算扰动后改变的像素个数，L_2 范数距离计算原始样本与扰动样本之间的欧氏距离，L_∞ 表示对抗样本各维度的最大变化量。

将 ALD_p 定义为所有对抗样本的平均归一化 L_p 范数失真：

$$ALD_p = \frac{1}{n}\sum_{i=1}^{n} \frac{\|x_i^a - x_i\|_p}{\|x_i\|_p} \qquad (4-31)$$

ALD_p 越小，表示对抗样本越难以察觉。

2）平均结构相似（ASS）

SSIM 作为量化两幅图像相似性的常用指标之一，被认为比 L_p 范数相似性更符合人类的视觉感知。为了评价对抗样本的不可感知性，定义平均结构相似性（Average Structural Similarity, ASS）为所有对抗样本与其原始样本之间的平均 SSIM 相似性：

$$ASS = \frac{1}{n}\sum_{i=1}^{n} SSIM(x_i^a, x_i) \qquad (4-32)$$

ASS 越大，表示对抗样本越难以察觉。

3）扰动敏感性距离（PSD）

基于对比掩蔽理论（contrast masking theory），扰动敏感距离（Perturbation Sensitivity Distance, PSD）被提出作为评估人类对扰动的感知情况：

$$PSD = \frac{1}{n}\sum_{i=1}^{n}\sum_{j=1}^{m} \delta_{i,j} Sen(R(x_{i,j})) \qquad (4-33)$$

PSD 越小，表示对抗样本越难以察觉。

3. 鲁棒性评价指标

物理世界中的图像在输入生产系统（如在线图像分类系统）之前不可避免地要进行预处理，这可能会导致对抗样本的误分类率下降。因此，评估对抗样本在各种实际条件下的鲁棒性是十分必要的。

1）噪声容忍度评估（NTE）

它反映了对抗样本在保持误分类类别不变的情况下能够容忍的噪声量。NTE 衡量了误分类类别的概率与其他最大概率类别之间的差距：

$$NTE = \frac{1}{n}\sum_{i=1}^{n}\left[P(x_i^a)_{F(x_i^a)} - \max\{P(x_i^a)_j\}\right] \qquad (4-34)$$

其中,NTE 越高,表示对抗样本鲁棒性越好。

2)对高斯模糊的鲁棒性(RGB)

高斯模糊是计算机视觉算法中广泛应用的一种预处理阶段,用于降低图像中的噪声。一般情况下,一个鲁棒的对抗样本在高斯模糊后应保持其误分类效果,由此定义了对高斯模糊的鲁棒性(Robustness to Gaussian Blur,RGB)。RGB 越高,表示对抗样本鲁棒性越好。

3)对图像压缩的鲁棒性(RIC)

对图像压缩的鲁棒性(Robustness to Image Compression,RIC)表示对抗样本可以接受的图像压缩处理的比值。RIC 值越高,表示对抗样本鲁棒性越好。

4)计算成本

计算成本即攻击方法产生对抗样本的平均时间。平均时间越低,说明计算成本越低,反之则表明计算成本越高。

4.3 物理世界的对抗样本

深度神经网络也正逐渐成为许多信息物理系统的一个重要组成部分,对抗样本在现实世界中引发的安全隐忧更为严重。自动驾驶汽车的视觉系统会利用 CNN 来更好地识别行人、车辆和道路标志。带对抗性扰动的输入如误导自动驾驶车辆的感知系统,使其错误地对路标分类,将会带来潜在的灾难性后果。

当前数字世界的攻击难以直接迁移到现实世界中去,因为缺乏考虑一些物理约束,例如视角、照明和形变等,因此出现了物理世界的对抗样本,攻击数字世界的 AI 模型导致错误产生。使用基于计算机层面的对抗攻击算法设计生成的物理对抗样本(如打印出的图像、拍摄的照片)等对深度神经网络模型的攻击行为则被称为物理攻击。本节将概述更加贴近现实世界的物理攻击方法。

4.3.1 路标识别的物理对抗攻击

鉴于新兴物理系统在安全关键情况下使用深度神经网络 DNN,对抗样本是否可能会误导这些系统并导致危险情况? 答案是肯定的,物理世界存在独特的挑战,对物体的对抗攻击必须能够在不断变化的条件下存在,才能有效地欺骗分类器。

从数字世界的对抗样本难以直接转换到物理世界,应该考虑物理世界的变化生成对抗样本。例如对抗样本攻击自动驾驶的道路标志视觉分类,自动驾驶上的摄像头与路标的距离和角度不断变化,判断路标需要送入分类器的图像是在不同的距离和角度拍摄的,除角度和距离外,其他环境因素如角度、照明变化、天气条件的变化等都会影响对抗样本的攻击效果。

我们介绍 Kevin Eykholt 等在 CVPR 2018 上发表的关于生成鲁棒物理攻击的工作,其提出了一种名为 Robust Physical Perturbations(RP_2)的扰动方法,该方法能够在不同的物理条件下生成鲁棒的视觉对抗扰动。道路标志识别是自动驾驶系统嵌入的重要深度学习方法,RP_2 能生成与物理世界相似的对抗样本[15]。如图 4-8 所示,RP_2 所产生的物理扰动与真实世界中的相似,即在停车标识上贴上相应黑色或白色的小块,就能够使得道路标志识别系统产生一个高的目标错误分类率。

(a) 真实涂鸦　　　　　　(b) RP$_2$产生的物理扰动

图4-8　停车标志上的真实涂鸦和RP$_2$产生的真实物理扰动

物理世界的攻击与传统的对抗攻击样本生成有所不同,存在一系列的挑战。在物理世界中,对物体的攻击必须能够在不断变化的条件下幸存下来,才能够有效地欺骗分类器。

自动驾驶汽车中的摄像头相对于路标的距离和角度不断变化,使得输入分类器的图像以不同的距离和角度拍摄。因此,攻击者在物理上添加到路标上的任何扰动都必须能够在图像的这些转换中幸存下来。其他环境因素包括照明天气条件的变化,以及摄像头或路标上是否存在碎片。

攻击者不能指望有固定的背景图像,因为它会根据观察摄像机的距离和角度而变化。另外,虽然对抗攻击产生的对抗样本产生的扰动非常小,但是在物理世界的攻击中,这些微小的扰动必须要能够保证相机感知到这些扰动,并且这些扰动的值是现实世界中可以再现的有效颜色。

如图4-9所示,输入目标停车标志,该方法从模拟物理变换的图像(例如,变化的距离和角度)的分布中进行采样,并使用掩码将计算的扰动投影到类似于涂鸦的形状,对手打印出产生的扰动并将它们粘贴到目标停车标志上,具体方法为优化以下目标函数:

$$\min_\delta H(x+\delta, x), \text{ s.t. } f_\theta(x+\delta) = y^* \arg\min_\delta \lambda \|\delta\|_p + J(f_\theta(x+\delta), y^*) \quad (4-35)$$

其中,H为选择的距离函数,x为目标样本或原始样本,f为自动驾驶领域的路标分类器,也可以称为目标函数,y^*是目标类别,J为损失函数,λ为控制失真正规化的超参数。

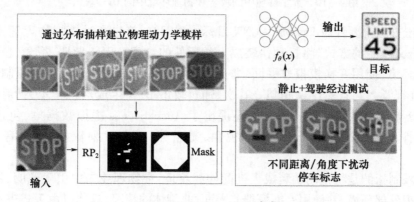

图4-9　RP$_2$方法流程[15]

4.3.2 目标检测的物理对抗攻击

物理世界的对抗攻击还可以推广到目标检测领域,对于目标检测模型的攻击存在以下缺点:

(1) 只聚焦在一种或几种特殊的物体上(例如,停车标志、商业 logo、汽车等);

(2) 只对刚性或平面的物体产生扰动(例如,汽车、船等),而对复杂物体(例如,人、动物)的效果往往不好;

(3) 对抗攻击往往是无意义的,缺乏一定的语义信息,对人类观察者而言不自然。

近期加州大学伯克利分校人工智能实验室(BAIR)的研究发现:深度学习模型中鲁棒的实物攻击已经可以骗过物体检测器。当前性能优越的 YOLO 检测器生成的真实对抗样本同样也能欺骗标准的 Faster R-CNN 网络。如果一个真实的自动驾驶车辆在路面行驶,路过一个带对抗性特征的禁止通行路标,那么它将看不到禁止通行路标,从而可能在交叉路口导致车祸。

因此,有研究提出了一种通用物理伪装攻击(UPC)[16],提出了一个通用的躲避模式用于有效的攻击目标检测器,且具有泛化和可迁移性。构建了一种通用的伪装模式,以隐藏目标不被发现或误认目标标签,不同于以往产生实例级扰动的工作,UPC 通过联合攻击区域生成网络(RPN 网络)、分类器和回归器,构建了一个通用模式来攻击属于同一类别的所有实例,并且根据物理世界的真实环境进行建模,具体方法如图 4-10 所示。

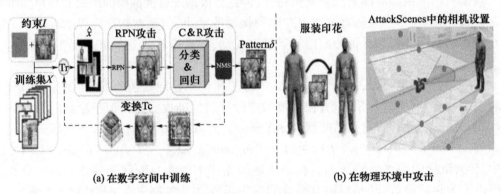

(a) 在数字空间中训练　　　　　　(b) 在物理环境中攻击

图 4-10　数字环境中的攻击和物理环境中的 UPC 攻击[16]

该攻击方法主要针对 FasterR-CNN 目标检测网络,首先通过模拟物理场景,通过材料限制、语义限制的方式,将扰动伪装成人类配件的纹理。引入照明、视角、位置和角度模拟外部环境,使用变换模拟非平面、非刚体的情况,并使用投影函数来强制生成对抗性图案,在视觉上与自然图像相似。其次,通过攻击 RPN 生成对抗样本,最后再联合攻击 RPN、分类及边界框回归。该方法还提出了 AttackScenes 虚拟数据集,包含 20 个不同物理条件下的物理场景,包含不同视角、光照等,攻击效果较好,并且有一定的迁移性。

材料限制指的是将扰动伪装成人类配件的纹理,在物理攻击中引入照明、视角、位置和角度模拟外部环境,并使用变换模拟非平面、非刚体的情况,具体可由下式表示:

$$\hat{x} = \text{Tr}(x_i + \text{Tc}(\delta_i)), x_i \sim X \tag{4-36}$$

其中，Tr 为施加到整体图像上的变换，一般可以是仿射变换、旋转、对比度、大小、亮度调整等，Tc 为施加到对抗样本上的变换（拉伸引起的变形），一般可以是仿射变换、裁剪、平移、大小改变等。

语义限制指的是使用投影函数来强制生成的对抗性图案需要在优化过程中达到在视觉上与自然图像相似。这与数字世界中的对抗攻击相似，这一步即要求攻击后的图像与攻击前的图像在肉眼上的区别并不是很大，具体可由下式表示：

$$\delta_t = \mathrm{Proj}_\infty(\delta_{t-1} + \Delta\delta, I, \epsilon) \tag{4-37}$$

其中，δ_t 与 $\Delta\delta$ 表示对抗样本及其第 t 次迭代的更新。Proj_∞ 使用无穷范数控制其扰动范围在自然图像 I 的 ϵ 范围内。

攻击 RPN，攻击 RPN 的目标函数为

$$L_{\mathrm{rpn}} = E_{p_i \sim P}(L(x_i, y_t) + s_i \| d_i - \Delta d_i \|_p) \tag{4-38}$$

其中，s_i 为置信分数，d_i 为候选框坐标。y_t 为目标分数，y_1 为背景，y_0 为前景，L 为欧氏距离损失，Δd_i 为预定义的候选框偏移，实验中设置 $p=1$。通过最小化 L，抑制前景候选框并扭曲候选框。

分类及回归器攻击：

$$L_{\mathrm{cls}} = E_{p \sim \hat{P}} C(p)_y + E_{p \sim P^*} L(C(p), y') \tag{4-39}$$

$$L_{\mathrm{reg}} = \sum_{p \sim P^*} \| R(p)_y - \Delta d \|_l \tag{4-40}$$

其中，L 为交叉熵损失，C 和 R 为分类器与回归器的输出。P^* 为可以被检测为真实标签 y 的样本，y' 是要攻击的目标标签。Δd 为攻击产生的偏移，设置 $l=2$。对于非目标攻击，设置 $y=y'$。

考虑以上因素，总损失为

$$\arg\min_{\Delta\delta} E_{\widehat{x_i} \sim \hat{x}}(L_{\mathrm{rpn}} + \lambda_1 L_{\mathrm{cls}} + \lambda_2 L_{\mathrm{reg}}) + L_{\mathrm{tv}} \tag{4-41}$$

交替更新扰动图像及训练样本。攻击过程分两个阶段，第一阶段只攻击 RPN，减少高质量候选框的数量（设置 λ_1、λ_2 为 0），第二阶段整体优化式(4-41)。

4.3.3 人脸识别的物理对抗攻击

目前人脸识别的主流算法都是基于深度学习的，但深度模型易受细微扰动的攻击。攻击者通过细微修改输入数据，使得扰动无法被用户肉眼察觉，但机器接受该数据后由原始的正确分类变为错误分类，这就是深度学习中的对抗攻击。

一般认为，深度学习模型的高维线性等特征导致了对抗样本的存在，利用对抗样本干扰深度学习系统，这便是近年来人工智能领域出现的对抗攻击。目前具有代表性的对抗攻击方法有快速梯度符号法（Fast Gradient Sign Method，FGSM）、基于雅可比矩阵的显著图的攻击（Jacobian-based Saliency Map Attack，JSMA）、CW 攻击法（Carlini and Wagner Attacks，CWA）、基本迭代法（Basic Iterative Methods，BIM）以及 DeepFool 等。

图 4-11 为物理攻击的一个例子，不同的人戴着同一副眼镜，被监控识别为另一个人。还有一类情况，是同一个人戴着不同的眼镜，可以冒充不同的人。

我们主要研究对于人脸识别模型的黑盒对抗攻击，通过面部配件对人脸识别系统进行图像和物理攻击，发现模型面对对抗攻击存在的脆弱性，为提高模型的鲁棒性提供指

图4-11 对抗样本物理攻击人脸识别系统实例

导。主要研究步骤为攻击模型的设计、面部配件的设计、进化策略的实现、数字与物理环境的实验测试与评估。

主要研究对象为谷歌公司最新提出的 FaceNet 人脸识别框架,应用于对抗攻击的机器学习算法主要涉及了进化算法中的粒子群优化(Particle Swarm Optimization,PSO)。创新点如下:

(1) 提出了一种基于进化计算的深度学习对抗攻击方法,实现了电子空间与物理空间的黑盒攻击。

(2) 将对抗攻击应用于目前最流行的 FaceNet 人脸识别系统,设计生物面部配件,实现电子空间与物理空间真实场景的对抗攻击。

(3) 通过设计的对抗攻击算法生成大量对抗样本,利用对抗样本实现深度模型的对抗训练,从而有效提高其防御能力。

粒子群优化是一种启发式和随机算法,通过模拟鸟群的行为来发现优化问题的解决方案。鸟被抽象为 N 维空间中的粒子,只有位置与速度属性,并包含一个由目标函数决定的适应度(fitness)。在整个种群的运动过程中,每个粒子知道自己当前位置、自己历史最优位置(pbest)和整个种群发现的历史最优位置(gbest)。每一次迭代中,粒子通过 gbest 和 pbest 以如下公式更新自己的位置与速度。

$$v_i = v_i + c_1 \times \text{rand}() \times (\text{pbest}_i - x_i) + c_2 \times \text{rand}() \times (\text{gbest}_i - x_i) \quad (4-42)$$

$$x_i = x_i + v_i \quad (4-43)$$

其中,v_i、x_i 分别为第 i 个粒子的速度与位置,rand() 为介于(0,1)之间的随机数,c_1、c_2 为学习因子。公式(4-43)、(4-42)为 PSO 算法位置和速度更新的标准形式。

优化后的 PSO 加入了惯性因子 w,使得粒子能保持运动惯性。其值较大时,全局搜索能力较强;其值较小时,局部搜索能力较强。因此采用动态的惯性因子可以得到更好的寻优结果。使用线性权值衰减策略,惯性因子更新如下:

$$w^{(t)} = (w_{\text{ini}} - w_{\text{end}})(G_k - g)/G_k + w_{\text{end}} \quad (4-44)$$

其中,G_k 为最大迭代次数,w_{ini} 为初始惯性因子,w_{end} 为迭代至最大进化代数时的惯性因子。

加入惯性因子后,新的 PSO 算法粒子速度更新如下:

$$v_i = w \times v_i + c_1 \times \text{rand}() \times (\text{pbset}_i - x_i) + c_2 \times \text{rand}() \times (\text{gbset}_i - x_i) \quad (4-45)$$

之所以选择线性权值衰减策略，是为了保证在对抗样本进化初期有较强的全局色彩搜索能力，尽可能避免陷入局部最优；在进化后期，有较强的局部搜索能力，保证算法快速收敛。

此外，粒子的位置受粒子下一步迭代可以移动的最大距离 $x_{\max}$ 限制，为避免描述对抗样本的粒子脱离有效解空间，使用反射墙，一旦粒子的某一维达到边界，则改变粒子速度方向，使得粒子始终处于有效解空间范围。

为将 PSO 应用于我们的研究，我们将一张人脸图像渲染上不同纯色面部配件后的初始对抗样本作为不同粒子，粒子编码方式如下：扰动的所有像素点处的 RGB 值作为粒子的位置矩阵 x，颜色（RGB）变化速度作为粒子的速度矩阵 v，通过 PSO 迭代进化最终得到最优的对抗样本。

每一次迭代中，算法对所有的粒子进行预测获取 Top-3 置信度，同时也获取每个粒子的扰动像素信息。根据设计的目标函数计算每个粒子的适应值（fitness），根据每个粒子的适应值更新进化过程中的 gbest 与 pbest。再通过更新后的 gbest 与 pbest，利用公式（4-47）和（4-45）更新每个粒子的速度与位置信息。

在以上过程中，保存 pbest 以及 gbest，继续下一次迭代进化。

黑盒攻击时，输入一张图像，可以得到的输出仅为人脸识别后预测的前三类以及它们的置信度分数，将这个预测过程建模为 $O(x)$，输出称为 Top-3。返回的 Top-3 实际为一个有序列表，包含三个类别以置信度分数降序排列。对于原始图像（未加入扰动），其 Top-3 中排名第一的即为真实身份类标签；而对于一张成功实现目标攻击的对抗图像，其 Top-3 中排名第一的为攻击者设定的目标标签。

由于黑盒模型 FaceNet 只返回预测的前三类，如果目标在迭代预测的 Top-3 中，PSO 可以取得进展，更新粒子速度与位置；若目标不在迭代预测的 Top-3 中，该算法无法计算适应度函数，无法获得进化反馈。为解决这一问题，通过一种中间模拟的算法，来保证 PSO 的连续运行。

为了使得 PSO 迭代时，对抗性目标函数能够收敛，对于一张图像的预测结果，考虑以下情景：

（a）若目标在 Top-3 中，则当前目标为攻击者设定的目标。

（b）若目标不在 Top-3 中，则将第二高置信度分数的类作为当前目标；若出现前一次迭代预测中未出现的新类，则将新类作为当前目标。

算法的目的是在连续运行的 PSO 迭代中通过对不同目标进行中间模拟来达到最终目标，尝试中间冒充可以使得种群离开原先的解空间，朝着可能使目标被返回到 Top-3 的解空间移动。

4.3.4 车牌识别系统的对抗攻击

针对现实世界的车牌识别系统展开攻击，除了需要考虑扰动尽可能小的限制条件以外，还需要克服几个困难，包括：

（1）现实中对抗样本的攻击成功率易受拍摄环境的影响（如距离、光线、角度）；

（2）添加的扰动具有迷惑性，即人眼辨别无明显差别，但摄像头拍摄到的车牌图像可产生攻击效果；

（3）制作扰动时受现实条件制约，例如打印出来的扰动存在色差，使得电子场景攻击成功的对抗样本在物理场景中失效。

我们方法的主要创新点包括：

（1）提出了车牌识别系统在物理场景中的黑盒攻击方法，仅通过深度模型输出类标和最高类置信度即可生成有效攻击，并成功攻击商用识别软件。

（2）提出了基于 NSGA-Ⅱ多目标优化的黑盒对抗攻击方法，在对抗样本生成过程中引入距离、光线、角度等对攻击的影响，从而生成近似最优的黑色对抗扰动，避免了打印过程中的色差，实现对车牌识别系统的黑盒物理攻击。

（3）提出了多种真实场景中的车牌识别攻击方案，包括：尾号限行、出入库管理、躲避抓拍等，验证了提出的攻击方法在多种不同场景下的车牌识别都能攻击成功，实现车牌识别商用系统的安全漏洞检测。

本方法的整体框图如图 4-12 所示，车牌识别的攻击方法主要步骤包括：

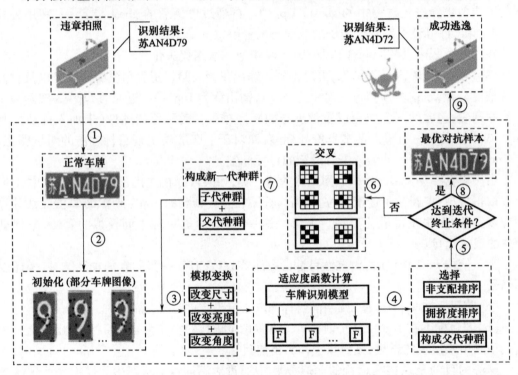

图 4-12　车牌识别系统的黑盒攻击方法整体框图

①通过对正常车牌从不同距离、角度拍摄一段视频截取其中若干帧作为正常车牌图像数据集。

②在正常车牌图像上分别添加随机扰动像素块，生成多张不同的初始对抗样本，构成初始种群。

③分别考虑攻击效果、扰动大小、环境影响等因素，设计多目标优化函数，并计算种群中每个样本的适应度值。

④对种群中的样本进行非支配排序和拥挤度排序，选取父代样本种群 P。

⑤判断是否达到迭代终止条件,如果是,执行步骤⑧;如果否,执行步骤⑥。
⑥对于父代种群 P,使用交叉操作产生子代种群 Q。
⑦将父代种群与子代种群合并成一个整体种群 R,跳转到步骤③。
⑧选取符合要求的最优样本(原类标置信度小于0.2且扰动最小)。
⑨将扰动复现在真实车牌上,实现物理对抗样本攻击。

1. 生成初始对抗样本

为产生黑盒攻击,在正常车牌数据集中选取一张车牌图像样本 x,在 x 上添加随机扰动块,构成初始对抗样本。为了保证生成的扰动可在实际车牌识别系统中有效,利用扰动像素块代替了一般图像对抗样本中的单个像素的扰动,即每张车牌样本上添加若干个一定大小的初始黑色扰动块,每个扰动块的大小可根据车牌所占像素大小进行调节。扰动位置随机分布,将对抗扰动设置为块状且为黑色,是为了确保在现实场景中可将带扰动的车牌对抗样本无色差打印并实现物理攻击。

2. 基于多目标优化的适应度函数设计

为实现车牌识别系统的成功攻击,对抗样本需要满足两个目标,即:添加的对抗扰动受限、识别类标错误。本方法提出了多目标优化的适应度函数设计,介绍如下。

对抗扰动受限:

计算每张车牌样本中所有扰动总数的面积,即所有扰动的像素点个数总和,记为 $S = \| x' - x \|$。

其中 x' 表示车牌对抗样本,x 表示原始车牌图像。将 S 作为优化目标 F_1,F_1 越小,则表示对抗样本的添加扰动越小。

识别类标错误:

为了实现车牌识别系统的错误识别,本方法引入目标函数:$\min f(x')_y$,其中 x' 表示对抗车牌样本,$f(x')_y$ 表示样本 x' 被分为第 y 类的置信度,y 表示正常车牌 x 的正确识别结果,即 $f(x')_y$ 表示对抗样本被分为原类标的置信度。$f(x')_y$ 越小,表示对抗车牌样本 x' 被错误识别的概率越高。

为了提高对抗车牌样本在实际物理场景中的攻击成功率,克服光线、距离、角度对攻击效果的影响,本方法利用图像处理技术模拟真实场景下拍摄的三种变化,并将变换后的识别结果也添加进优化目标。

三种变换分别是:
- 利用图像缩放变换模拟不同拍摄距离;
- 利用图像亮度变换模拟不同拍摄光线;
- 利用图像透视变换模拟不同拍摄角度。

变换具体形式可分为两种方式:一是在进化过程中固定变换的幅度;二是采取随机幅值变换。图 4-13 展示了固定幅度时的变换效果图:

第一行模拟了距离变化,分别将图像尺寸(长宽)缩小至原来的 $\frac{1}{2}$,放大至原来的2倍;

第二行模拟了亮度变化,分别将图像像素值增大 $\frac{1}{3}$,减小 $\frac{1}{3}$(假设原图像的平均像素值为90,则像素值增加或减少30);

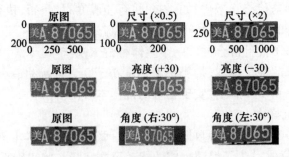

图 4-13 固定幅度变换

第三行模拟了角度变化,分别向右倾 30°,向左倾 30°。

图 4-14 展示了随机幅值变换的模拟效果图:

第一行模拟了距离变化,分别将图像尺寸(长宽)随机缩小至原来的 34%,放大至原来的 2.3 倍;

第二行模拟了亮度变化,分别将图像像素值随机增大 65,减小 36;

第三行模拟了角度变化,分别向右随机倾斜 60°,向左倾斜 17°。

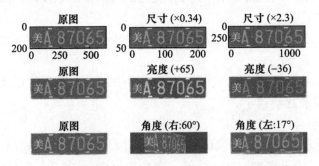

图 4-14 随机幅度变换

将模拟变换后样本的识别结果作为优化目标的一部分,则设计目标函数 F_2 的计算公式如下:

$$F_2 = f(x')_y + \frac{\sum_{i=1}^{Num} f(T_i(x'))_y}{Num} \qquad (4-46)$$

其中,Num 表示图像变化种类,$T_i(x')$ 表示转换形态后的对抗样本,$i = 1, 2, \cdots, Num$。$f(T_i(x'))_y$ 表示转换后的样本被分为第 y 类的置信度,y 表示正常车牌正确类标。F_2 越小,则表示攻击效果越好。

以图 4-15 所示的两张车牌对抗样本为例,两张样本均被识别为美 AS7065,经计算样本(a)的 $F_1 = 156.0$,$F_2 = 0.197$,样本(b)的 $F_1 = 237.0$,$F_2 = 0.015$,两张样本对原车牌美 A87065 均攻击成功,但是样本(a)的扰动小于样本(b),样本(b)的攻击鲁棒性强于样本(a)。

图 4-15 车牌对抗样本

3. 选择算子

本方法采取 NSG-Ⅱ 选取父代样本种群。首先将子代车牌对抗样本与父代车牌对抗样本合并成一个集合 R,然后分别进行非支配排序和拥挤度排序,选出前 N 个优秀对抗样本作为父代个体进行交叉操作。

1) 非支配排序

当车牌样本 x'_A 中所有目标都优于或等于车牌样本 x'_B 时(即 x'_A 中的 F_1 和 F_2 均小于等于 x'_B 中的 F_1 和 F_2),则定义为 x'_A 支配了 x'_B,否则 x'_A 和 x'_B 是一个非支配关系。

非支配排序的整体思路是对种群 R 中的车牌样本进行等级划分,即分为 Rank_0,Rank_1,Rank_2,其中,Rank_0 中的车牌样本均优于 Rank_1 中的车牌样本,以此类推。

快速非支配排序算法如下:

(1) 计算每张车牌样本 x'_i 的两个参数 n_i 和 s_i,其中,n_i 表示种群 R 中支配 x'_i 的车牌样本数目,s_i 表示种群 R 中被 x'_i 支配的车牌样本集合;

(2) $k=0$,k 表示划分的等级;

(3) 寻找种群 R 中所有 $n_i=0$ 的车牌样本 x'_i,保存在等级 Rank_k 中;

(4) 对于 Rank_k 中的每张车牌样本 x'_i,遍历 s_i 中的每个车牌样本 x'_i,执行 $n_i=n_i-1$,若 $n_i=0$,则将 x'_i 保存在集合 Rank_{k+1} 中;

(5) $k=k+1$,进入下一等级的划分;

(6) 重复步骤(4)和(5),直到整个种群 R 被划分完毕。

2) 拥挤度排序

为了判定同一个 Rank 层中车牌样本的优劣,将每个车牌样本的拥挤度作为评价标准。拥挤度越大表示该车牌样本与其他样本之间的差异性越大,也意味着该车牌样本越优,拥挤度排序用于保持每代车牌样本中的多样性。每个样本的拥挤度计算方式如下:

$$i_d = \sum_{j=1}^{m} (|f_j^{i+1} - f_j^{i-1}|) \tag{4-47}$$

其中,i_d 表示第 i 个车牌样本的拥挤度,m 表示有 m 个目标函数(本方法 $m=2$,即扰动总面积与原类置信度),f_j^{i+1} 表示第 $i+1$ 个车牌样本的第 j 个目标函数值。

3) 车牌样本选择过程

设定每次迭代种群中需要选择的车牌样本数量为 N,每次挑选时,先挑选表现最好的样本,即 Rank_0 中的车牌样本,接着 Rank_1、Rank_2、Rank_3,但是总会出现以下情况:$\sum_{k=0}^{n-1} \text{Rank}_k < N$ 且 $\sum_{k=0}^{n} \text{Rank}_k > N$,此时,需要通过拥挤度排序选出 Rank_n 层中较优的车牌样本,即计算 Rank_n 层中的每个车牌样本的拥挤度,再根据拥挤度从大到小排序,选出拥挤度大的车牌样本,使得两种排序方式选出的个体总数为 N,构成下一次迭代的父代种群。

本方法以车牌美 A87065 的排序过程为例说明选择算子的具体操作过程。图 4-16 为车牌美 A87065 第 10 次攻击迭代中子代加父代种群的非支配排序结果。在进行非支配排序时,为了节省时间成本,不需要将种群全部划分,本次排序只划分到 Rank_4,因为 $\sum_{k=0}^{3} \text{Rank}_k < N$ 且 $\sum_{k=0}^{4} \text{Rank}_k > N$,所以需要先计算 Rank_4 中车牌样本的拥挤度(见图 4-16,样本 x' 的拥挤度为 d_1+d_2),然后进行拥挤度排序,选出 Rank_4 中拥挤度大的样本,将这些样本与 Rank_0 到 Rank_3 中的样本共同组成下一代父代种群。

4. 交叉算子

通过交叉算子实现新的子代个体生成,本方法采用随机交叉。从父代车牌样本种群

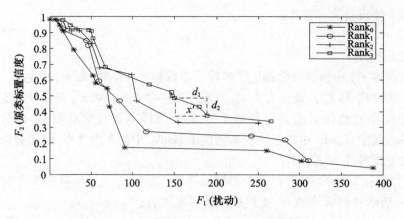

图 4-16 车牌样本第 10 次迭代非支配排序结果

中随机选取两个样本,记录两个样本的扰动块数量分别为 n_1 和 n_2,分别从两个样本中随机选取 $a(0,n_1)$ 和 $b(0,n_2)$ 两个扰动块,将 a 和 b 个扰动合成一个子代,余下的 n_1-a 和 n_2-b 个扰动合成另一个子代。

随机交叉过程示意图如图 4-17 所示,其中黑色区域为扰动块,白色区域为图像干净部分(没有扰动的图像部分)。以图 4-18 所示的车牌示例说明交叉过程,黑色点小块表示扰动。

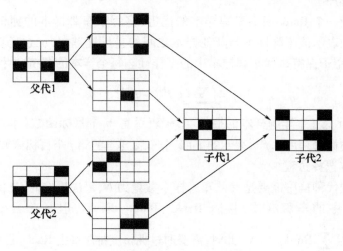

图 4-17 随机交叉过程示意图

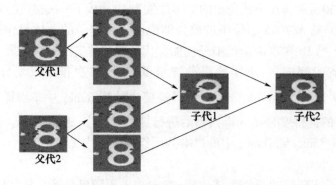

图 4-18 车牌样本随机交叉实例

5. 最优样本获取

当达到最大迭代次数时,从最后一代种群的 $Rank_0$ 中选取最优对抗样本。最优对抗样本的选取可根据攻击情景决定,对扰动隐蔽性要求高的可选取攻击成功中扰动最小的对抗样本,对样本鲁棒性要求高的可选取原类标置信度最小的对抗样本。

举例说明,图 4-19 表示对车牌美 A87065 中数字 8 攻击结果的帕累托曲线,其中 k 表示第 k 次迭代,每条曲线表示该次迭代中的最优样本群体($Rank_0$)。本方法将最优对抗样本定义为原类标置信度小于 0.2 时(以较高的置信度攻击成功)扰动最小的样本,即图中"#"所指的位置。

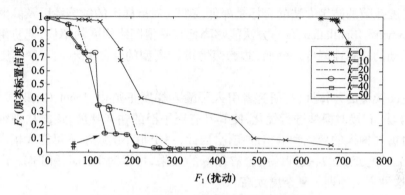

图 4-19 数字 8 攻击结果的帕累托曲线

4.4 对抗样本的检测和防御

4.4.1 对抗样本攻击的防御

对抗样本的出现导致了人工智能系统一系列的安全性问题,因此,越来越多的学者开始研究如何防御对抗样本。

1. AI 模型防御和加固方法

当前提高模型防御性能的方法有多种分类,这些方法大致可分为四类:基于转换的防御方法、基于梯度掩蔽的防御方法、基于对抗训练的防御方法和基于检测的防御方法。下面分别进行介绍。

1)基于转换的防御方法

基于转换的防御方法是利用对抗样本的不稳定性,在样本输入到模型进行判定之前,先通过修改样本来剔除其中可能存在的对抗扰动。注意到大多数训练图像都是 JPG 格式,有研究尝试使用 JPG 图像压缩的方法,减少对抗扰动对准确率的影响。实验证明该方法仅仅能够消除小的对抗扰动,面对扰动大的对抗样本束手无策,并且发现压缩图像时会破坏图像的空间结构,同时也会降低正常分类的准确率,后来提出的 PCA 压缩方法也有同样的缺点。还有研究发现随机重缩放对抗样本可以减弱对抗攻击的强度,同时对图像进行随机填充,也可以降低网络被欺骗的概率。

另外,在图像压缩的基础上,有研究者又提出了总变分最小化方法消除对抗扰动。还有人提出了 Pixeldefend 方法,该方法使用 PixelCNN 网络将对抗样本图像重构为符合训练图像的分布状态以提高模型鲁棒性。一般的输入转换方法都会降低正常图像的分类准确率,并且仅采用输入转换来防御对抗攻击是不够的,需要与其他防御方法配合使用。

此外,有一种基于 LRP 可视化技术的对抗样本防御方法。作者发现真实样本和对抗样本关于 LRP 方法产生的热力图结果变化不大。因此对输入图像进行模糊处理并加入 LRP 解释中得到的相关像素重构图像,最终将重构图像作为模型输入重新预测。该方法在一定程度上可以提高模型鲁棒性但是会降低真实样本的分类准确率。

2)基于梯度掩蔽的防御方法

基于梯度掩蔽的防御方法的目标是降低模型对对抗样本的敏感性以及隐藏梯度。防御蒸馏(Defensive Distillation,DD)方法能够降低或平滑网络梯度的幅值,使防御模型对对抗样本中扰动的敏感性降低。然而,防御蒸馏增强模型的性能并不比一般不受保护的模型好。

为了提高模型的鲁棒性,有研究者引入了输入梯度正则化(Input Gradient Regularization,IGR)方法,直接对模型进行优化,使其具有更平滑的输入梯度,该方法训练一个可微模型来同时惩罚输入的变化和输出的变化,因此,一个很小的扰动不可能大幅度改变训练模型的输出。该方法和对抗训练结合有很好的效果,可以对 FGSM 和 JSMA 产生良好的鲁棒性,但这种方法的训练复杂度太高。

3)基于对抗训练的防御方法

基于对抗训练的防御方法最初由 Goodfellow 等提出,核心思想是将生成的对抗样本加入到训练集中与真实样本一起训练,让模型在训练时就先学习一遍对抗样本。自对抗训练思想出现以来,研究人员已经提出了大量利用对抗样本增强模型鲁棒性的方法。

Goodfellow 等最先采用的是 FGSM 算法生成对抗样本扩充训练数据,Kurakin 等改变了该方法的训练策略,使用批标准化来提高对抗训练的效率,这种混合训练的方式在实验中证明效果更好。后续研究发现 FGSM 对抗训练并不总是能增强模型鲁棒性,面对更强大的迭代攻击时常常会降低预测准确性。因此,Madry 等提出使用更强的 PGD 攻击来进行对抗训练,并将对抗训练整理成一个最小最大化的优化问题。

上节提到对抗样本具有可迁移的性质,在一个模型上生成对抗样本同样会使另一个模型预测错误。根据这一现象 Kurakin 提出了集成对抗训练方法,在多个预训练模型生成对抗样本,然后利用这些对抗样本扩充原始数据集。虽然对抗训练方法被认为是当前防御性能最好的防御方法,但是由于对抗样本的参与,训练时间会大大延长。

对抗训练另一个缺陷是会引起模型精度降低,即降低了模型预测正常样本的准确率。针对模型鲁棒性和精确性之间存在的权衡问题,TRADES 算法能够平滑决策边界,通过在损失函数中添加一个正则化损失减少真实样本和对抗样本之间的预测差异。通过特征分散生成对抗样本,即最大化真实样本与对抗样本之间的特征匹配距离能够进一步改进对抗训练的效果。

还有研究者提出了一个基于人类感知的注意力模型来增强网络鲁棒性,通过引入注意力机制模拟人类视觉系统,不把图像看作是一个静态场景,而是通过一系列扫视观察图像,最后将真实样本和对抗样本引入到注意力模型中共同训练。此外,还可以从神经元敏感性的角度解释对抗样本给深度神经网络带来的脆弱性,提出 SNS 防御方法,主要是通过稳定真实样本和对抗样本敏感神经元之间的变化提高对抗鲁棒性。

4）基于检测的防御方法

基于检测的防御方法在遇到未知样本时，利用对抗样本的特殊性质或训练好的检测器判断其合法性，如果检测到对抗样本则进一步对其进行特殊处理。防御者只需要找出隐藏在数据集中的对抗样本，而不需要模型将其正确分类，因此，对抗样本检测可认为是一种被动防御手段。

有人认为，ReLU 激活函数针对的对抗样本模式与正常图像是不一样的，为了验证这一想法，他们将径向基函数 SVM 分类器添加到了目标模型中，这样 SVM 使用有网络的后期 ReLU 计算的离散编码。

有一种对抗样本检测框架称为 MagNet，首先利用图像的流型结构将输入的图像分为对抗样本或正常样本。在测试阶段，被判断为远离正常样本的对抗样本将被拒绝分类。靠近正常样本的对抗样本通过去噪的自编码器进行改造，改造后的图像接近正常样本的流型结构，因此可以进行准确分类。值得注意的是，有学者证明这种防御技术可以通过稍微大一些的扰动击败。

另外，特征压缩检测方法，在分类网络中添加两个外部模型，这些模型减少了图像中每个像素的色彩位深度，并对图像进行空间平滑化。通过比较原始图像和压缩后图像的预测结果，如果预测值有很大的差异，则认为这是一个对抗样本。后续的工作介绍了这个方法对 CW 攻击也有能接受的抵抗力。

可解释技术也能够发现真实样本和对抗样本产生的注意力图有很大区别，提出了基于注意力机制的对抗样本检测方法，具有更好的检测性能。

还有一种新的对抗样本检测框架，给定一个恶意样本检测器，该框架首先选择一个已确定为恶意样本的样本子集作为种子样本，然后构建一个局部解释器解释种子样本被分类器视为恶意样本的原因，并通过朝着解释器确定的规避方向来扰动每一个种子样本的方式产生对抗样本。

最后，通过利用原始数据和生成的对抗样本对检测器进行对抗训练，以提高检测器对对抗样本的鲁棒性，从而降低模型的外在安全风险。

2. 基于可视化热力图的防御方法

基于可视化热力图的对抗样本防御方法将约束真实样本和对抗样本在特征域和像素域之间的差异，我们提出了基于可视化热力图的对抗样本防御方法，具体框架如图 4-20 所示。

首先构建一个用于图像分类的深度神经网络模型，对于每幅真实样本图像 x，通过对抗攻击方法生成真实样本图像 x 对应的对抗样本图像 x'，将真实样本图像 x 和自身对应的对抗样本图像 x' 构成一组图像对 (x,x')，获得的图像对作为深度神经网络模型 f 的输入。

将图像对 (x,x') 同时输入到深度神经网络模型 f 进行前向传递，分别获得原真实样本图像和对抗样本图像在最后一层卷积层的特征图 A 和特征图 A'；选择最后一层卷积层是由于 Grad – CAM 可视化结果只与最后一个卷积层的特征图有关。

通过计算真实样本与对抗样本权重向量之间权重分布的距离、真实样本热力图和对抗样本热力图之间的权重距离以及对抗训练损失约束，构建损失函数进行训练，最后得到鲁棒的网络模型，提升经过攻击后的模型分类准确率。

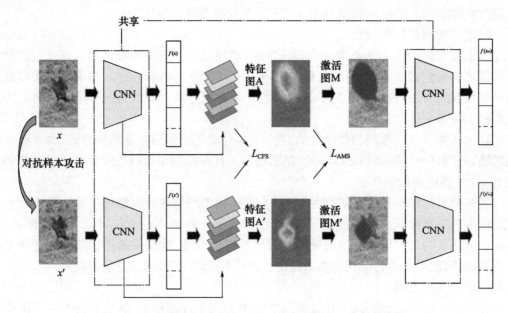

图4-20 基于可视化热力图的对抗样本防御方法网络框架

4.4.2 AI攻击防御评价指标

1. 分类精度差异(CAV)

分类精度差异是指防御模型与原始模型对正常测试样本分类精度的差异值。因此引入分类准确度方差(Classification Accuracy Variance,CAV)表示防御模型对分类准确性的影响。

$$\text{CAV} = \text{Acc}(F^d, T) - \text{Acc}(F, T) \tag{4-48}$$

其中,F表示原始模型预测结果,F^d表示防御后模型预测结果,$\text{Acc}(F,T)$表示模型F在数据集T下的识别准确率。

2. 分类纠正/牺牲比(CRR/CSR)

分类纠正/牺牲比(Classification Rectify/Sacrifice Ratio,CRR/CSR)评估防御如何影响测试集上模型的预测变化。定义为被原始模型错误分类,但被防御增强模型正确分类的测试样本百分比;定义为被原始模型正确分类,但被防御增强模型错误分类的测试样本百分比。同时 CAV = CRR - CSR。

3. 分类置信度方差(CCV)

虽然防御增强模型可能不影响分类器精度性能,但对正确分类样本的预测置信度可能会下降。CCV(Classification Confidence Variance)衡量防御增强模型与原始模型的预测置信度差异。

$$\text{CCV} = \frac{1}{m}\sum_{i=1}^{m} |P_{y_i}(x_i) - P_{y_i}^d(x_i)| \tag{4-49}$$

4. 分类输出稳定性(COS)

分类输出稳定性(Classification Output Stability,COS)定义为利用JS散度来度量原始模型和防御增强模型输出概率的相似性。

$$\text{COS} = \frac{1}{m}\sum_{i=1}^{m}\text{JSD}(P(x_i) \| P^d(x_i)) \quad (4-50)$$

其中，$P^d(x_i)$表示防御增强模型输出概率，JSD表示计算JS散度的函数。

4.5 AI对抗样本工具软件与竞赛

4.5.1 AI对抗样本工具软件

1. DEEPSEC平台

1）系统功能介绍

近年来的研究发现深度学习模型很容易受到对抗样本的攻击，通过在输入中添加恶意的扰动导致深度学习模型出现错误行为，对抗样本的存在极大地阻碍了深度学习在人工智能安全领域的应用。对抗样本学习的深入研究导致了攻击者和防御者之间的军备竞赛，但是出现的攻击和防御方法引发了众多问题：

(1) 哪些对抗攻击更具有逃避性、可迁移性？

(2) 哪种防御措施更有效、更实用、更通用？

(3) 多重防御系统是否比单个防御系统更具有鲁棒性？

在此基础上，我们自己建立了DEEPSEC平台[17]，DEEPSEC是一个提供给研究人员衡量深度模型的脆弱性、评估各种攻击/防御的有效性以及以全面翔实的方式对攻击/防御进行比较的平台，DEEPSEC的设计、实现和评估旨在解决这些关键问题。

DEEPSEC平台集成了16个最先进的攻击方法和10个攻击评价指标，以及13个最先进的防御方法和5个防御评价指标。

2）系统设计和实施

DEEPSEC平台的系统框架分为五个部分，如图4-21所示。

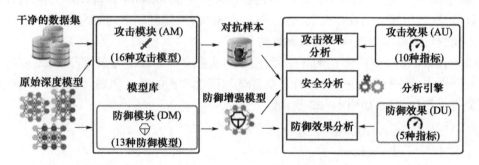

图4-21　DEEPSEC平台的系统框架[17]

(1) 攻击模块（AM）。

攻击模块的主要功能是利用深度学习模型的漏洞，生成对抗样本攻击它们。在这个模块中，包含了16个最先进的对抗攻击方法，包括8个非目标攻击方法和8个目标攻击方法。

(2) 防御模块（DM）。

防御模块用于保护深度学习模型，增加模型抵抗对抗攻击能力。在这个模块中，包含了13种最新的和有代表性的防御方法,涵盖了现有防御的所有类别。

(3)攻击评价指标(AUE)。

使用攻击评价指标,用户可以评估生成的对抗样本在多大程度上满足对抗攻击的基本需求,共包含10种攻击评价指标。

(4)防御评价指标(DUE)。

通过防御评价指标,用户可以在防御模块中应用之后,衡量防御增强模型在多大程度上保留了原始模型的基本功能,共包含5种防御评价指标。

(5)安全评估(SE)。

利用攻击模块和防御模块,SE用于评估防御增强模型对现有攻击的脆弱性和弹性。更重要的是,用户可以确定部署的防御增强模型是否能够有效抵抗当前的对抗攻击。

利用DEEPSEC,可以系统地评估现有的对抗攻击和防御方法,并得出一组关键的发现,如:

①误分类和不可感知之间的权衡得到了经验上的证实;
②大多数声称普遍适用的防御,只能在有限的条件下防御有限类型的攻击;
③对于干扰较大的对抗样本,不一定更容易检测到;
④多重防御的存在不能提高整体防御能力,但可提高单个防御效能的下界。

DEEPSEC平台具有以下四个特点:

①统一性:支持在相同的设置环境下比较不同的攻击/防御方法;
②综合性:该平台提供所有最具代表性的攻击/防御方法;
③有效性:包括丰富的度量指标来评估不同的攻击/防御方法;
④可扩展性:该平台可以不断增加新的攻击/防御方法。

2. CleverHans 软件平台

CleverHans 平台[18]是由对抗学习最初提出者 Ian Goodfellow 和其团队开发的开源软件,提供对抗攻击算法的攻防框架,将攻防算法模块化,使得研究者能够在该平台上快速研发不同的对抗样本生成算法和防御算法。

CleverHans 是一个基于 Python 的库,用于对机器学习系统的漏洞进行测试,以应对更多的对抗样本,该平台专注于提供针对机器学习模型攻击的参考实现,以帮助对对抗样本的模型进行基准测试,如图4-22所示。

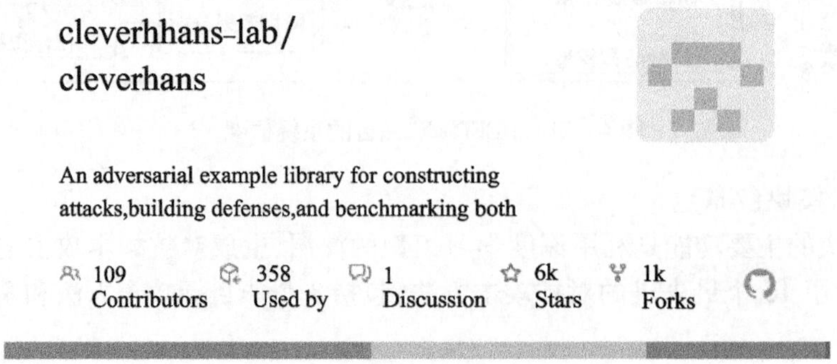

图4-22 CleverHans算法开源平台[18]

CleverHans 库由 Ian Goodfellow(Google Brain)和 Nicolas Papernot(Google Brain)进行管理和维护。

CleverHans 的名字参考了 Bob Sturm 的一篇题为"聪明的汉斯,聪明的算法:你的机器学习在学习你的想法吗?"的演讲,以及相应的出版物,"一种确定音乐信息检索系统是否是'马'的简单方法"。聪明的汉斯是一匹马,他似乎已经学会了回答算术问题,但实际上只学会了阅读社交线索,使他能够给出正确的答案。在受控环境中,他看不到人们的脸或收到其他反馈,他无法回答同样的问题。Clever Hans 的故事是机器学习系统的隐喻,机器学习系统可以在与训练数据相同的分布中提取的测试集上实现非常高的准确性,但实际上并不理解基础任务,并且在其他输入上表现不佳。

3. Foolbox 软件平台

Foolbox[19]是一个 Python 库,可以对机器学习模型(如深度神经网络)进行对抗性攻击,该平台构建在 EagerPy 的基础之上,并兼容 PyTorch、TensorFlow 和 JAX 的深度学习模型。

Foolbox 提供了大量最先进的基于梯度和基于决策的对抗攻击,研发人员可以使用 Foolbox 对现有模型实现最新的对抗攻击方法。Foolbox 图像分类领域的攻防算法开源平台如图 4-23 所示。

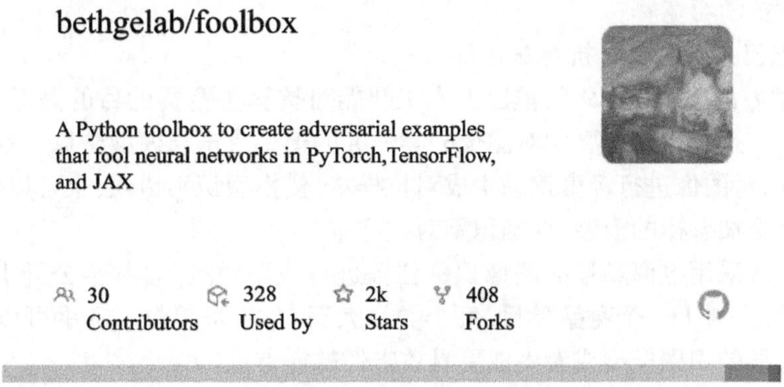

图 4-23 Foolbox 图像分类领域的攻防算法开源平台[19]。

4. RobustBench 平台

RobustBench 平台[20]的目标是在对抗攻击的基础上,系统地跟踪对抗性鲁棒性的实际进展,收录了超过 3000 篇关于对抗学习的论文,该平台主要综合了对抗学习的防御方法,以鲁棒性高低的方式进行排名。使用 AutoAttack 集成白盒与黑盒攻击方法,测试了在 CIFAR-10 以及其他标准数据集上 L_2、L_p、L_∞ 类型攻击的鲁棒性。

相较于 CleverHans 和 Foolbox 平台,RobustBench 平台除了标准化的基准测试之外,还提供了鲁棒模型的存储库,用于保存现有论文中所得到的鲁棒的模型供研发人员使用。2020 年底,图宾根大学的团队发布图像分类领域评估攻防算法鲁棒性的基准平台 RobustBench。这一基准平台,拥有 30 多篇论文中零散的防御模型,利用单一的攻击算法测量防御模型的鲁棒性。

5. ART 平台

IBM 公司开源了 Adversarial Robustness Toolbox[21](ART,直译对抗鲁棒性工具箱),

ART提供的工具使开发人员和研究人员能够评估、防御、认证和验证机器学习模型和应用程序，以抵御规避、中毒、提取和推理等对抗性威胁。

ART支持TensorFlow、Keras、PyTorch、MXNet、scikit-learn、XGBoost、LightGBM、CatBoost、GPy等流行的机器学习框架，支持图像、表格、音频、视频等数据类型和分类、检测、生成、认证等学习任务，IBM公司开源的对抗鲁棒工具箱（Adversarial Robustness Toolbox）如图4-24所示。

图4-24　IBM公司开源的对抗鲁棒工具箱[21]

6. ARES-AI对抗安全算法平台

清华大学朱军教授团队开源了AI对抗安全算法平台Adversarial Robustness Evaluation for Safety（ARES）。ARES是一个用于对抗性机器学习研究的Python库，平台包含ARES（对抗性鲁棒性评估，安全性评估）的代码，专注于正确、全面地对图像分类的对抗性鲁棒性进行基准测试。

4.5.2　人工智能攻防对抗竞赛

随着对抗学习技术的不断推进，以及可信人工智能的重要性不断提升，现已经出现多项人工智能对抗学习竞赛。

1. 阿里巴巴人工智能对抗算法竞赛

2019年举办的IJCAI-19阿里巴巴人工智能对抗算法竞赛的目的是对AI模型的安全性进行探索。这个比赛主要针对图像分类任务的模型攻击与模型防御。参赛选手既可以作为攻击方，对图像进行轻微扰动生成对抗样本，使模型识别错误；也可以作为防御方，通过构建一个更加鲁棒的模型，准确识别对抗样本。

该比赛首次采用电商场景的图像识别任务进行攻防对抗，总共会公开110,000张左右的商品图像，来自110个商品类目，每个类目大概1000张图像。选手可以使用这些数据训练更加鲁棒的识别模型或者生成更具攻击性的样本。

该比赛分为初赛和复赛两个阶段，初赛阶段会使用110张图像作为评测数据，第一阶段用于评测的5个基础攻击和防御模型会保持不变。每个任务前100名会进入到第二阶段。

复赛会使用550张图像作为评测数据。为了使比赛具有更好的区分度，综合了初赛中所使用的基础模型和选手提交的模型，最终优选出5个模型作为攻击赛道和防御赛道的基础评测模型。在第二阶段比赛中，会根据赛况决定是否更改评测系统中的基础模型，提高比赛的区分度。

2. 商汤科技面向复杂场景的鲁棒机器学习大赛

在2022年，为了更好地推动安全可靠AI模型相关领域的技术研究与人才培养，鼓励研究者打造更安全、更可靠的AI，商汤科技联合北京航空航天大学共同发布，面向技术开发者和在校学生的科技类竞赛活动"面向开放世界的鲁棒机器学习大赛"。大赛以论坛："鲁棒的艺术：对抗性机器学习中的魔鬼和天使"为依托，将汇聚来自全球计算机视觉、机器学习与智能安全领域的专家学者，围绕对抗机器学习的最新进展开展研讨与分享，以推动安全可信人工智能的技术进步。

比赛在2022年3月正式开赛,希望参与者发挥创新思维与创新能力,开发以数据为中心的新算法,例如数据增强、标签细化、制作对抗性数据,甚至设计来自其他领域的知识融合算法、数据集,加速图像分类中的对抗性鲁棒性技术研究,以达到更好地训练高效稳定的机器学习模型的目标。该比赛主要有两条赛道。

- 第一条赛道的目标是获得鲁棒性好的模型,可以适应各种各样的攻击样本。第一赛道分为初赛和复赛两个阶段。

初赛阶段,比赛会分别释放训练集和测试集,参赛者仅能使用该阶段释放的训练集训练鲁棒模型。训练集为正常的分类数据,测试集包含正常分类数据和攻击样本。第一赛道的攻击样本包括但不限于通过对抗攻击产生的对抗样本。选手需要得到足够鲁棒的防御模型,能够对干净样本和对抗样本进行正确分类。初赛阶段选手需要将给定测试集的预测结果提交。

复赛阶段,参赛者同样仅能使用该阶段释放的训练集训练鲁棒模型。但与初赛不同的是,参赛者需要提交训练好的原始模型,平台将对提交的模型进行评测。数据集的构成上,初赛为20类,复赛为100类。

- 第二条赛道的目标是对对抗攻击产生的对抗样本做区分。

在第二个赛道中测试集为开放类别,即和训练集合的类别没有交集。第二赛道同样分为初赛和复赛两个阶段。

初赛阶段,比赛会分别释放训练集和测试集,参赛者仅能使用该阶段释放训练数据训练模型,得到可以区分正常样本和对抗样本的模型。

在复赛阶段,选手同样需要提交模型到平台进行验证。

比赛的提交评测在主办方提供的评测平台上进行。初赛和复赛阶段的评估指标均采用识别准确率。初赛成绩排名前20名晋级复赛,最终成绩按照干净样本下的准确率得分占比40%、噪声样本下的准确率得分占比60%进行加权得到总分进行排名。复赛提交ONNX模型,模型需要为FP32模型,模型体积不大于120M,计算量不大于5GFLOPs。输入图像的格式为$3\times224\times224$,每个像素归一化到$[0,1]$。

4.5.3 光电系统对抗攻击实例

为了研究军用人工智能系统在防御对抗性攻击的可行性,兰德公司采用了基于观察—定位—决策—行动(OODA)循环的分析框架[22],如图4-25所示,该框架是从电子战的经验优化而来。兰德公司将影响人工智能对抗性攻击的数据来源分为3种:光电系统(EO)、合成孔径雷达(SAR)和信号情报(SIGINT),并从人工智能的数据来源分析防御对抗性攻击的可行性。

兰德公司从光电系统实例出发分析了对抗攻击对人工智能系统的影响[22],例如CNN模型在CIFAR-10数据集上的分类准确率为73%。研究人员设置了5种不同类型的攻击场景,不同场景下攻击者对目标模型的参数、训练数据集和架构的了解是不同的。

1. 白盒攻击

攻击者了解目标模型,包括网络架构和每个网络的参数值。攻击者可以将模型的准确率降低65个百分点,即将对抗样本图像的检测准确率下降到8%。

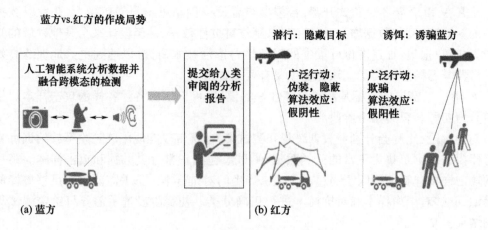

图 4-25　光电系统对抗攻击示例[22]

2. 不完全知识

攻击者可以访问目标模型的训练数据，了解模型架构。攻击者可以开发目标模型的代理模型，攻击可以成功将代理模型迁移到目标模型，使模型的准确率下降 63 个百分点。

3. 部分知识

攻击者可访问目标模型的训练数据，但不清楚目标模型的架构。比如，目标模型使用 64 隐层的 CNN，而攻击者的代理模型只使用 32 隐层。通过该攻击，攻击者可成功将目标模型准确率下降 57 个百分点。

4. 最小知识

攻击者知道目标模型架构，但不知道模型的训练数据。攻击者可以生成其自己的数据集并使用相同架构来训练。这样，攻击者可成功降低目标模型准确率 58 个百分点。

5. 黑客攻击

攻击者不了解目标模型架构，也没有目标模型的训练数据。攻击者可生成自己的数据集，并使用猜测的模型架构进行训练。攻击者可以降低模型准确率 55 个百分点。

学术研究表明对抗攻击会对人工智能系统带来巨大威胁，欺骗、诱饵、伪装是战争中常用的技术，而对抗攻击具有实现此类技术的潜力。

兰德公司还提出两种类似场景的防御措施。将训练数据分拆为 n 份，每份开发一个独立的模型，并部署其中一个。当面临可信性风险的时候，放弃原部署的模型，并部署其他模型上线。但这种防御措施也有局限性，首先，蓝方必须确保拥有大量的数据源；其次，分拆训练数据会导致蓝方模型的准确率降低。

4.6　小　　结

- AI 模型内生的安全问题出现对抗样本这一新的攻击，可以导致 AI 模型以很高的置信度识别错误，包括随机错误的无定向攻击和有目标而为之的定向攻击。
- 新的对抗攻击方法不断涌现，出现了多种依据的分类，都可以实施误导图像深度网络分类和深度学习目标检测结果，甚至可以攻击可解释模型。究其原因，可视化解释方法可以直观看到特征的部分偏离，但深层次的对抗样本产生机理还在研究探索中。

- 延伸到物理世界的对抗攻击,如自动驾驶的视觉导航识别路标误导、目标检测错误,定向的人脸识别错误和车牌错误可以将低等级的授权变成高等级的授权,导致访问控制的失败。目前物理对抗攻击在变化的实用情境中性能还不稳定,但这是一个值得引起更大关注的方向。
- 在光电系统、合成孔径雷达和信号情报等多种数据源的场景下,对防御 AI 对抗性攻击值得深入研究。
- 对抗总是矛与盾的关系,针对对抗攻击的防御技术和模型加固等研究也在进行中,相应的评价指标也有多方面的考虑因素。
- 许多对抗攻击平台和工具软件应运而生,并且有多项 AI 对抗安全竞赛开展,这些促进人工智能对抗和防御快速发展的手段,随着这些技术在真实世界应用,必须考虑各种风险和道德后果。

参考文献

第5章 人工智能内容生成与深度伪造

5.1 引 言

自 2017 年以来,以深度学习方法为基础的深度伪造(Deepfake)内容在互联网上呈现爆发式增长,在世界范围内引起了广泛的关注和担忧。一方面,人工智能内容生成数据的能力令人兴奋,可以创作生成图像、歌曲、文字报告,尤其是可以按照我们的喜好生成富有创造力的数据。另一方面,国家政要被深度伪造恶意"换脸"的政治恶搞层出不穷,利用音频深度伪造进行社会工程学欺诈的诈骗事件也不断发生,造成了恶劣的社会影响和经济损失。

深度伪造(Deepfake)来源于"深度学习(Deep learning)"和"伪造(fake)"的组合,最初起源于一个名为"deepfake"的 Reddit 社交网站用户,该用户在 Reddit 网站上传了基于深度学习的换脸视频引起了人们的关注。

深度伪造目前在国际上并没有公认的统一定义,在美国国会文件《2018 年恶意伪造禁令法案》(Malicious Deep Fake Prohibition Act of 2018)中,定义"deep fake"为一种以某种方式创建或修改的、在一个理性的观察者看来可能是一个人的实际言论或行为真实记录的视听记录,其中"视听记录"即指图像、视频和语音等数字内容。

维基百科将 deepfake 定义为将现有图像或视频中的人替换为其他人肖像的一种合成媒体。"深度伪造"通常指利用机器学习技术,尤其是生成对抗网络(GAN)、扩散模型(Diffusion Model)等技术制作的虚假内容。

本章首先引出了深度生成模型的基本概念和典型应用,主要介绍了图像和视频深度伪造、音频和文本深度伪造,进而介绍了对 AI 深度伪造的检测、深度伪造检测比赛等治理策略,最后给出了深度伪造的物理欺骗和认知战案例。

5.2 深度生成模型

生成模型(Generaive Model)可以产生新的数据,判别模型(Discriminative Model)根据历史数据做预测,深度生成模型是生成数据的深度学习模型,目前有 GAN 网络、VAE 网络和 Diffusion 模型以及众多的演化模型,生成的数据质量明显越来越真实。

5.2.1 GAN 网络的基本概念

生成对抗网络(Generative Adversarial Nets,GAN)[1] 由 Ian Goodfellow 在 2014 年神经信息处理系统大会(NeurIPS)中提出。Ian Goodfellow 在文章中提出了一个通过对抗过程估计生成模型的新框架。在这个框架中,同时训练两个模型:一个是生成模型 G(Generative Model),另一个是判别模型 D(Discriminative Model)。

生成模型 G 用于生成假样本,希望从数据中学习到信息后的模型能够生成一组和训练集尽可能相近的数据,因此其训练过程是使判别模型 D 发生错误的概率最大化,这个框架对应一个极小极大双人博弈过程。

判别式模型 D 用于判别样本的真假,判别器试图将它们与来自某种分布的训练真实样本区分开来。可以证明在任意函数 G 和 D 所构成的空间中,存在唯一的解,使得 G 能够重现训练数据分布,而 D 分类的准确性为 0.5。在 G 和 D 由多层感知器定义的情况下,整个系统可以用反向传播进行训练。

简而言之,GAN 包括两个在训练中相互对抗的神经网络:一是生成器网络,负责创建伪造数据,如照片、录音或视频;二是鉴别器网络,负责识别伪造的数据。根据每次训练结果,生成器网络会进行调整,以创建更具欺骗性的数据。这两个网络持续竞争,经过数千或数百万次的迭代,直至生成器性能提升,使鉴别器无法区分真实数据和伪造数据。

1. 生成模型与判别模型

生成模型 G(Generative Model)也称生成器(Generator),判别模型 D(Discriminative Model)也称判别器(Discriminator),两者都是多层感知机结构。

生成器的目标是希望生成样本空间尽可能接近训练样本空间;判别器的目标是希望能够完全区分出生成样本和训练样本。

判别器接受生成样本点 $G(z;\theta_g)$ 或训练样本 x 作为输入,记为 y,并输出该样本是来自训练样本空间的概率 $D(y;\theta_d)$。输出值 $D(G(z);\theta_d)$ 尽可能接近 0,接受训练样本输入时,输出值 $D(x;\theta_d)$ 尽可能接近 1。

如图 5-1 所示,G 是一个生成图像的网络,它接收一个随机的噪声 z,通过这个噪声生成图像,记作 $G(z)$。

D 是一个判别网络,判别一张图像是不是"真实的"。其输入参数是图像 x,x 可以是生成样本点 $G(z)$ 或训练样本,输出 $D(x)$ 代表 x 为真实图像的概率,如果为 1,就代表 100% 是真实的图像,而输出为 0,就代表不可能是真实的图像。

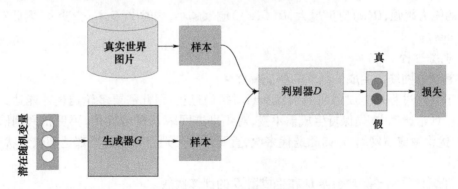

图 5-1 GAN 网络示意图

2. 目标函数和损失函数

对于判别模型 D 而言,其目标是尽可能将生成样本和训练样本分离,因此根据交叉熵损失,其目标函数为

$$L_D = V(D,G) = \max_D E_{x \sim p_{\text{data}}(x)}[\log D(x)] + E_{z \sim p_z(z)}[\log(1-D(G(z)))] \quad (5-1)$$

整个式子由两项构成,其中 x 表示真实图像,其数据的分布为 $p_{\text{data}}(x)$,$p_{\text{data}}(x)$ 是未知的;z 表示输入 G 网络的噪声,噪声 z 的分布设为 $P_z(z)$,$P_z(z)$ 是已知的;$G(z)$ 表示 G 网络生成的图像,$D(G(x))$ 表示 D 网络判断真实图像是否真实的概率,对于 D 来说,值越接近 1 越好。$E_{x \sim p_{\text{data}}(x)}$ 是指在训练数据 x 中取得真实样本,$E_{z \sim p_z(z)}$ 是指从已知的噪声分布中提取的样本。

生成器 G 的目的:

G 希望自己生成的图像"越接近真实越好",即 G 希望 $D(G(x))$ 尽可能大,这时 $V(D,G)$ 会变小。

判别器 D 的目的:

D 的能力越强,$D(x)$ 应该越大,$D(G(x))$ 应该越小。因此 D 的目的和 G 不同,D 希望 $V(D,G)$ 越大越好。

对于生成模型 G 而言,生成器目标是生成尽可能接近训练样本空间的样本,因此其优化目标为最大化判别器的损失。

因此对于 GAN 来说,生成器和判别器之间是一个双人零和博弈,总的损失函数 L 如下:

$$L = \min_G \max_D V(D,G) = E_{x \sim p_{\text{data}}(x)}[\log D(x)] + E_{z \sim p_z(z)}[\log(1-D(G(z)))] \quad (5-2)$$

在理想情况下,$G(z)$ 的分布应该尽可能接近 $p_{\text{data}}(x)$,G 将已知分布的 z 变量映射到了未知分布 x 变量上。

整个式子由两项构成:$D(x)$ 表示 D 网络判断真实图像是否真实的概率(因为 x 就是真实的,所以对于 D 来说,这个值越接近 1 越好)。而 $D(G(z))$ 是 D 网络判断 G 生成的图像是否真实的概率。

上面提到 $D(G(z))$ 是 D 网络判断 G 生成的图像是否真实的概率,G 应该希望自己生成的图像"越接近真实越好"。也就是说,G 希望 $D(G(z))$ 尽可能大,这时 $V(D,G)$ 会变小,因此式子最前面的记号是 $\min_G$。

D 的能力越强,$D(x)$ 应该越大,$D(G(x))$ 应该越小,这时 $V(D,G)$ 会变大,因此对于 D 求最大 $\max_D$。

3. 训练过程

1)判别器网络和生成器网络需要交替优化

由于训练过程是生成器和判别器不断对抗的过程,因此需要多轮迭代才能达到纳什均衡点。每轮迭代中,先保持生成器不变,对判别器网络 D 进行优化,再保持判别器网络 D 不变,优化生成器网络 G,如此迭代多次,直到最终判别器和生成器都达到收敛状态,训练结束。

2)训练时需要平衡判别器 D 和生成器 G 的训练次数

生成器 G 的目标函数里包含判别器 D 给出的信息,训练出优秀的生成器 G 的前提是训练出优秀的判别器 D,因此一般在每轮迭代中,先训练 k 次判别器 D(k 为大于或等于 1 的整数),再训练一次生成器 G。

3) 生成器 G 的优化目标

训练生成器 G 时,一般固定判别器 D,此时目标函数中的 $E_{x \sim p_{\text{data}}(x)}[\log D(x)]$ 相当于常数,可以忽略,因此 G 的优化目标变成原始目标函数的后一项,即最小化 $E_{z \sim p_z(z)}[\log(1-D(G(z)))]$。

4) 优化目标

在训练早期阶段,G 的生成能力较弱,D 能轻松分辨出真假样本,此时 $\log(1-D(G(z)))$ 接近 0,关于参数 θ_g 的梯度较小,不利于梯度下降优化。

一般会将 G 的优化目标从最小化 $E_{z \sim p_z(z)}[\log(1-D(G(z)))]$ 改为最大化 $E_{z \sim p_z(z)}[\log(D(G(z)))]$,便于早期学习。

生成器网络 G 的训练是希望使判别器对其生成的数据的判别 $D(G(z))$ 趋于 1,即不断将 G 网络生成的数据判别为正类,这样 G 的损失就会最小;而 D 网络是一个二分类模型,其优化目标是区分真实数据和生成数据,也就是使真实数据的判别输出趋于 1,生成数据的输出即 $D(G(z))$ 趋于 0,即负类。两个网络在这种对抗中共同成长,体现了对抗的思想。GAN 中生成器的参数更新不是直接来自数据样本,而是使用来自判别网络 D 反向传播的梯度,这使得生成网络不会"直接记忆"样本点。

当训练完成后,可以从 $p_z(z)$ 随机取出一个噪声,经过 G 运算后可以生成符合 $p_{\text{data}}(x)$ 的新样本。

GAN 适配许多种类的生成器网络,不仅支持多层感知机,只要是可微函数都可以用于构建生成器和判别器,因此,GAN 能够与深度神经网络结合做深度生成式模型。其他的框架需要生成器网络有一些特定的函数形式和性质。

在训练过程中,GAN 只用到了反向传播,无需利用马尔可夫链反复采样,也无需在学习过程中进行推断,没有复杂的变分下界,避开了近似计算困难的问题。因此在计算速度上,GAN 网络具有优势。

4. 图像内容生成

图像生成(Image Generation,IG)是指从现有数据集生成新的图像的任务。

图像生成模型包括无条件生成和条件性生成两类,其中,无条件生成是指从数据集中无条件地生成样本,即 $p(y)$;条件性图像生成是指根据标签有条件地从数据集中生成样本,即 $p(y|x)$。

图像生成也是深度学习模型应用比较广泛、研究程度比较深的一个主题,大量的图像库也为 SOTA(State Of The Art,指特定任务中当前表现最好)模型的训练和公布奠定了良好的基础。在几个著名的图像生成库中,例如 CIFAR10、ImageNet64、ImageNet32、STL-10、CelebA 256、CelebA64 等,目前无条件生成模型有 StyleGAN-XL、Diffusion ProjectedGAN;在 ImageNet128、TinyImageNet、CIFAR10、CIFAR100 等数据库中,效果的条件性生成模型则是 LOGAN、ADC-GAN、StyleGAN2 等。

5.2.2 深度生成模型的发展

1. GAN 网络的演化

GAN 自从 2014 年提出后,出现了一些经典方法变种和衍生网络如下:

1) DCGAN

早期的 GAN 是全部使用多层感知器 MLP 进行全连接的,自然就会有 MLP 存在的问题,例如连接过于稠密、参数量大的问题。DCGAN(Deep Convolution Generative Adversarial Networks,深度卷积生成对抗网络)是 2015 年 Alec Radfor 等提出的一种模型[2],该模型在 Original GAN 的理论基础上,将 CNN 和 GAN 相结合,生成网络和鉴别网络都运用到了深度卷积神经网络,提出了一套更加稳定的训练体系结构来优化 GAN 的训练过程,显著提升了 GAN 训练的成功率,提升了原始 GAN 训练的稳定性以及生成结果质量,网络结构如图 5-2 所示。

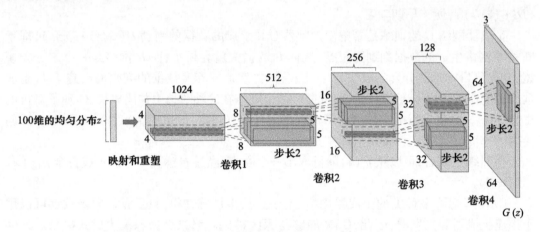

图 5-2 DCGAN 网络示意图[2]

DCGAN 在网络结构上相对于 GAN 做出的主要改变如下:

(1) DCGAN 的生成器和鉴别器都舍弃了 CNN 的池化(pooling)层,判别器保留 CNN 的整体架构,生成器则是将卷积层替换成了反卷积层或者叫转置卷积层(convolution transpose)。

(2) 在判别器中,使用滑动卷积(strided convolutions)代替了所有的池化层,允许网络自行学习局部空间下采样的最优方式,在生成器中使用分数步长的滑动卷积(fractional-strided convolutions)进行上采样。

(3) 判别器和生成器中使用了 BN(Batch Normalization)层,有助于处理初始化不良导致的训练问题,加速模型训练,提升了训练的稳定性。

(4) 为更深的网络架构去除了所有的全连接层,让网络变成全卷积结构。

(5) 生成模型中使用 ReLU 作为激活函数,最后一层使用 tanh 作为激活函数,可以让模型更快地学习。

(6) 判别器网络中使用 LeakyReLU 作为激活函数。

由图 5-3 可以看出,MNIST 手写体数据集作为训练数据,DCGAN 生成的手写体图像与 GAN 生成的手写体图像相比效果更好。

2) WGAN

传统 GAN 网络的训练会面临一个严重问题——梯度消失。传统神经网络提到的梯度消失往往是由 sigmoid 激活函数在远离原点的区域梯度过小导致,或是网络太深导致回传梯度累计值过小,在 GAN 中的梯度消失问题源于其损失函数。在 WGAN 提出之前,研

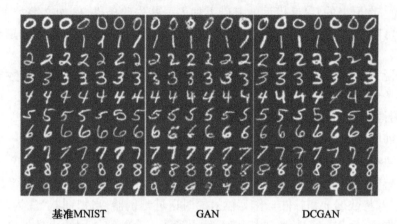

图5-3 MNIST手写体数据集的GAN生成图像和DCGAN生成图像对比

究人员针对GAN存在的训练困难问题提出了很多有益的改进手段,但是这些改进的方法只能减少模式缺失问题的发生,并不能彻底解决模式缺失问题。

WGAN全称Wasserstein GAN,WGAN[3]从损失函数的角度出发,利用KL散度和JS散度分析损失函数中存在的梯度消失问题及原因,对GAN做了改进。损失函数改进之后,WGAN即便使用全连接层也能得到很好的表现结果,WGAN的改进有:

(1)使用基于Wasserstein距离的损失函数,具体说来需要将判别器网络最后一层的sigmoid层去除,损失函数不应该取对数。

(2)每次更新后的网络权重进行强制截断(clip),限制权重数值在一定范围内,以满足Lipschitz连续性条件。

(3)推荐使用SGD、RMSprop等非动量优化器,避免使用基于动量的优化算法,例如Adam优化器等。

WGAN虽然理论上解决了GAN的模式缺失问题,但在实验中却发现依然存在着训练困难、收敛速度慢的问题。因此,研究人员在WGAN的基础上进一步进行研究,提出了WGAN-GP[4]。

WGAN-GP发现为了满足所需要的Lipschitz条件,截断权重参数的做法并不是最优方法,因此提出了对权重施加正则惩罚的方法,对权重参数进行限制,这个方法取得了好的效果。WGAN的重要改进主要在于:

(1)提出了一种新的Lipschitz连续的限制手法——梯度惩罚,同时解决了训练梯度消失和梯度爆炸的问题。

(2)相对于标准WGAN,WGAN-GP拥有更快的收敛速度,并能生成更高质量的样本。

(3)提供稳定的GAN训练方式,几乎不需要调参,就能成功训练各种基于GAN网络架构的深度生成模型,不再需要考虑复杂的训练同步问题。

3)Conditional GAN

在最初的对抗式生成网络GAN中,生成结果通常是由一个来自高斯分布的随机噪声向量经过生成器的映射而得到的。由于其黑箱性质,我们无法得知随机噪声与生成分布之间的对应关系,因此很难对生成结果进行控制,生成的图像是随机的,不可控的。Conditional GAN[5]在原来的 GAN 模型的基础上加入一些先验条件,例如文字类别标签等,从而使得我们可以通过类别标签来对 GAN 生成内容进行约束,生成的图像就是与文字标签相关的图像。

具体来说,在生成模型 G 和判别模型 D 中同时加入条件约束 y 来引导数据的生成过程。这里的条件约束可以是任何补充的信息,如类标签、其他模态的数据等。该做法应用较广,例如图像标注、利用文本生成图像等。

对比之前的目标函数,Conditional GAN 的目标函数类似:

$$\min_G \max_D V(D,G) = E_{x \sim p_{\text{data}}(x)}[\log D(x|y)] + E_{z \sim p_z(z)}[\log(1 - D(G(z|y)))] \quad (5-3)$$

以多层感知机为例,模型结构上的改变之处在于将噪声 z 和条件 y 作为输入同时送进生成器,以及将数据 x 和条件 y 作为输入同时送进判别器,当判别器"认为"生成器生成的图像真假难辨,且和标签能够对应上时,就得到了一个能够按照约束条件进行生成的良好 GAN 生成器。

从图 5-4 可以看出,输入一个噪声 z,一个条件 y,生成器 G 输出符合条件 y 的图像 $G(z|y)$。对于判别器 D,输入一张图像 x,一个条件 y,输出 x 在条件 y 下是真实图像的概率 $D(x|y)$,即除了优化目标各项也需要加上引入的条件,其他部分完全与 GAN 相同。x 仅是真实样本,$G(z|y)$ 是生成样本,条件 y 就是希望生成的标签,因此生成器必须要生成和标签匹配的样本,而判别器要做的不仅是判断图像是否是真实图像,还要判读图像和条件是否匹配。

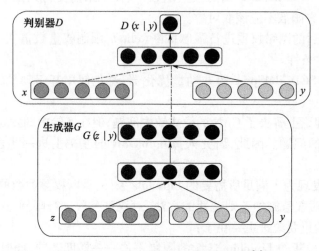

图 5-4 Conditional GAN 网络示意图[5]

4) TransGAN

2020 年末,Vision Transformer 提出后,在多个自然语言处理任务中,Transformer 都取得了里程碑式的结果,研究人员对于 Transformer 结构在图像领域的巨大潜力产生了浓厚的研究兴趣。2021 年的论文"TransGAN: Two Transformers Can Make One Strong GAN",TransGAN[6]将 Transformer 和 GAN 结合起来,完全舍弃了图像领域使用的 CNN 卷积结构,通过数据增强和多任务训练,取得了 SOTA 的图像生成效果。TransGAN 结合 Transformer 确保所生成的各个像素与之前已生成的像素一致,图 5-5 所示为 TransGAN 的模型结构示意图。

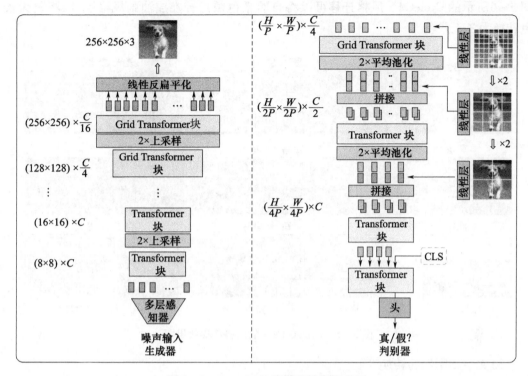

图 5-5 TransGAN 的模型结构示意图

2. 其他深度生成模型

变分自编码器 VAE(Variational Auto-Encoder)是 2013 年提出来的一个生成模型,之后出现多样变种,VAE 的一个主要缺点是应用于自然图像时,生成的输出图像比较模糊。

2020 年,去噪扩散概率模型(Denoising Diffusion Probabilistic Model,DDPM)出现,其后扩散模型是当前深度生成模型中新的增长点,基本思想也是从一个随机噪声开始逐步去噪生成一张图像或者一个视频。其主要由前向扩散和反向去噪两个过程组成:前向扩散过程主要是将一张图像随机添加高斯噪声,经过迭代变成随机噪声;反向去噪过程是将一张随机噪声的图像还原为一张原始分布的图像。

3. 深度生成模型的典型应用

1)生成图像和文字

人工智能的训练需要大量的数据集进行训练,否则容易陷入过拟合。如果全部数据集完全依赖人工收集和标注,将会花费较高的人工成本。GAN 可以自动地生成部分数据集,提供低成本的训练数据。例如在人脸识别、行人重识别等任务中,可以通过 GAN 生成具有多样高级语义特征的样本来充实训练集数据,以帮助提升模型精度。合成数据的规模越大,表现出越高的性能,而增加合成样本多样性也是重要的影响因素,相对于人工标注,合成的数据价廉物美,尤其对于小样本的图像分类任务,生成数据值得拥有。文字生成文字的 ChatGPT 由 OpenAI 开发,以对话的方式与用户进行互动,可以应答如流,在多个应用中作为插件可以处理回答问题、文献综述、编程以及行政任务。

2)图像风格转换

生成模型可以将一种形式的图像转换成另外形式的图像,改变了图像的风格。

图5-6所示的CycleGAN风格迁移可以将自然景色照片转换成油画风格照片,将夏天景色转换为冬天景色。

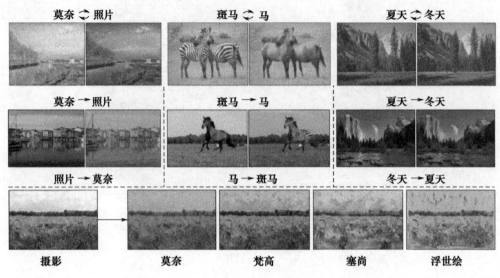

图5-6 CycleGAN[7]的风格迁移效果图

3)文字到图像的转换

OpenAI公司开发的DALL-E 2能够从由文本描述组成的提示中生成原始、真实、逼真的图像和艺术,可以根据给定的概念、特性以及风格来生成原创性的图片,而且OpenAI已经对外提供了API来访问该模型。

如图5-7所示,深度学习生成模型可以接受文本输入,根据文本描述生成相应的图像。

图5-7 英文文本到图像的转换[8]

4)文本到视频转换

OpenAI公司在2024年2月开发了文本到视频模型Sora。Sora模型可以生成长达1分钟的视频,遵循用户的提示同时具有高保真的视觉质量,能够生成具有多个角色以及多重细节的复杂场景,如图 5-8 所示。

5)照片自动编辑

Adobe 公司在 WACV2022 会议上发布的论文[9]中提出了一种使用 GAN 神经网络编辑照片的方法,可以生成特定的照片,例如更换头发颜色、更改面部表情,甚至是改变性别,如图 5-9 所示。

6)自动生成 3D 模型

可以根据输入的 2D 图像进行建模,生成图像所对应的 3D 模型。图 5-10 所示为 2022 年 NVIDIA 公司和 Stanford 大学研究人员提出的基于 GAN 网络 3D 几何重建网络效果图。

图 5-8 OpenAI 公司的 Sora 模型生成的视频截图

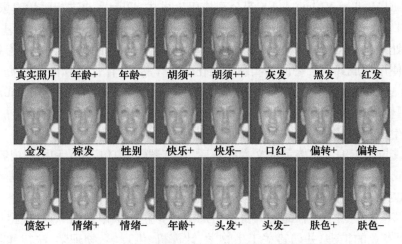

图 5-9 Adobe 公司基于 GAN 网络的照片编辑示例

图 5-10 基于 GAN 网络的 3D 建模[10]

5.2.3 AIGC 和大模型可信问题

1. 生成式 AI(AIGC)的能力

AIGC 是 Artificial Intelligence Generated Content 的缩写,指利用基于生成对抗网络、大型预训练模型等人工智能技术生成的内容。2014 年 6 月,生成式对抗网络(Generative

Adversarial Network，GAN）被提出。2021 年 2 月，OpenAI 推出了 CLIP（Contrastive Language – Image Pre – Training）多模态预训练模型。2022 年，扩散模型 Diffusion Model 逐渐替代 GAN。预训练大模型席卷全球，引起了学术界和产业界对通用人工智能的广泛关注。大模型通常是指具有数百万到数十亿参数的神经网络模型。在各种任务中达到更高的准确性、降低应用的开发门槛、增强模型泛化能力等，大模型时代的到来深刻地推动了人工智能生成内容（AIGC）在各行各业的广泛应用，人们开始意识到它们在提高效率、创新服务和推动科学研究方面的潜在巨大价值。

根据生成内容分类，AIGC 可分为音频生成、文本生成、图像生成、视频生成及图像、视频、文本间的跨模态生成。Gartner 公司认为：生成式人工智能是一种颠覆性的技术，它可以生成以前依赖于人类的工件，在没有人类经验和思维过程偏见的情况下提供创新的结果。

生成式 AI（AIGC）模型包括基础大模型和面向垂直行业的行业场景模型。在医疗保健行业：Zebra Medical Vision、Aidoc 等公司使用生成式 AI 为客户进行医学图像分析、诊断和治疗规划。在金融服务行业：Bloomberg 公司发布的 Terminal AI 大模型，基于 GPT – 4 架构，可以处理金融领域的专业文本数据，提供金融智能化的服务。在零售行业：Stitch Fix 等公司使用生成式人工智能来实现个性化购物体验、库存管理和需求预测。面向公众提供内容生成的服务提供者如近期火爆的 ChatGPT，图像和视频生成 Midjouney、DALL – E 等平台使用生成式 AI 来创建合成图像和视频。

AIGC 生成文本、图像、视频和音频可以有以下能力：

- 生成与人工编写相媲美的文本和对话，具有逻辑、模仿、同情和引用内容的能力。
- 生成逼真的图像和视频，这些图像和视频可以基于具体用户的输入进行定制。普通用户用文字和简单的提示就可以生成引人注目的深度伪造图像和视频。
- 能够借鉴网络上和存储的大量通用知识和专业知识作为训练集，模型可以生成机器代码重现专业的推理，并回答关于生物学、计算机、生理学、物理学、法律和其他主题的问题。

案例：2023 年 5 月初，美国帕兰提尔（Palantir）公司在其官网发布了基于大模型的军事"人工智能平台"——AIP。帕兰提尔公司成立于 2003 年，是一家知名数据分析公司，其客户主要为美国军方和情报机构，开发的大数据分析工具广泛应用于国防和安全领域。

该软件旨在运行 GPT – 4 等大模型和专用网络上的替代方案。在其中一个宣传视频中，Palantir 演示了军队如何使用 AIP 进行作战。在视频中，操作员使用 ChatGPT 风格的聊天机器人命令无人机侦察，生成多个攻击计划，并组织干扰敌人的通信。

当然，Palantir 的宣传是非常危险和怪异的。虽然 AIP 演示中有一个"循环中的人类"，但他们似乎只不过是询问聊天机器人该做什么，然后批准其操作。无人机战争已经抽象化了战争，使人们更容易通过按下按钮来进行远距离击杀。

2. 通用大模型的可信问题

尽管通用大模型引领了技术的重要变革，由于其复杂的黑盒系统，大模型内部的工作机制仍是不透明且用户难以理解的。普通用户对最先进的模型（如 GPT – 4、Gemini 和 Claude）知之甚少，开发人员使用什么数据来训练它们？谁创造了这些数据，模型的实践是怎样的？这些模型与什么价值观相一致？这些问题在实际应用过程中面临严重的可信任问题。同时，随着基于大模型的人工智能系统大规模部署，其潜在的安全风险广泛存在于文本、图像、语音和视频等多个数据驱动的决策场景中。大模型可能产生与人类价值观不一致的输出内容,大规模生成式模型可能为用户提供虚假的信息,具有一定的误导性。用户接受虚假信息时可能导致错误的决策,由此使用户在应用大模型时对模型输出的信息准确性产生担忧,从而不信任大模型,突出的新风险如下。

1)幻觉现象

大模型容易出现"幻觉",即生成的输出在表面上看似连贯,但可能在事实上是错误的或完全捏造的。生成式大模型生成与事实不准确或不真实的信息时,被称为大模型中的幻觉,即编造无法溯源到现有知识库的内容。

这种对事实真实性的忠实性缺乏是一个重大问题,特别是当没有足够领域知识的用户过度依赖这些越来越令人信服的语言模型时。这种过度依赖的后果可能是有害的,因为普通用户可能不了解这一局限性。

内在幻觉表现为模型生成虚构内容,与输入内容存在冲突,如摘要生成中,输出的摘要与给定的文档内容有误;外在幻觉则包含无法从已有来源验证的信息。

幻觉的产生可能受多重因素影响,主要包括数据层面和模型层面。数据层面的原因包括训练数据的不匹配与过度拟合、分布偏移、领域知识缺乏。由于人类监督不足、示例覆盖率低、监督数据本身模糊等原因,模型的置信度可能会被错误地估计,从而产生幻觉。

模型层面的原因有上下文理解有限、训练和测试阶段不匹配的暴露偏差。对于大模型,正确答案和错误答案的分布熵可能是相似的,因此模型在生成错误答案时与生成正确答案时同样自信。

对于大部分问题,大模型鲜有回应自身不知道的答案,尽管模型被问到自身未知的问题,仍然以可信或令人信服的方式输出呈现,使得最终用户难以进行辨别真伪。虚假输出会误导用户,并被纳入下游工件,进一步传播错误信息。

2)讨好用户

大模型还可能通过重新确认用户的误解和陈述的信念来讨好用户,进而传递错误信息。

讨好用户主要源于对模型过度微调,使其迎合用户意图,从而背离了客观事实和真理。与前述过度自信问题相反,模型在这种情况下倾向于确认用户陈述的信念,甚至可能鼓励某些可能涉及道德或法律风险的行为。这一现象可能源于训练数据中存在谄媚评论和语句,也可能是由于过度指导模型以避免冒犯人类用户。

3)不确定性

由于大型生成模型受到提示词和随机性的影响,其输出具有不确定性。研究表明模型面对不同用户、同一用户的不同会话,甚至同一会话中的不同提问方式时,可能输出不一致的答案。这种不确定性不仅令用户困扰,还降低了对模型的信任。

此外,大模型还可能通过重新确认用户的误解和陈述的信念来讨好用户,进而传递错误信息。

4)模型更加难以理解

大模型在提供可解释性方面面临多重难题。大模型的可解释性主要受到其复杂性、数据依赖性、输出不确定性和评估指标不足等因素的制约。与传统深度学习或统计机器学习模型相比,大模型的规模庞大,包含数十亿乃至万亿个参数,使得解释其具体输出的决策过程变得极为困难。

此外，由于大模型在训练中对大规模文本语料的依赖，使得模型可能受到训练数据中的偏见和错误的影响，增加了解释模型输出的复杂性。人工智能模型最重要的功能可能会有意或无意地造成严重甚至灾难性的伤害。

5）深度伪造的快速传播

AIGC 模型擅长快速、大规模生成高保真多模态输出，包括文本、图像、视频、音频等。这些生成的内容往往高度逼真，以至于与现实世界的真实内容难以区分。不幸的是，这一能力可能被恶意用户利用，广泛传播与他们特定叙述相符的伪造信息。

6）缺乏社会价值观

AIGC 模型在生成语法和语义正确的文本方面表现出色，这些文本在统计上与给定的提示一致。但它们缺乏对文化、价值观、规范等社会背景和社会因素，以及我们自然期望的与人交往时的敏感性理解。因此，当模型继续发展并获得人们的信任时，这一局限性可能会对毫无戒心的用户造成严重后果。

7）数据反馈循环

从公开可用的互联网数据派生的数据集已经成为大规模机器学习成功不可或缺的一部分。然而，随着 AIGC 模型越来越受欢迎，机器生成的输出将不可避免地出现在互联网上，这种数据反馈为未来依赖于从互联网上抓取数据的训练迭代带来了潜在问题。

8）不可预测性

现今的大模型完全是通用目的的，能够在零样本设置中（即没有任何训练数据）执行多种语言处理任务。随着不断探索这些模型的能力，不断发现出现了新的"突现能力"，这些能力并没有被明确地设计进去，可能产生幻觉。

5.3　图像和视频深度伪造

5.3.1　深度伪造分类

参考相关的文献[11]，深度伪造可划分为 5 类：重现（reenactment）、替换（replacement）、编辑（editing）、合成（synthesis）、生成（GAN），如图 5-11 所示。

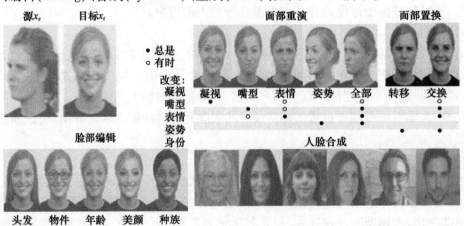

图 5-11　深度伪造可划分的类别[11]

1. 重现

使用源身份 x_s 驱动目标身份 x_t,使得目标 x_t 的行为与源身份 x_s 一致。具体包括表情重现、嘴部重现、眼部重现、头部重现、动作重现等。这些重现手法可以让用户根据源身份 x_s 的面部表情、口部动作、肢体动作驱动目标身份 x_t 做出一样的表情、动作。

该项技术可用于影视后期等领域。同时,恶意攻击者也可以对政治政要进行攻击,通过嘴部重现、表情重现、动作重现,并结合音频生成技术,让深度伪造视频中目标述说的虚假内容具有更高的真实度,实现假冒身份、散布错误信息、篡改证据、骗取信任诈骗、生成虚假材料勒索等目的。

目前,在重现这类视觉深度伪造方面达到 SOTA 效果的模型主要有 FOMM[12]、fv2v[13]、Implicit warp[14]方法。

2. 替换

替换使用源身份 x_s 的内容替换目标身份 x_t,使得目标身份变成了源身份 x_s。这种替换一般常出现在人物之间的换脸情形,用户可以将某个人的脸嵌入另一个人的身体中。

常见的应用有 VR 试衣,时尚行业中用于不同服装中的个人虚拟试穿、影视后期根据剧情的需要进行人物换脸等。恶意攻击者也可能利用该项技术将受害者的脸换到其他人的身体上,对受害者进行侮辱、诽谤和勒索,还可将一个人的脸转移到一个看起来相似的身体上,充分再现此人,进行政治上的攻击。

除了人脸替换外,该项技术目前甚至可以应用于物品替换。Runway 公司基于 Stable Diffusion 开发了图像擦除和替换工具,能够根据自然语言输入对图像的任何部分进行修改。用户可以使用工具选定图像区域,并使用自然语言描述修改的内容,Stable Diffusion 模型就能够根据用户输入产生逼真的修改图像,如图 5-12 所示。该项技术未来可能用于照片编辑等领域。

图 5-12 Runway 公司开发的图像擦除和替换工具效果

3. 编辑

编辑是指添加、更改或删除目标身份的某种或某些属性,比如,修改目标对象的发型、衣服、胡须、年龄、体重、颜值、眼镜和种族等属性。

例如将 20 岁左右的人的照片视觉年龄修改为 70 岁左右。攻击者可以使用相同的过程操纵政治政要相关的视频误导舆论,比如,可以使一个健康的领导者看起来病恹恹,引发舆论。

4. 合成

合成是指在没有目标身份作为基础的情况下创建 deepfake 角色,类似直接用 GAN 或者其他生成模型生成人脸,没有明确的攻击对象。

人脸和身体合成技术可以创建影视素材,生成电影和游戏角色。若用于网络对抗,攻击者可以在线创建虚假角色进行诈骗等违法活动,间谍组织可以便利地为间谍设计真实的虚拟形象。

5. 生成

用户可以用 AI 生成世界上不存在的媒体,如图像生成:创建全新的图像,例如面孔、物体、风景或房间。音频生成:从真实语音的少量音频样本中,用户可以创建合成语音。该技术可以与口型同步工具结合使用。文字生成:用户可以生成人工文本,包括社交媒体、网络论坛上的简短评论、长篇新闻和文章。目前,已经有大量的网站开始提供深度伪造合成服务。

5.3.2 深度伪造传播

1. 生成深度伪造的流程

尽管生成深度伪造图像的方法多种多样,但可以归纳为以下几步基础流程,如图 5-13 所示。

(1)让网络直接在图像上执行映射学习。

(2)使用编解码器解耦身份和表情,并在传递给解码器前修改/交换编码特征。

(3)在传递给编码器前添加其他编码,如 AU、Embedding 编码。

(4)在生成之前将中间面部/身体的特征表示转换成所需的身份/表情。

(5)通过源视频帧序列的光流场驱动生成器。

(6)将 3D 渲染模型、变换图像或者生成内容的组合和原始画面结合起来,并输入到另一个网络(例如 Pix2Pix 网络),提升生成图像的真实感。

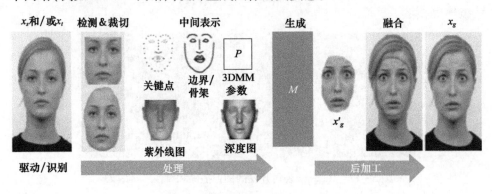

图 5-13 人脸深度伪造流程示意图[11]

深度伪造使用不同网络的组合:

1)编解码器网络(Encoder – Decoder Networks)

网络至少包含一个编码器 En 和一个解码器 De,连接编码器和解码器的中间层较窄,维数远低于图像本身的维数,因此训练 $De(En(x)) = x_g$ 时,网络将样本空间抽象成维数更低的高层语义概念。给定输入数据 x 的分布 X,$En(x) = e$,通常将 e 称为 x 的编码,也称嵌入(Embedding),而 $E = En(X)$,即嵌入所构成的空间,则被称为潜在空间(Latent space)。

Deepfake 技术通常采用多个编码器和解码器,通过操纵编码来影响输出 x_g。如果编码器和解码器是对称的,并且以目标 $De(En(x))=x$ 训练网络,则网络称为自动编码器(Autoencoder)。编解码器网络的一种特殊类型是变分自动编码器(VAE),其中编码器学习给定 X 的解码器后验分布。变分自动编码器潜在空间的表征可以更好地被解耦,因此比自动编码器更加擅长生成内容。

2)Pix2Pix 框架

Pix2Pix 框架支持从一个图像域到另一个图像域的成对转换。在 Pix2Pix 框架中,生成网络在给定的图像输入 x_c 下,生成图像 x_g,判别器则负责判断 (x,x_c) 与 (x_g,x_c)。生成网络是一个从编码器到解码器的跳跃连接的 CNN 编码器(称为 U–NET),这使得生成网络可以同时使用经过编解码器的高层语义信息和低层信息进行图像生成,提高了生成图像的质量。之后,用于更高分辨率的可信图像生成模型 Pix2PixHD 提出。

2. 深度伪造生成的传播

深度伪造生成后,其传播的方式主要有以下 4 种:

(1)Trolls。Trolls 是指创建网络账户发表挑拨和煽动言论,使信息迷雾在争执中不断升级和发酵,具有持续热度。

(2)僵尸网络/水军(Botnets),由人工或机器散播重复言论,在高频重复中达到传播信息迷雾的目的。

(3)社交媒体。以脸书和推特为代表的社交媒体是滋生信息迷雾的温床。

(4)传统媒体的传播途径和网络以及社交媒体的混合传播。

3. 深度伪造的服务形式

常见的有 AI 深度伪造软件 App 和 CaaS,分别介绍如下。

1)AI 深度伪造软件 App

(1)DeepSwap 软件。

DeepSwap 软件是在线深度伪造应用程序最受欢迎的在线深度伪造软件之一,DeepSwap.ai 面部交换应用程序可以交换视频、照片和 GIF。借助强大的 AI 算法显著提高了深度伪造的生成质量。在线换脸工具支持 10 分钟的视频,并在几秒钟内生成 deepfake 视频,比其他换脸网站更快。此外,DeepSwap 没有水印,比其他深度伪造软件更友好,通常软件会为生成结果加水印。

特点:只需几秒钟到几分钟即可产生出高质量的深度伪造。可以在单个视频中识别和交换多达 6 张面孔,而许多同类软件一次只能识别和交换一两张面孔。这是最快的在线工具,支持视频/照片/GIF 的深度伪造,高质量输出,高清 720p 视频生成,无限照片上传,单个视频长达 10 分钟。

(2)FaceSwap 软件。

FaceSwap 软件允许任何人在任何视频或图像中交换人类、动画甚至卡通脸。物超所值,单次价格低。

主要功能:可以在任何给定的源视频或图像中更改为其他任何人物、动画和卡通的面部,再加上几乎无穷无尽的面孔库,以及自定义面孔,换脸的空间很大。最多可以创建 3 分钟的全高清质量的视频。

(3) TalkingFaces 软件。

TalkingFaces 软件可以使用真实的人类、真实的人声和文本到语音转换软件来创建高质量、真实的代言人，无论输入什么，他们都会说什么。然后，用户可以在几乎任何网站上发布其虚拟发言人。

2) 深度伪造犯罪即服务 (CaaS)

深度伪造犯罪即服务 Deepfake Crime-as-a-Service(CaaS) 是指网络犯罪分子开发先进的深度伪造工具和服务，然后出售或共享它们的过程。这是个跨犯罪网络的技术，帮助犯罪分子学习、测试和传播他们的攻击。

一旦犯罪组织成功发现了一种使用深度伪造欺骗特定防御机制或组织系统的方法，他们就可以将其用于各种犯罪目的，例如账户接管欺诈或合成身份欺诈。他们不仅可以在其网络中快速销售有效的工具、技术和身份，还可以向任何可以访问暗网市场的人销售。这只是如何通过犯罪即服务网络将深度伪造扩展并作为全球威胁的一个例子，根据交付方式的不同，机制可能会有很大差异。

随着 CaaS 的兴起，更广泛的低技能犯罪分子将能够在暗网上购买久经考验的软件，使他们能够有效地部署大规模攻击，可能会使深度伪造犯罪过程自动化。

数字注入的图像是可扩展的，它使犯罪分子能够将合成或真实个人的深度伪造直接注入数据流或身份验证过程。数字注入攻击是最危险的威胁形式，因为它们比演示攻击更难检测，并且可以快速复制。

由于数字注入攻击难以检测且高度可扩展，因此对欺诈者特别有吸引力，他们正在设计更复杂的隐身方法，使先进的活体技术更难被发现。它们正在全球许多地方迅速共享和测试，无论是由同一个犯罪组织还是通过犯罪即服务组织。随着数字注入攻击的扩散，这种威胁正变得越来越可扩展，数字注入攻击是一种在全球范围内广泛使用的攻击类型。

此外，犯罪即服务网络使犯罪分子能够相互共享攻击方法和工具，意味着深度伪造可以作为服务出售给其他犯罪分子，然后使用深度伪造欺诈性地开设账户，这使得深度伪造犯罪比以往任何时候都更具可扩展性和可访问性。

5.4 音频和文本深度伪造

5.4.1 音频 AI 生成与伪造

不仅视频可能被深度伪造，音频也能成为深度伪造的对象。随着深度伪造技术的快速发展，已经存在音频深度伪造技术能够从演讲者的音频素材中提取其声音特征，进而生成与被模仿者说话声音一致的虚假音频内容。

尽管音频深度伪造并不像图像深度伪造那样研究火热，但是音频深度伪造已经被应用于诈骗等违法犯罪活动。互联网安全专业公司赛门铁克报告了三起音频深度伪造案件，通过模仿企业首席执行官的声音从私营公司窃取数百万英镑。欺诈者在电话会议、YouTube、社交媒体甚至 TED 演讲中训练机器学习引擎，以复制公司老板的语音模式，然后他们模仿 CEO，打电话给财务部门的高级人员，要求紧急发放资金。

2019 年，欺诈者用深度伪造语音技术合成语音从英国一家能源公司的首席执行官处诈骗了24.3万美元。2020年，美国费城一用户称接到疑似儿子的电话(深度伪造合成音频)，被诈骗900美元。

例如2017年Lyrebird语音合成仅需1分钟样本就可模仿任何人说话。有犯罪分子使用AI换声软件冒充某能源公司德国总部CEO的声音，对英国分公司进行欺诈，并成功骗取了22万欧元，Pindrop报告：从2013年到2017年，语音欺诈案件增加了350%，约638个电话中就有1个是欺诈类AI软件拨打的。

音频深度伪造是一种能够创建听起来像是特定的人在说他们没有说过的话的人工智能。该技术最初是为改善人类生活而开发的一种应用，例如有声读物的制作、帮助失声人群恢复声音、创建个性化的AI智能助手和自然发音的语音翻译服务等。通常来说，语音深度伪造可以分为三个不同的类别。

1. 重放

重放(Replay)是意图复制对话者声音录音的一种恶意作品，具有两种类别：远场侦测攻击(far-field detection attack)和复制剪切攻击(cut and paste detection attack)。重放攻击主要是通过剪辑和重播受害者的声音录音，对一些基于声音的验证系统进行攻击。

2. 语音合成

语音合成(Speech Synthesis,SS)指通过软件或硬件系统程序人工合成出人类语音的过程。语音合成主要用途在于文本转语音(Text to Speech,TTS)，旨在实时将文本转换为可接受的、自然的语音，利用文本的语法学规则，使语音与文本输入保持一致。

语音合成常用于文本自动阅读和个人AI助手等应用，可以自由地为不同的文本提供不同风格的声音，而不需要人类参与录音，能够极大地降低成本。TTS模型的训练很大程度上依赖于训练语料库的质量，而创建高质量的语料库需要很大的人工成本。此外语音合成系统还存在不能识别特殊符号、无法理解同义词等问题。

关于语音合成的研究目前已经有比较深入的进展，方法主要包括波形拼接法和参数生成法。波形拼接通过将自然语音按照一定的规则进行剪辑，得到语音单元，之后利用音频编辑软件直接对语音单元进行重组等操作，得到所期望的语音音频。这种方法得到的合成语音存在很大的瑕疵，语调和流畅性都不够自然。近年来使用深度学习模型进行深度音频合成的研究较多，常用的端到端音频生成框架有Char2Wav、WaveNet、DeepVoice、MelGAN等。

3. 语音转换

语音转换(Voice Conversion,VC)：将来自一个说话者的原始语音转换为听起来像另一个说话者的方法。这种算法将音频信号作为输入，通过改变其风格、语音语调和韵律，在不改变语言文字内容的情况下产生听起来像目标说话者的声音。传统的语音转换方法大多基于统计学声学模型，例如高斯混合模型、动态核偏最小二乘法、频域弯折法等。近些年的语音转换研究往往结合了深度学习模型，例如基于梅尔倒频谱的DNN模型、编解码器网络、域迁移模型等。编解码器网络使用和图像中编解码器网络类似的注意力机制同时进行特征映射和特征学习，代表性的框架有SCENT、AttS2S-VC等。域迁移模型则借鉴图像中风格迁移的思想，使用GAN网络来生成目标域的语音，具有代表性的方法有CycleGEAN[15]等。

尽管语音深度合成技术已经得到了很高程度的研究和发展，可以生成人类听感上近乎真实的虚假语音片段,但是在频谱图上,生成的语音仍然是不完美的,与真实人类声音存在一定的区别。有研究人员通过 spectrum3d 的频谱分析工具对攻击者发送的虚假语音消息进行分析,发现频谱图中的峰值反复出现,可能是使用音频在多个通道播放来隐藏语音的结果,而人类的语音频谱是连续的。因此,通过频谱分析可以对音频真伪进行一定的判断。

5.4.2 音频深度伪造检测

从信息层次的角度看,音频深度伪造检测可以分为两类:一类关注低层次的信息,在样本级别寻找生成器所引入的不合理之处;另一类关注语音语义内容的高层次特征,鉴别伪造的音频。从使用方法的角度看,可以分为基于机器学习的检测方法和基于深度学习的检测方法。

大多数情况下,检测音频深度伪造需要以下 3 个步骤:

(1)对音频文件进行恰当的预处理,提取出合适的音频特征。常用的特征主要可分为三大类:原始波形、时域特征和频谱特征,其中使用最广泛的是频谱特征。频谱特征可进一步细分为功率谱特征、幅度谱特征和相位特征。根据时频变换的不同又可以对以上三类特征分别从时域(长时/短时变换)和频域(全频带/子带变换)角度进行特征提取。

(2)计算出的特征被输入到检测模型中,该模型执行必要的操作,如辨别真假语音音频所必需的推理过程。检测模型一般分为机器学习模型和深度学习模型。其中常用的机器学习模型包括 GMM 和支持向量机(SVM)等。GMM 不仅在音频造假中被广泛使用,在检测中也能够通过适当的训练对伪造和真实的音频进行建模和分类。

(3)深度学习的伪造检测算法一般可以套用分类网络,包括 CNN、ResNet、SENet 等,与音频伪造类似,为了对时序特征进行分类,一般加入 LSTM、GRU 等时序网络结构。有代表性的音频伪造检测系统包括 RawNet 系列、spoofprint、ResMax 等。

根据现有的研究成果看,基于机器学习的检测方法在准确率上高于基于深度学习的检测方法[16],但是基于机器学习的方法需要大量的人工预处理,并且大多数工作针对特定攻击或基于固定数据集,因此一般而言单独的网络无法高效地检测多种不同的伪造攻击、混合攻击和训练集中不存在的未知攻击。

由于实际中难以提前获知攻击的具体类型,因此最新的研究重点普遍集中于提高检测的泛化性。从目前来看,音频检测模型最后仅返回一个预测概率预测真假,并且深度学习模型的可解释性较差,这导致了在实际使用中判断真假时证据不足,所以能够借助模型返回造假音频的差异或瑕疵也是研究者的又一研究方向。

5.4.3 文本 AI 生成与伪造

1. 人工智能生成文本

2020 年 9 月,英国卫报使用 OpenAI 开发的 GPT-3 自然语言模型生成了一篇文章。据美国 Narrative Science 公司预测,未来 15 年内,人工智能将创作 90% 的新闻文本。在可以预计的未来,AI 生成文本将具有极大的应用前景。

目前,文本生成技术主要借鉴了音视频的生成技术,并融合了 NLP 领域的技术,主要包括 VAE 架构、GAN 架构以及 Transformer 架构等为基础的文本生成技术。其中 VAE 架构提出全局鉴别器,同时控制属性独立,方便结合,短文本效果较好,长文本生成需要进一步优化模型;以 GAN 为基础的生成框架,使用对抗训练学习,能对情感进行更细粒度的控制,效果较好但并不出众;以 Transformer 为基础的架构是目前较为常见的文本生成框架,借助 Attention 机制,能够更好地理解文字之间的关系,并且在加入控制码的前提下能够按照一定的情感或以某种视角切入进行文本创作,该架构的主要代表模型有 BERT、CTRL、CoCon 等。

2022 年 12 月 1 日,微软投资的 AI 实验室 OpenAI 发布了一款聊天机器人模型 ChatGPT,能够模拟人类的语言行为,与用户进行自然的交互。上线短短 5 天,用户数量已突破 100 万。ChatGPT 上线的短短几天之内,它已经参加了美国高校的入学资格考试(SAT),成绩为中等学生水平;*Nature* 杂志很有先见之明地发文,担心 ChatGPT 会成为学生写论文的工具。

案例:北密歇根大学的哲学教授 Antony Aumann 在为自己任教的一门世界宗教课程评分时,惊喜地读到了一篇全班最好的论文。在这篇论文中,作者以简洁的段落、恰当的举例和严谨的论据,探讨了罩袍禁令的道德意义。结果这篇文章是用 ChatGPT 写的。一些大学纷纷设计多种措施,防止学生应用 ChatGPT。

OpenAI 的一位发言人称,实验室已经认识到 ChatGPT 可能会被用来造成误导,他们正在开发新的技术,帮人们识别 ChatGPT 生成的文本。来自哈佛大学、耶鲁大学、罗德岛大学等高校的 6000 多名教师也已经注册并开始使用 GPTZero,一个可以快速检测 AI 生成文本的工具。也有很多大学并不打算禁止 AI 工具,理由也很简单:不想侵犯学术自由。

2. ChatGPT 创作的文章

这节的内容是 ChatGPT 自己创作的,人们难以分辨出是机器写作的文章。

"ChatGPT 是由领先的人工智能研究实验室 OpenAI 开发的一种语言模型。它是 GPT(生成式预训练转换器)架构的一种变体,它使用深度神经网络根据输入数据生成文本。

ChatGPT 的背景植根于 NLP(自然语言处理)和语言模型的发展,旨在理解和生成人类语言。ChatGPT 专门针对大量文本数据进行了训练,并进行了微调以执行各种语言任务,包括文本生成、文本分类和问答。

ChatGPT 和其他 GPT 模型背后的理论基于 Transformer 架构,该架构在 Vaswani 等人的论文"Attention is All You Need"中进行了介绍。在 2017 年。Transformer 架构使用自我注意机制来更好地捕捉句子中单词之间的关系,并已被证明对 NLP 任务非常有效。

ChatGPT 中使用的算法包括在大量文本数据上训练的深度神经网络,特别是变换器网络。训练过程涉及一种称为无监督学习的技术,其中模型在没有明确标签或注释的情况下学习数据中的模式。一旦模型经过训练,就可以在更小、更具体的数据集上进行微调,以提高其在特定任务上的性能。

ChatGPT 和其他 GPT 模型的现状是,它们在各种 NLP 任务上取得了 state-of-the-art 的结果,并在工业界和学术界得到广泛应用。然而,它们也有局限性,例如倾向于生成有偏见或令人反感的文本,以及它们所做的决定缺乏可解释性。

使用 ChatGPT 和其他 GPT 模型的主要挑战之一是它们可能会生成有偏见或令人反感的文本。这是因为模型是在大量可能包含偏差的文本数据上训练的,并且模型可能会在其生成的文本中放大这些偏差。此外,模型的决策过程缺乏可解释性,因此很难理解它们生成某些文本的原因,也很难以所需的方式控制它们的行为。

就未来方向而言,正在进行研究以提高 GPT 模型的性能和稳健性,以及开发解决其局限性的方法。一些有前途的方向包括开发针对特定领域微调 GPT 模型的技术,以及开发使决策过程更具可解释性和可控性的方法。此外,在 GPT 模型的成功基础上开发新的 NLP 模型和架构的研究正在进行中,例如 BERT(Bidirectional Encoder Representations from Transformers)和 T5(Text – to – Text Transfer Transformer)。

总之,ChatGPT 是一种功能强大的 NLP 模型,它在各种任务上取得了最先进的结果,但也有一些局限性需要在未来的研究中加以解决。GPT 模型和更广泛的 NLP 的未来是一个令人兴奋的研究领域,有许多持续创新和改进的机会。"

5.4.4 文本深度伪造检测

现有的检测技术并不成熟,在实际中较难实现具有鲁棒性和泛化性的深度学习检测方法。目前判断是否为伪造文本一般从实际场景出发,通过文字所描述的内容并结合发布环境综合判断是否为造假文本。例如在检测虚假评论中一般通过评论内容、发帖人的注册时间、发布评论的频率等因素作为特征送入到分类模型中进行检测;在检测报道真实性场景中可以将新闻的主体人物、发布图像、时间等因素提取,构建知识图谱或借助大型搜索引擎进行比对作为判断真假的依据。

当前用于检测虚假信息的人工智能模型存在技术局限性,人机混合检测模式仍是主流,即由人工检测数据库尚未收录的虚假信息种类,而由机器检测数据库已收录的虚假信息种类。发展能够检测新种类的虚假信息的人工智能模型是人工智能领域的一项技术难题,需要大量时间和数据来训练模型。

5.5 对 AI 深度伪造的治理

5.5.1 AI 深度伪造的影响

近年来 deepfake 凭借惊人的发展速度、逼真的换脸效果,以及对社会的消极影响而广为人知。美国安全英雄公司的一份《2023 年 Deepfake 现状:现实、威胁和影响》报告指出:2023 年在线深度伪造视频的总数有 95820 个,比 2019 年增长了 550%。有 42 个用户友好的 deepfake 工具,每月的搜索量约为 1000 万次。这种指数级的增长表明 deepfake 技术的普及流行率上升趋势非常快。美国维度市场公司(Dimension Market Research)的研究报告表明:到 2024 年底,AI 生成的深度伪造的全球市场价值将达到 7910 万美元。此外,它在 2023 年达到 13.9 亿美元,复合年增长率(CAGR)为 37.6%。

随着相关论坛、工具和服务的出现,Deepfake 也变得越来越商业化——关于 Deepfake 视频创作社区和论坛的发展是这一变化的关键驱动力,它们为换脸视频创作者提供了探讨交流的平台,也为创作者之间的合作提供了便利。Deeptrace 的报告发现,目前,包括 Reddit、4chan、8chan、Voat 在内,关于 Deepfake 视频创作的社区和论坛有 20 个;其中,有 13 个论坛披露了自己的用户数量,总人数在 10 万左右;在这 10 万个用户当中,有 4000 多个用户拥有特权。

Deepfake的商业化不仅体现在社区和论坛上，还有新的电脑App和服务。不过，就电脑App而言，需要使用者具有编程知识以及强大的图形处理器；但由于"手把手教学"式的使用指南的问世，这一现象很快也会发生改变。还有定制Deepfake视频的服务，费用则取决于视频的使用目的以及制作的难度。Deepfake的商业化导致人们制作Deepfake虚假视频的门槛大大降低，深度伪造视频的泛滥给社会的不安定埋下了伏笔。

1. 政治影响

消极应用的深度伪造可被用于误导舆论、扰乱社会秩序，甚至可能会威胁人脸识别系统、干预政府选举和颠覆国家政权等，已成为当前最先进的新型网络攻击形式。以下使用多个案例进行说明。

2018年，加蓬（非洲中西部国家）总统Ali Bongo在公众视野中消失了数月，他的健康状况备受关注；为了打消外界图谋不轨的猜测，政府公布了一段Ali Bongo录制的新年致辞视频。然而，Ali Bongo不同寻常的"出场方式"让外界更加怀疑有人暗中谋害总统，军方甚至发动了兵变。有人认为，这段视频为Deepfakes合成的，因为Ali Bongo早在几个月前就患了严重的中风。

在2022年爆发的俄乌冲突中，也出现了一起堪称历史性的Deepfake事件，在视频中，使用Deepfake伪造的乌克兰总统泽连斯基呼吁国内人民放下武器，视频在推特等多个社交平台广泛传播，让乌克兰国防情报局花了很多精力辟谣。

上述几个例子都是Deepfake破坏政治进程最有力的迹象；除此之外，还有许多因Deepfake而受影响的政治问题。如果没有防御性对策，世界各地民主政体的完整性就会受到威胁。然而，Deepfake对政治领域的影响不仅仅局限于恶意和欺骗，它甚至还催生了一种有关政治讽刺的艺术形式。2019年6月初，一份有关马克·扎克伯格的假视频在国外社交媒体Instagram和Facebook上广为流传。视频中的人，无论从相貌声音还是穿着打扮，都跟真的扎克伯格几无二致。他能眨眼，会用手势，嘴和脸部动作与画外音音轨高度吻合。乍看之下，几乎找不到破绽，只是声音有些奇怪。制作视频的两名英国艺术家宣称，制作扎克伯格的虚假视频是为了讽刺Facebook对待虚假视频的态度。除扎克伯格外，唐纳德·川普等公众人物也曾经被"操控"，"说"出自己违心的话。这些深度伪造生成的视频引发了人们对于政治和社会问题的深思。

2. 社会影响

AI还可以生成假新闻成功骗过Facebook检测机器。这种伪造的消息经过互联网的多重传播和多重采样可以隐藏很多伪造的痕迹，使消息真假难辨。

AI技术也并非都是负面的消极影响，由于Deepfake的高度自动化，在影视工业使用Deepfake工具进行内容生产来降低成本已经成为影视行业巨头们的一个新选择。娱乐巨头迪士尼已经开始为电影开发Deepfake技术，首款百万像素级Deepfake工具，能够生成1024×1024像素的图像，分辨率远超同类产品DeepFaceLab几倍。从长远看，迪士尼的Deepfake技术有望取代传统特效制作方法，消除以往几秒钟画面需要数月时间进行渲染的困境。《速度与激情7》中主角保罗·沃克的部分镜头也是由其两位弟弟进行拍摄，后期通过Deepfake技术处理成保罗·沃克的。

除迪士尼外，商业广告也从Deepfake的发展中获益。一家初创公司购买了好莱坞巨星布鲁斯·威利斯真实人脸的许可权，使用Deepfake技术将其转化为营销内容，出现在了俄罗斯的商业广告中。

对于普通人来说，Deepfake 技术可以让已故的亲人、好友、偶像等"复活"，再现于屏幕之上。哔哩哔哩的一位视频创作者使用 Deepfake 技术让离开了十多年的明星张国荣"复活"，通过其生前的影像资料，合成了张国荣在录音室演唱经典歌曲《千千阙歌》的视频，表达了对张国荣的追念。

随着数字化不断深入生活的各个方面，当我们生活在数字世界大于现实物理世界的时候，人工智能通过产生和操纵视频和图像就会制造出真正的暴力。

5.5.2 AI 深度伪造的治理

随着人工智能工具变得越来越复杂，以 Deepfake 为代表的虚假媒体，变得越来越难以检测，尤其是在它们大量涌现于互联网时。根据世界经济论坛 2021 年的一份报告，Deepfake 视频的数量预计将每年增加 900%，并且外行人也能通过 YouTube 上的简单教程学会如何制作 Deepfake 视频。

1. 政策法规制定

科学发展中，我们一度关心技术的工作原理，试图从技术角度解释和改善安全问题的出现。但实践证明，当下的 AI 技术并不是在任何地方都是安全的。这一方面与技术的局限性有关，也与实际的应用对象、场景、环境密切相关。

- 2019 年 5 月，北京智源人工智能研究院联合北京大学、清华大学等单位发布《人工智能北京共识》，并成立"人工智能伦理与安全研究中心"，提出了各个参与方应遵循的有益于人类命运共同体的 15 条原则。上海国家新一代人工智能创新发展试验区揭牌，明确了建立健全政策法规、伦理规范和治理体系的相关任务。

- 2019 年 6 月，国家新一代人工智能治理专业委员会发布了《新一代人工智能治理原则——发展负责任的人工智能》，提出了"和谐友好、公平公正、包容共享、尊重隐私、安全可控、共担责任、开放协作、敏捷治理"的人工智能治理八条原则。

- 在 2019 年 8 月的世界人工智能大会上，青年科学代表们宣布《上海宣言》，腾讯董事会主席兼首席执行官马化腾演讲时表示，AI 治理的紧迫性越来越高，应以"科技向善"引领 AI 全方位治理，确保 AI"可知""可控""可用""可靠"。

- 2019 年 12 月，国家互联网信息办公室、文化和旅游部、国家广播电视总局印发《网络音视频信息服务管理规定》，首次将 AI 造假音视频列入法规，并且自 2020 年 1 月 1 日起施行。

- 2023 年 4 月 11 日，国家互联网信息办公室发布关于《生成式人工智能服务管理办法（征求意见稿）》公开征求意见的通知。

在政府完善法律政策、学术机构建立伦理和道德约束目标的同时，我们也不断看到人工智能从业者对禁用技术这种做法存在的"一刀切"的问题。例如，2019 年 9 月美国加州通过的一项议案，禁止警察身体摄像头安装人脸识别软件。尽管面部识别软件对降低抓捕罪犯难度有潜在优势，但显然，政府立足于保护公民隐私安全，防止可能存在的算法偏见问题。

目前也有企业对 AI 治理进行自我监管，制定了行为准则。在 2019 年 7 月，旷视科技从企业自身角度公布了《人工智能应用准则》管理标准。该标准从正当性、人的监督、技术可靠性和安全性、公平和多样性、责任可追溯、数据隐私保护6个维度,对人工智能正确有序发展做出明确规范;同时给出相应干预措施或指导意见,确保人工智能能够在可控范围内持续发展,呼唤起各界对善用技术的重视,倡导行业提早建立可持续发展的生态。同时,旷视科技还组织成立了人工智能道德委员会,目的是积极与各方探讨全球AI伦理相关的共性问题,促进与社会各界的沟通、推动AI的健康发展,以确保创新技术为社会带来更积极正面的影响。这种行业内的自我监管、自律准则也将在人工智能行业保持健康发展态势中起积极作用。

2. 技术手段升级

除了政府和相关监管部门制定政策法规、行业内形成行业自律之外,在技术上研究人员也在积极寻求新的鉴别方法来帮助人们从信息流中去伪存真。

在2019到2020年间的三个月中,Facebook举办了一场深度伪造检测挑战赛,要求参赛者编写出能够识别某张照片是否为AI伪造的自动化程序。挑战赛共吸引到2114名参赛者,开发出最强识别算法的选手可拿到100万美元奖金。尽管吸引了全世界最优秀的AI研究人员,比赛中的优胜程序也只能实现65%的Deepfake识别成功率。

Deepfake目前还无法生成完美无瑕的全合成图像,所以检测工具暂时有效。致力于开发有助于打击虚假信息和错误信息传播工具的Adobe内容真实性计划高级主管Andy Parsons表示,"目前的检测工具不可能是永远有效的解决方案,如果时间再往后推进五年或者十年,结果又会如何?如果再不能找到更好的识别方法,这场战斗就要面临失败了"。

虽然Deepfake已经成为日益严峻的现实威胁,但负责编撰《媒体操纵案例手册》的Jane Lytvynenko表示更令人担心的其实是"廉价伪造",即不涉及AI的伪造照片和视频。根据Lytvynenko的介绍,仅仅通过剪切、粘贴、放慢音频和拼接方法进行视频的伪造,这种廉价伪造提供了一种经济实惠的方法能够有效引导舆论,欺瞒大众。YouTube上一个专门宣扬右翼党派阴谋论的频道制作了一段题为《她喝醉了吗?》的视频,其中南希·佩洛西(Nancy Pelosi)在新闻发布会上口齿不清、含糊其辞、似乎难以站稳,但这段视频其实是通过慢放来误导观众,给人一种佩洛西无法正常讲话的印象。虽然这段视频后来被鉴定为假,但仍不断被广泛分享和传播。Lytvynenko表示,人们会被更简单的伪造策略误导,因此目前伪造者并没有太多动力去部署更加复杂的伪造手段。

一种被称为"内容溯源"的新型解决方案有望提供一种更好的方式来对抗不断进步的伪造手段。该项目旨在建立一条来源链,记录图像在整个数字生命周期中发生的一切——包括拍摄者、拍摄时间、是否经过编辑等。其软件不是回溯性检查图像的篡改痕迹,而是从图像创建之时起就始终保证内容的真实性。这些数据会被打包起来,图像在线发布后,在照片旁边的信息框内展示出来。

Adobe公司在2019年公布的《内容真实性倡议》中就已经开始推动此类验证。这项倡议目前只在Adobe Photoshop应用程序中推出,希望为推特、《纽约时报》等重量级媒体提供照片内容与变更线索方面的跟踪能力,让受众以更透明的方式判断信息是否可信。但实际上,内容溯源只是为社交媒体用户提供了一种查看未受操纵媒体可信度的方法,并不是直接判断出一张图像的真伪,社交媒体用户还是需要根据内容溯源提供的信息,自行判别真伪。自项目公布以来,Adobe公司已经与多家数字平台和媒体组织建立合作伙伴关系,着手在他们的库存图像上添加内容真实性保障。

从各种公开的信息资源中寻找和获取有价值的情报，可以为解决深度伪造问题提供新的方法。这些方法的目标是开发和共享可以用来识别深度伪造和其他虚假信息相关内容的开源工具。

暂时看来，造假与鉴别的正邪之争还将延续，抗击 Deepfake 的任务依然道阻且长。但未必会永远如此，短短八年，仅仅蒙特利尔酒吧里闪现而过的一个想法就如此深刻地改变了信息伪造产业，也许很快同样强大的检测方法会被找到，遏制住这股操纵媒体、欺骗大众的造假风波。

建立人工智能治理机制首先需要从技术上能够对有害的人工智能生成内容进行识别。目前针对 AI 造假的技术识别已经有很大的进展，尽管 AI 造假所使用的算法大相径庭、风格迥异，但是这些算法总有一些固有缺陷，这里面既有 CNN 本身的问题，也有 GAN 的局限性。研究表明，常用的 CNN 网络降低了图像的表征能力，这些工作大部分集中在网络执行上采样和下采样的方式上，忽略了经典的采样定理。

2019 年 7 月，哥伦比亚大学的研究人员进一步发现了 GAN 存在的通病，包含 CNN 的上采样组件将会引起频谱上发生伪像，例如同样是一张马的图像，相对于真实照片，GAN 生成图像频谱上出现了多余的四个峰值点，如图 5 – 14 所示。除 CNN 外，其他 AI 造假方法也有可能在频谱中露出马脚，如图 5 – 15 所示。

图 5 – 14　AutoGan 重建图像频谱图和真实图像频谱图对比[17]

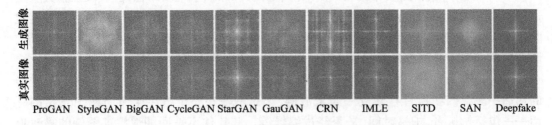

图 5 – 15　不同 GAN 网络生成图像与真实图像的频谱图[18]

根据这些缺陷，加利福尼亚大学伯克利分校和 Adobe 的科学家设计了一个新的模型能够识别 12 种 AI 造假手段，各种 GAN 和 Deepfake，甚至超分辨率图像都能够被这个通用的模型检测出来，尽管各种 CNN 的原理架构完全不同，但并不影响检测器发现造假图像的通病。根据实验的结果，模型显示出了惊人的泛化能力。模型在英伟达的 ProGAN 生成的造假图像上进行训练，使用了 20 个 ProGAN 生成 20 个类别的不同种类的图像，得到 72 万张训练图像。为了将 ProGAN 单一数据集的结果推广到其他数据集，团队使用了数据扩增的方法，包括翻转、高斯模糊、JEPG 压缩等手段。训练之后的模型不仅能以 100% 的精度识别 ProGAN 图像，并且能够以 90% 以上的平均精确度识别几乎所有测试过的AI造假生成模型,除了StyleGAN的平均精度略低为88.2%,就连刚发布的StyleGAN2也能准确识别,表现出了极强的泛化能力。

基于算法的检测工具可能会导致"深度伪造"技术通过快速升级,修复检测工具发现的缺陷。因此除部署"深度伪造"检测工具外,社交媒体平台需提供一种标记和认证内容的手段,包括要求用户确定内容来源的时间和位置,或要求其对编辑过的内容进行标记。对"深度伪造"技术的监管可能给社交媒体平台带来不必要的负担,或导致违反言论自由。除使用技术手段应对"深度伪造"威胁外,还应对公众进行"深度伪造"方面的教育,并加大对恶意造假者的惩罚。

任何技术都是双刃剑,人工智能技术也不例外。人工智能技术在军事上可以帮助隐真示假,造势用势;在民用上可以提高产品的实用性。然而近年来,大量人工智能合成信息充斥互联网空间和人们日常生活中,如"骚扰电话""好评灌水"、合成声音、人工智能生成真人视频或图像等。鉴于此,不少专家认为,人工智能的快速发展使得在现实和网络空间中,人与人的交流正在被智能化、自动化地交互影响。那么,该如何认识人工智能造假现象,进而改变这一现象?这是当前需要深入思考的一个重要问题。

人工智能造假可以通过机器的深度态势感知或上下文感知技术进行过滤、筛选和排除,如一个正常人不会轻易做不正常的事,一个正常机构也不会肆无忌惮地违法违规一样,可以通过观察对比一个人一个机构的以往表现,判别是否作假。然而,一般性地识别不难,难的是特殊情形下的细微区分。所以,面对人工智能造假,除常规性的防伪技术手段之外,还需要开发新的深度态势感知技术和工具,尽可能在造假前期进行识别干预,从态、势、感、知等几个阶段展开深入分析和应对。此外还可以研究相应的管理应急机制方法和手段,及早制定相关法律法规,做好知识普及,促进反人工智能造假技术相关应用广泛落地,从而形成人-机-环境系统联动的反人工智能造假生态链。

5.5.3 深度伪造检测比赛

深度伪造(Deepfake)在近乎没有人指导的情况下,可以自动生成视频和文本,并且达到以假乱真的效果。这种技术在创造许多积极应用的同时也带来了极大的潜在风险,虚假新闻和虚假信息变得越来越难以和真实的东西区分开来。这引发了计算机科学家和数字公民自由主义倡导者的广泛关注和担忧。为了能够在与假新闻和假信息的战斗中保持先进,不少公司和研究机构举办了深度伪造检测的挑战竞赛,汇集全世界研究人员的智慧,寻找能够识别深度伪造的先进算法。

1. 深度伪造检测挑战赛(DFDC)

脸书(Facebook)公司赞助并发起了一项人脸视频深度伪造检测挑战赛。深度伪造检测挑战赛(DFDC)于2019年12月启动,2020年3月报名截止。虽然比赛结果有些平淡无奇,但其强调了识别深度伪造视频日益增长的挑战难度,为自动检测策略提供了一个基准,并为进一步研究指出了有益的方向。

深度伪造检测挑战赛由Facebook公司与AI合作组织、微软公司以及来自美国、英国、德国和意大利的大学的科学家联合组织。大赛提供了10万多个新创建的10s换脸视频短片(DFDC伪造人脸视频数据集),用来训练来自学术界和工业界的2114名参赛者所提出的深度伪造检测模型。参赛者的任务是将数据集中的深度伪造视频检测出来,其中包括用不同技术合成的虚假视频,以及一些不易被现有算法识别的虚假视频。最终,他们的算法将在一个包含4000多个视频短片的黑盒测试集上进行准确率和召回率的测试,这些数据集包括训练数据集中未出现的一些高级加强版伪造视频短片。

经过完善的训练后,最优的算法模型在已知的训练数据集中识别伪造视频的准确率达80%以上。但是,在黑盒测试上,最优算法模型的识别准确率只有65%,远低于在训练数据集中的识别准确性。其他4支获胜队伍的检测模型识别准确率紧随其后。Facebook公司发言人Kristina Milian表示:"比赛结果显示的较低准确率强调了一点,即建立一套能够概括归纳深度伪造技术未知领域的系统,仍然是一个亟待解决的难题。"

"低端伪造"(cheapfake)的造假成本极低,几乎用任何一种机器都可以实现,并且易于发现。而高端的深度伪造需要复杂的计算机硬件,例如高级图形处理器。每当我们开口说话时,我们的头或嘴唇会产生微妙但独特的运动,而在伪造的视频里这些动作表现得并不明显。DFDC的优胜算法相当复杂,借助机器学习工具,识别出人的头部在移动时与背景不一致的像素,从而识别虚假视频。

深度伪造代码会在图像中引入干扰因素,例如,调整或裁剪视频帧、略微模糊或重新压缩视频帧都会引入伪影,这将使检测复杂化。因此,如DFDC结果所示,检测算法的准确性取决于训练集的多样性和样本的质量。

此外,也有科学家提出,准确检测的关键在于正确识别不一致性。除了检测数码伪影,检测算法还可以检查视频的物理完整性,如光线和阴影是否正确匹配,还可以查找语义上的不一致,如视频中的天气是否与独立已知的天气匹配,还可以分析深度伪造创作和发现的社会背景,推断发布人的意图。美国国防高级研究计划局(DARPA)已经在其新的语义取证项目中开始了这一领域的专门研究。

对于深度伪造的检测工作而言,最大的问题可能不是漏识几个伪造视频样本,而是将真实视频标记为伪造视频的错误预报。在人们每天上传到YouTube的数百万个视频中,可能只有极少部分是深度伪造的。在这样的前提下,即使是精确度达到99%的检测算法也会错误地标记成千上万的良性视频,从而很难快速捕捉到真正恶意篡改的视频。为了减少假阳性的影响,一些数字取证专家将研究重点放在了问题的另一面,内容溯源和伪造检测。

目前,TikTok、Facebook、推特等社交媒体公司已经开始采取措施阻止互联网深度伪造视频的传播,微软也开发了深度伪造检测工具来遏制深度伪造的传播,但是造假算法也在不断进步,能够产生越来越逼真的媒体视频从而逃避检测,这场猫鼠游戏还将在未来继续。

2. 视频相关的挑战赛

除深度伪造检测挑战赛(DFDC)以外,全球知名深度伪造检测竞赛列举如下。

1)Deepfake Game Competition(DFGC)[19]

2021年由国际生物特征识别联合会议举办,使用在CVPR2020中发布的高质量深度伪造数据集CelebDF-v2作为基准数据集。

2)Trusted Media Challenge

由AI Singapore(AISG)项目举办,参与者需要构建一个关于深度伪造视频的分类器,判断输入视频为伪造视频的概率,赛事吸引了全球近500只参赛队伍参加,提供了合计

700,000新加坡币奖金。

3) Deepfake Images Detection and Reconstruction Challenge

由第21届ICIAP会议举办,竞赛分为两个任务:其一是构建一个深度学习分类器判断输入图像为深度伪造图像的概率,其二是根据StarGAN-v2的深度伪造生成模型的生成图像,重建原图像。

4) 第三届CSIG图像图形技术挑战赛

由中国图象图形学学会主办,吸引了超过300支队伍参加。

3. 音频相关的挑战赛

1) ASVspoof

由来自世界各地多个国家的研究机构和公司共同组织,每两年举办一次,目前已经举办了4届竞赛,旨在促进语音系统的欺诈问题以及防范手段的研究。在ASVspoof2021的竞赛中,针对深度伪造的音频检测第一次加入并成为独立的赛道。

2) Audio Deepfake Detection(ADD)

由ICASSP组织举办,专注于音频深度伪造检测问题。相对于ASVspoof,ADD挑战赛涵盖了更多现实生活和具有挑战性的场景,并举办了一系列相关的研讨会,将世界各地的研究人员聚集在一起,进一步讨论检测深度伪造和操纵音频的最新研究和未来方向。

4. 文本相关的挑战赛

CLEF2021 CheckThat! Lab - Task 3:Fake News Detection:CLEF2021会议竞赛的子赛道,参加者需要根据给出的文本构建自然语言处理模型,判断新闻文本的真实性。

Constraint@ AAAI2021 - COVID19 Fake News Detection in English:AAAI会议的竞赛,参与者需要建立模型判断来自社交网络的关于COVID19的文本信息的真实性。

Fake News Detection Challenge KDD 2020:KDD2020竞赛任务的一个子赛道,参与者需要设计一个判断真伪文本的分类系统。

5.6 AI深度伪造的其他应用

5.6.1 隐身衣和位置欺骗

1. 人工智能隐身衣

人工智能技术在监控领域具有广泛的应用,在监控视频中应用人体识别、人脸识别、动作识别等技术,可以自动识别和分析监控视频中人物的行为,对安防具有重要意义。ECCV2020上的一篇文章:Adversarial T-shirt! Evading Person Detectors in A Physical World(基于对抗样本设计的T-shirt揭示了可以设计攻击AI目标检测系统中隐身衣),如图5-16所示。

一件连帽衣很有可能会更改这一切。来源于Facebook公司和马里兰大学的学者制作了一系列的运动衫和T恤,可以欺骗监管算法,使算法无法发觉穿着者。这种

图5-16 攻击AI目标检测系统中隐身衣[20]

衣服被称作 AI "隐身衣",如图 5-17 所示。

图 5-17 攻击 AI 目标识别系统中隐身衣[21]

通常来说,人工智能算法使用了一种简易的方式来鉴别目标:在待检测图像中寻找已经学习到的模式特征。人类在面对新事物时,能够依据繁杂的线索和具体专业知识来做出分辨,而算法仅仅运用图像融合来完成这类识别。

换句话说,假如了解算法检索的方式,就能够实现对抗和掩藏。Facebook 和马里兰大学的研究工作组根据一种监控检测算法对一万张人像图像开展了研究,来研究出检测算法的对抗模型。当目标被检测到时,监控的角度、色度和饱和度都会发生变化,随后,他们用另一种算法来找出能够欺骗检测算法的随机图案。

当这些随机图案设计印在实物上,例如印刷品、衣服裤子等,检测算法依然会被蒙骗。例如,一个人穿着印有对抗图案的衣服时,检测器的鉴别能力从 100% 减少到 50%,检测器将丢失目标。

2. 卫星图像位置欺骗

深度伪造可以延伸到代表卫星图像,诸如"位置欺骗"和深度伪造地理等技术给我们日益互联的社会带来了重大风险。深度伪造的地理甚至可能是一个国家安全问题,因为地缘政治对手使用虚假的卫星图像来误导敌人,被视为对国家安全的潜在威胁。随着移动设备越来越有能力检测和报告我们的位置,"位置欺骗"伪造我们行踪的方式也变得越来越普遍。

华盛顿大学地理学助理教授赵博带领的团队进行了一项被称为"位置欺骗"的实验项目。该项目以现代制图学和地理科学为背景,提出了一种对伪造的卫星图像进行定位的算法机制,旨在警告伪造的地理空间数据的危险,呼吁采取适当的预防措施,建立一个地理事实核对系统。这项警示性工作以"深度伪造地理学?当地理空间数据遇上人工智能"(Deep fake geography? When geospatial data encounter Artificial Intelligence)为题发表在 *Cartography and Geographic Information Science* 杂志上。在这项研究中,GAN 以塔科马的城市结构为基底,结合了西雅图、华盛顿和北京三个城市的地理特征,最终构建了一个包含 8064 张卫星图像的深度伪造检测数据集。

此模型是通过将一组底图和卫星图像对与第二个城市(城市 B)区分开来创建的,图 5-18 显示了如何将城市 A 放入深度伪造卫星图像模型中来生成模拟卫星图像的框架。

作者指出:如果不经过训练,观看者很难鉴别真伪,他们可能会将颜色和阴影差异归因于较低的像素。由于大多数卫星图像是由专业人士或政府产生的,所以公众通常更愿意相信它们是真实的。

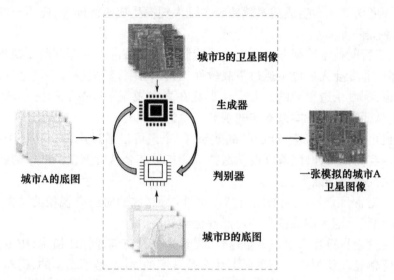

图5-18　将城市A放入深度伪造卫星图像模型中生成模拟卫星图像

当伪造的卫星图像得到了广泛的传播,可能会以多种方式产生误导。比如,可以用于恶化或淡化山火、洪水等自然灾害的情况达到某种政治目的。

还可以使军事规划软件被虚假数据所愚弄,这些数据显示桥梁的位置不正确,误导敌方军队。设想一种场景,伪造的地图显示了错误位置的桥梁使军队制定了错误的军事计划。

5.6.2　深度伪造与认知战

"深度伪造"技术日益精进,可能会煽动政治暴力、扰乱外交关系等,还可能被不法分子用来羞辱和敲诈民众,或攻击社会组织,提供虚假证据,甚至操纵股票市场,对国家安全产生一定影响。大多数虚假信息是通过简单的机器人技术传播的,但有证据表明,有国家正在利用人工智能研发更先进的信息操控技术。

1. 多种应用深度伪造

使用人工智能来生成深度伪造引起媒体操纵的简单化,因为伪造的结果越来越逼真,短时间内可以快速创建,并且可以使用免费软件和价格便宜的云计算。因此,即使是不熟练的操作员也可以下载必要的软件工具,并使用公开可用的数据,创建越来越令人信服的伪造内容。

如何使用深度伪造?深度伪造技术已被推广用于娱乐目的、医疗影像识别、商品展示和影视制作等。例如,社交媒体用户将演员尼古拉斯凯奇插入他最初没有出现的电影中,以及博物馆与艺术家萨尔瓦多达利一起制作互动展览。

深度伪造技术也被用于有益的目的。例如,医学智能中,使用GAN合成虚假医学图像,以训练罕见疾病的疾病检测算法,并最大限度地减少患者的隐私问题。

然而,对抗势力和战略竞争对手有可能创造出假图像、音频和视频资料,人工智能视频造假软件通过深度学习,将一个人的动作和语言叠加到另一个人身上,做出有目的性设计好的动作和音视频。文本生成程序可能会被利用来规模化生成基于文本的宣传材料,也可能使用深度伪造文本生成技术就特定主题大规模生成虚假新闻,应用于信息战中。

2. 真视频是不是真的

如今,人工智能技术使得非专业人员也能制造出以假乱真的深度赝品视频,技术门槛逐渐降低,即使非专业人员也可通过下载软件工具、利用开源数据等手段进行造假。从另一个角度考虑,深度伪造视频的泛滥会让那些在真实视频中被曝光行为不端的人谎称该视频是假的,从而让人们对本来真实的视频产生怀疑。

深度伪造可能会产生"骗子红利"的效果,即个人可以通过声称内容是深度伪造来成功否认真实内容的真实性,随着深度伪造技术的扩散和公众对该技术的了解的增长,骗子的红利可能会变得更加强大。

随着公众对深度伪造视频的防范意识逐渐增强,他们对所有视频的总体怀疑程度会提高,将真实视频认定为虚假信息的可能性也会提高。

鉴于深度伪造视频具有潜在的危害性,需要采取具有前瞻性的措施,防范深度伪造视频的人造虚假信息。认识到我们世界上什么是真实的,什么是不真实的,仍然是一个越来越大的挑战。

3. 认知战和深度伪造

认知战的发展完全改变了传统的军事冲突,在物理和信息维度上增加了认知维度。这个为现代战场增加的第三个主要的战斗维度是通过全球性的互联网推动的,体现在我们的智能手机信息可以随时随地被渗透,深度造假通过人工智能/机器学习算法制造信息迷雾。深度造假通过伪造公众人物言论、战况战果、官方消息等方式,影响军队战斗力。

认知战也与人工智能、大数据和社交媒体有很大重叠,它的目标是影响个人的决策并影响一群人的行为,目的是获得战术或战略优势。例如认知战可以隐藏在优酷、推特、抖音、B 站、小红书、知乎等社交媒体和共享网站的看似平常的视频和图像中,实现大规模认知误导乃至心理战效果,还可以渗透进情报、分析、决策和行动的环节。

例如,在俄乌冲突中,认知战第一次通过与大规模战争相结合的方式,通过伪造则连斯基的视频展示出其效能。2022 年 3 月,乌克兰总统泽连斯基宣布,发布到社交媒体上的一段视频,视频显示他似乎在指示乌克兰士兵向俄罗斯军队投降,结果是一个深度伪造。

国家对手或出于政治动机的个人可能会发布民选官员或其他公众人物发表煽动性言论或行为不当的伪造视频。反过来,这样做可能会侵蚀公众信任,对公共话语产生负面影响,甚至影响选举。可以蓄意调动目标群体的情绪、释放领导人的言论、操纵舆论、干扰民众和多方的判断决策,影响战争的形态和进程。

一些报告表明,这种策略已经被用于政治目的。外部专家无法确定视频的真实性,但一位专家指出,在某些方面,视频是否是假的并不重要,它可以用来破坏可信度并引起怀疑,影响决策人员的判断。

4. 深度伪造威胁图景

2022 年 7 月 6 日,兰德公司发布报告"人工智能、深度伪造和虚假信息"(Artificial Intelligence, Deepfakes, and Disinformation),旨在为政策制定者展示深度伪造威胁图景,报告列举了深度伪造的威胁如下:

第一,深度伪造内容可被用来操纵选举。比如,在选举即将结束时,一个证明候选人丑闻的视频会对选举结果带来影响。

第二,深度伪造内容可被用于加剧社会分裂。俄罗斯就利用虚假内容进行旨在分裂美国公众的宣传。

第三,深度伪造内容可降低民众对政府机构的信任。在伪造的逼真的政府官员视频加入暴力、种族歧视等内容会大大降低人们对政府机构的信任。

第四,深度伪造内容会侵蚀杂志和可信的信息源。利用高度可信的深度伪造视频,真实的视频内容也可能会被诽谤为深度伪造内容。

报告分析了深度伪造对政府、民主、社会等带来的威胁,以及当前限制深度伪造技术大规模使用的 6 个因素,提出了检测技术、内容溯源、监管措施、开源情报技术和新闻方法、媒介素养等 5 种应对方法,最后为政策制定者提出了 5 个建议。其中的内容溯源,即内容真实性计划(Content Authenticity Initiative),Adobe、高通、Trupic、纽约时报和其他参与者提出一种获取和展示照片源的方法。2022 年 1 月,内容溯源与真实性联盟(Coalition for Content Provenance and Authority,C2PA 联盟)建立了技术标准,指导创建者、编辑、媒体平台和消费者等实现内容来源的展示。

5.7 小　　结

- 人工智能可以生成数据,例如图像、视频、文本、音频等,生成若是物理世界不存在的内容,这样的数据可以称为深度伪造。
- 生成数据是从 GAN 网络开始的,需要了解其相关的基本概念、演化发展网络和典型应用。
- 深度伪造从人脸伪造开始受到关注,DeepFakes 应用程序的扩散不仅是恶搞,而且影响到政治、经济和社会。
- 介绍了图像、视频深度伪造方法的分类、传播和几种检测方法,对文本和音频深度伪造的生成和检测。目前检测方法落后于深度伪造方法,还需要专业人员和智能检测方法,结合法规执行,目前仍然是未解的一个挑战问题。
- 以 DeepFakes 为例,从法规和技术两个角度展现了对深度伪造的治理策略。
- 介绍了现有的深度伪造检测比赛,这对于深度伪造的生成和检测是一个很好的对抗手段。
- 对深度伪造的应用,一方面选择了隐身衣和地理欺骗等潜在的新颖应用,应用还需要考虑成本和稳定性;另一方面,深度伪造创建了认知战的新战场生态,已经在俄乌之战中获得了一些应用,网络上的效应显现出来,应引起重视。

参考文献

第6章 人工智能使能系统的可信决策

6.1 引 言

人工智能旨在解决经济、交通、医疗、金融、民生等全球范围内的问题,期望人工智能系统提供良好的客户使用体验,显著降低技术迁移成本,降本增效创造价值。

当下已有较多的人工智能研究算法和技术成熟。一方面,研究性人工智能技术的成熟意味着需要人工智能工程化,AI工程化需要解决模型开发、部署、管理、预测等全链路生命周期管理的问题,才能促进人工智能研究成果的实用转化以提高生产力。

另一方面,应用人工智能使能系统如何可信决策也成为现实的挑战问题,需要将人工智能的结果转化为现实世界中有益的决策,决策的环境可能存在不确定性,可能存在有意的攻击对抗,可能触发人工智能系统的脆弱性。这种决策并不是单一存在的,通常需要同时多源信息融合做出多个决策,还有可能伴随着高风险性命攸关的决策。

本章主要讨论人工智能工程的基本概念和典型案例,不确定性下的人工智能使能系统的可信问题,给出了贯穿AI生命周期的人机协同可信框架。

6.2 人工智能工程

人们对人工智能抱着很大的期望,人工智能从开发、数据到模型已经取得了显著的成效,下一步从模型、迭代到最后的应用,人工智能系统已经在多个领域被广泛开发和部署。然而,这些系统还没有统一的规范化指定、构建、复制、验证和监控,因此人工智能的工程应用存在着许多挑战问题。

在土木、机械、电气和软件工程等传统领域,均已经建立了创建安全可靠的结构、机器、程序和系统的成熟工程学科,人工智能目前还没有相对应的人工智能工程专门学科。Gartner公司的研究表明,只有53%的项目能够从AI原型转化为生产,如果人工智能工程长期缺失,我们将面临一个与人工智能可信应用愿景相去甚远的乱象局面。

人工智能工程是一门新兴学科,专注于开发工具、系统和流程,以实现人工智能在现实世界中的应用。人工智能工程包括人工智能的数据、AI模型、可信人工智能、可解释性、系统操作、系统应用和结构、软件工程、产品管理和用户体验以及可信AI的伦理等。

6.2.1 人工智能工程的概述

1956年,人工智能的先驱约翰·麦卡锡(John McCarthy)将人工智能定义为"制造智能机器的科学和工程"。如今,人工智能包括现代机器学习以及知识表示、推理、启发式搜索、规划和其他传统或未来的人工智能技术,如神经符号推理、强化学习和元学习。但迄今为止,大多数研究和开发都致力于创造人工智能能力,而在确保这些能力安全可靠的工程设计方面进展甚微。

2018年美国国防部《2018国防部人工智能战略概要》[2]中给出的人工智能定义:"人工智能是指机器执行通常需要人类智能的任务的能力,例如,识别模式、从经验中学习、得出结论、做出预测或采取行动,无论是数字方式还是作为自主物理系统背后的智能软件。"综合到工程定义,就是通过应用科学知识来建造服务于人类的东西,为实际问题创造成本效益高的解决方案。

人工智能工程是将系统工程原理、软件工程、计算机科学和以人为本的设计相结合,以创建可以完成某些任务或达到某些目标的智能系统的过程。

美国卡内基梅隆大学CMU的软件工程研究所(SEI),正在创建人工智能工程学科,为创建可行、可信和可扩展的人工智能系统奠定基础,以解决将人工智能技术应用于现实世界的挑战。

人工智能工程被Gartner公司确定为2022年的主要战略技术趋势之一[1]。认为:AI工程化是AI在企业中大规模、全流程的落地过程,将AI大规模落地的工程化方法,包含DataOps、MLOps和DevOps的工程化一整套体系,如图6-1所示。

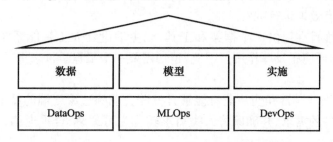

图6-1 Gartner公司的AI工程组成框架

DataOps:是将数据处理和集成过程与自动化和敏捷软件工程方法相结合的技术实践,以提高数据分析的质量、速度和团队协作,并促进持续改进。

MLOps:是在生产环境中可靠而高效地部署和维护机器学习模型的实践。

DevOps:是一组软件开发和运维团队之间的文化理念、实践和工具的结合,以便提高团队的快速交付能力。

人工智能工程化对人工智能落地的效率、广泛度会更高。对于从事人工智能工作的融合团队来说,组织的真正差异化因素,取决于通过快速人工智能变革不断提升价值的能力。

对于包括人工智能组件和传统软件组件的人工智能系统开发和部署,传统软件工程和系统工程有许多可以采纳的地方。然而,人工智能在以下几个重要方面扩展和挑战了传统的软件工程和系统工程:

1)软件工程工具不适用当前的深度学习黑盒模型

人工智能及其产生的模型虽然非常强大,但不透明、难以解释、非确定性引入了新的安全性和鲁棒性问题。

典型的软件工程工具和技术,如静态分析、动态分析和逆向工程,不适用于人工智能算法创建的模型,例如在深度学习生成的模型中,很难分离或调试多种故障模式。

2) 知识和推理与人工智能系统中的机制分离

人工智能系统中的知识是规则、事实和关系的有组织集合,可用于驱动推理或增强人工智能,知识可以是明确的,有时是透明的,人工智能系统的结果是预测或者决策,给出的是数据驱动的结果,但知识与人工智能系统中的推理机制相分离。

3) 安全、道德和可靠的人工智能系统设计

人工智能技术通过解决需要人类关注的任务来增强人类,这些任务范围从常规任务到紧急情况下的复杂决策。人工智能系统还需要可实施的工程设计,以确保安全、道德和可靠,尤其是在高风险应用方面。

有文献对人工智能工程提出了一组不同的问题[3]:人工智能如何帮助人类实现任务成果?今天人工智能系统在实践中的局限性是什么?我们如何确保在部署人工智能系统时遵守道德标准?

计算能力和海量数据集可用性的提高导致创建新的人工智能、模型和算法,其中包含数千个变量,并能够做出快速和有影响力的决策。然而,这些功能往往只在受控环境中起作用,并且难以在现实世界中复制和验证。

例如,自动驾驶汽车在阳光明媚的日子在空旷赛道上运行良好,但如何设计成在冰雹风暴中也能同样有效地运行呢?

人工智能工程旨在提供一个框架和工具,以主动设计人工智能系统,使其在高度复杂、模糊和动态的环境中发挥作用。因此,迫切需要一个工程学科来指导人工智能能力的开发和部署。

人工智能工程学科旨在使从业者能够开发跨企业到边缘终端的系统,预测不断变化的运营环境和条件的需求,并确保将人类需求转化为可理解、合乎道德,并因此值得信赖的人工智能。

6.2.2 人工智能工程的实践

目前,对于人工智能工程的需求可以分为鲁棒安全、可扩展和以人为本三个方面。人工智能工程对鲁棒和安全的需求,需要人工智能系统部署在严格控制的开发、实验室和测试环境之外时,仍能按预期工作,这对如何开发和测试弹性人工智能系统提出了要求。安全的人工智能系统具有防止、避免或提供抵御特定威胁模型危险的机制和缓解措施[4]。

人工智能系统工程需要改变传统的系统工程。在传统系统中给定一个输入和条件,系统将产生一个可预测的输出,因此行为是确定性的,是可预测的。人工智能解决方案涉及系统的复杂性和目标学习过程,因此可以产生不可预见的输出和行为。因此对人工智能工程有以下需求:

需求1:将鲁棒性和安全性构建到人工智能系统中

人工智能系统有许多被攻击、欺骗或击败的方式。为了在许多高风险应用中使用人工智能,必须在系统生命周期的早期就考虑鲁棒性和安全性。

为了避免系统故障或漏洞的负面影响,必须在生命周期的部署或运行阶段之前的设计和开发阶段考虑稳健性和可靠性。

这些经验教训在几十年的传统软件工程中广为人知,在我们开发和部署新的人工智能系统时,需要谨记。

除此之外，还需要工具、技术和方法来实际构建人工智能系统的鲁棒性和安全性。鲁棒人工智能的研究刚刚起步，随着整个人工智能领域的快速发展，它受到了进一步的挑战。

除了在人工智能系统中构建鲁棒性和安全性的一般方法之外，还需要特定的方法，使某些学习、推理、规划和其他人工智能算法和技术在面对噪声、不确定性和主动对手时具有鲁棒性和安全性。

构建鲁棒的人工智能系统的一种可能方法是适当扩展、调整和增强 DevOps 方法，以应用于人工智能系统开发。

MLOps 是一种新的扩展方法，用于开发、部署和进化基于人工智能的系统，旨在统一 ML 系统开发(Dev)和 ML 系统部署(Ops)，以标准化过程生产高性能模型的持续交付，是人工智能工程的重要组成部分和发展方向。

从根本上讲，增量、迭代开发的概念以持续监控的功能系统为重点，可以提供一种过程方法，随着时间的推移，持续提高人工智能系统的鲁棒性和安全性，这也与测试、监控和缓解人工智能系统鲁棒性的以下需求相关。

需求 2：测试、监控和确保 AI 系统鲁棒性的工具

将鲁棒性和安全性构建到系统中的愿望是美好的，但在应用人工智能和人工智能的动态领域中，要求系统开发人员在现实环境中获得完美性和安全是不切实际的。

即使用最佳实践在人工智能系统中构建鲁棒性和安全性，仍然会留下故障模式和被攻击的可能，导致各种意外的发生。因此，在开发和利用"内置"稳健性和安全性的方法来改进人工智能系统的同时，仍需要对系统鲁棒性与安全性进行验证和持续监控。

最后，除了测试和持续监控人工智能系统的性能、鲁棒性和安全性之外，还需要开发技术、模式和工具来缓解人工智能系统中的故障。缓解策略必须针对特定系统及其运行环境进行定制设计，但通常系统开发人员和运营商可能会采用一般模式和最佳实践，因此这可能需要定制。

需求 3：人工智能工程的可扩展需求

人工智能工程的可扩展需求，需要研究如何在 AI 应用和部署中重用 AI 基础设施、数据和模型，根据任务需求和支持这些任务的数据规模进行扩展，以应对不同维度、规模、速度、复杂性的任务。这包括 AI 应用的可扩展监管、数据与模型管理以及共享、可用、可扩展和自适应的人工智能计算基础设施等子需求[5]。

人工智能和机器学习技术商业应用的主要促成因素是大规模计算能力的现成可用性。计算资源访问和使用将是至关重要的，在可能的情况下，共享和可重用的计算基础设施将使多个组织、机构和团队能够更容易地实现人工智能功能，计算能力得到负责任的管理与共享。

需求 4：以人为本的人工智能工程

以人为本的人工智能，要求人工智能系统是与人类的行为和价值观保持一致的。减少对人工智能技术的恐惧感、理解人工智能技术行为和功能、教育和培训、道德和隐私，以及专注于增强人类能力是非常重要的认知。

侧重于创建人工智能就绪文化和劳动力的更实际的考虑因素，如获得计算基础设施和工具、数据准备和可用性以及增加对不确定性和风险容忍度的舒适度。这包括人工智

能劳动力的培训和教育,实施符合道德原则的机制和框架,仪器、监测、证据生成和可解释性等子需求[6]。

建立人工智能工程学科需要各领域专家的持续合作,从工业、学术和研究人员、开发人员和实施人员的经验中总结、提炼、整合,以创建鲁棒、安全、可扩展和以人为中心的人工智能系统[7]。

案例:美国国防部(DOD)很有兴趣构建支持人工智能(AI)的系统,以加快为支持国防部任务而做出决策的及时性和准确性。

现成人工智能解决方案给人的印象是,实现人工智能软件系统很容易。然而,开发可行和可信的人工智能系统,从部署到现场,并可以扩展和发展几十年,需要大量的规划和持续的资源投入。美国国防部为在软件工程、网络安全和应用人工智能方面的决策者提供的人工智能工程提供了11条基本实践建议[8]。

1)确保问题可以而且应该由人工智能解决

你若有一个潜在的人工智能问题,验证是否存在其他更简单的更好的解决方案。人工智能不是灵丹妙药,对于已经存在其他解决方案的问题,人工智能往往是更复杂的解决方案。

2)团队中包括主题专家、数据科学家和数据架构师

有效的人工智能工程团队包括问题领域的主题专家、数据工程、模型选择和优化、硬件基础设施和软件架构,以及软件工程专业人士。这些团队成员带来了算法选择、模型构建、模型定制和数据管道管理方面的必要技能,涉及处理系统在性能、可扩展性、带宽、资源管理和版本控制方面高要求的团队成员。

3)认真对待数据,防止其消耗整个项目

数据获取、清理、保护、监控和验证是设计一个成功的人工智能系统所必需的,但需要大量的资源、时间和注意力。数据可能会出现很多错误,如破坏获取功能的格式更改、恶意数据注入训练集、不正确的模型或数据泄露、缺乏多样性的数据,这些挑战需要全面的数据管理战略和监督职能。

项目流程确保要考虑环境变化、可能的偏差以及在整个系统生命周期中可能存在的对抗性,因为人工智能系统的输出与用于训练系统的数据有内在联系,涉及与当前物理世界的关联程度问题。

4)根据实际模型需要选择算法,而不是根据算法的流行程度

算法在几个重要方面有所不同:它们可以解决什么类型的问题,输出中的信息有多详细,输出和模型的可解释性如何,以及算法对干扰的鲁棒性如何。随着系统需求的发展和工作环境的变化,算法也可能发生变化,选择适合实际问题并满足实际业务和工程需求的算法至关重要。

5)通过应用高度集成的监控和缓解策略保护人工智能系统

人工智能系统的攻击因模型复杂运作和数据依赖而扩张,这些额外攻击的维度加剧了传统硬件和软件攻击的脆弱性。在当前攻击和防御快速发展的条件下,需要通过执行持续评估和验证活动来应对。

6)考虑恢复、可追溯性和决策合理性的潜在需求

人工智能系统对输入数据、训练数据和模型之间的依赖关系非常敏感。因此,对任何

一个版本或特性的更改都可能会快速地产生影响。在模型周期性变化的系统中,使用时间框架对模型进行版本更改可能就足够了。在模型频繁或持续变化的系统中,要考虑何时将输入数据与用于评估的模型关联起来,以及如何捕获和保留这些信息,需要小心管理依赖项和版本。

7)结合用户体验和交互的发展模型与架构

尽可能使用自动化方法来获取系统输出的人类反馈,并改进模型。监控用户体验,以便及早发现系统延迟或准确性降低等性能下降问题。即使在低交互系统中,也应确保持续的人类参与,以监控计算机对道德、信任、风险相关的因素以及模型篡改或系统滥用的征兆,并确保考虑用户和管理自动化偏差。

8)用于解释输出中固有模糊性的设计

人工智能输出比大多数其他系统需要更多的解释。在任务和用户的某些情况下,人工智能系统引入的不确定性可能是不可接受的。结合人工智能组件还需要设计输出不确定性和可靠性程度,以帮助解释输出的标签。

9)实现松散耦合应对数据和模型变化

由于数据纠缠,人工智能系统组件之间的边界比传统系统中的边界恶化得更快,意外的数据有可能触发系统功能的变化。因此在设计和维护人工智能系统时,需要应用系统工程的基本设计原则,开发松散耦合、可扩展和安全的系统。

10)投入足够的时间和专业知识整合资源

构建人工智能系统最初需要更多的资源,这些资源需要在整个系统生命周期内快速扩展,并投入大量资源,这些资源包括计算、硬件、存储、带宽、专业知识和时间,以便在系统的整个生命周期内持续不断地进行变革。

11)将道德视为软件设计考虑和政策考虑

评估系统的各个方面是否存在潜在的道德问题,主要考虑系统所有方面的组织和社会价值观,需要从数据收集到决策,到绩效和有效性的验证和监测。数据收集通常会引起隐私问题,在某些情况下还会涉及如种族、性别、面部识别中的数据表示和信贷或就业决策中的受保护特征等伦理和道德问题。

总之,设计、部署和维持人工智能系统需要工程实践来管理固有的不确定性以及不断增加的变化节奏,这些系统带来的变化跨越了问题、技术、过程、工程和文化边界。以上建议可以为人工智能工程实践提供一个基础,以引导这些变化,从而开发可行、可信和可扩展的系统。

6.3　AI使能系统与可信决策

AI使能系统是指AI赋能到用户的系统中。从系统工程角度考虑,AI使能系统的可信决策是一个连续有机的整体系统,覆盖AI使能系统的整个生命周期。如要求提升AI使能系统应用和决策的安全可信性,需要同时满足可解释性、公平性、安全隐私性、可问责性,又要在人机交互中获得信任,本节讨论不确定性下AI使能系统的可信决策。

决策过程中的重要影响因素包括外部环境特征、内部组织特征、高管团队特征和行为、其他团队特征、决策问题的特征、决策者个人特征、数据和技术、认知问题等多个方面。

在大数据的环境下,决策范式在信息情境、决策主体、理念假设和方法流程四个方面发生了转变。在模型和数据内生风险以及信任问题导致的多重不确定情境下,AI 使能系统的可信决策产生了新的挑战。

6.3.1 不确定情境下对 AI 系统的信任

1. 不确定情景下的信任问题

信任可以分为初始信任和持续信任,其初始形成受环境和威慑影响,但其持续发展也至关重要。AI 系统的持续信任是动态变化的,对于 AI 系统,即使在技术没有被完全理解的情况下,如果 AI 的使用体验是积极的,也会增强对系统的持续信任。反之亦然,糟糕的经历会导致不信任。

大多数用户并不知道手机里的复杂技术,但会使用手机,积极的体验给了他们使用手机的信心,这种信心会产生一种与手机应用相适应的信任感。

某一天用手机导航,由于使用不当或者导航地图更新不及时,粗心司机可能会盲目听从指示,导致多跑路或者跑错路,但之后还会用手机,因为手机渗入到了日常生活中,离开它寸步难行,但手机通常不会决定生死问题。

假如你刚入手某一智能设备,这就是有了初始信任,满心欢喜使用了几天,发现就几个基本功能,但体验效果和期望智能相差很远,之后束之高阁,这就已经出现不良信任。下一步的问题是如何进行及时的信任修复,让客户重新应用这个智能设备。

在高风险 AI 使能系统应用中,不确定情景无疑提高了信任门槛。对 AI 系统产生过度信任或者错误的不信任,都会导致严重的信任风险。

为了应对风险,帮助人们对 AI 决策建立合理的初始判断,使人类对 AI 的信任水平与其能力相匹配,避免出现过度信任或不信任的情况,因此需要进行信任校准。如图 6-2 所示的信任校准帮助匹配 AI 能力与人类信任,实现恰当的信任。

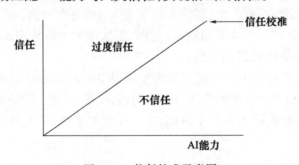

图 6-2 信任校准示意图

现有研究表明持续显示系统信息对信任校准具有重要作用,后续研究强调了系统透明度在维护信任校准中的重要性。例如对自动驾驶汽车不确定性的可视化研究表明,通过不断呈现系统信息来提供透明度,有助于保持对车辆的适当信任,对自动化行为的持续反馈可以有效地促进信任校准。

2. 信任修复和持续信任

有研究文献提出了一系列信任修复的方法,这些方法侧重于使用自然语言,例如解释、道歉等传达绩效信息的示例,使人类重新恢复对 AI 的适当信任。

过度信任或信任不足的问题,需要新的自适应信任校准框架,用于检测不适当的信任校准状态提供认知线索,以提示用户重新启动信任校准。我们分析一下自动化系统和AI使能系统对信任的不同影响。

1) 自动化系统和人机关系

目前人们应用了多种多样的自动化系统,已经产生了很大的信任。传统的自动化系统的特点通常是针对简单环境、特定问题决策,不能处理动态情境,在系统封装之后进行的是固定交付。自动化系统的人机协同主要遵循两种范式:决策支持和监督控制。决策支持是指自动化系统仅为决策人员提供可能的选择,由人做出最终决策;监督控制则是指自动化系统在人类代理监督下实施决策,人类仅在出现故障时接管控制权进行干预。

2) AI使能系统和人机关系

复杂情境、自适应学习、不确定性以及持续交付,其对应的决策存在着人机协同决策和自主决策两种范式,理想情况是根据实际情境灵活地切换决策控制权,以达到提高决策正确性的目的。

比较AI使能系统和自动化系统的特点,在不确定情景下,人机交互和协同不是一次性完成的,而是随着时间的推移持续进行交互,此时AI系统不断获取新的数据,得到新的预测和决策,因此涉及对AI系统的初始信任和持续信任两个问题,AI系统的人机协同与持续信任如图6-3所示。

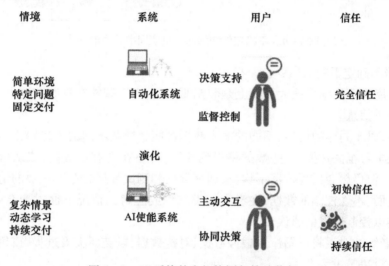

图6-3 AI系统的人机协同与持续信任

3) AI使能系统和信任

AI使能系统是一个技术概念,而信任是以人为主体的概念,目前的AI使能系统的决策过程很难与人类进行沟通,先前的文献主要研究了初始信任的建立条件和潜在决定因素。初始信任建立后,如果AI系统出错或隐瞒信息,初始信任将会受到伤害。AI系统与用户的主动交互和透明沟通将有助于促进信任的持续发展和维护,例如一个直观的系统界面和便捷的交互手段,可以促进它和用户之间的交流。

如何在长期的人机交互中衡量信任,并维持对AI使能系统的持续信任,是人机协同成功运用需要解决的挑战问题。AI系统可信的发展应该建立使人类使用者对系统的认知与 AI 系统能力相匹配的信任机制,使系统决策处于最佳信任水平,才能实现人机协同决策优于独立决策的理想效果。

6.3.2 数据和模型不确定下的 AI 决策

在多重风险的不确定环境下,AI 使能系统引发了数据和模型两个维度的不确定性。数据风险将会导致预测或者决策结果发生改变,模型风险可以对输入呈现出错误的结果,人机交互将会影响信任的持续性和采纳,以上的风险导致多重不确定性增加,在操作层、管理层和决策层等不同层级的人机协同中出现决策迭代,如图 6-4 所示,最终加剧了决策层的风险。

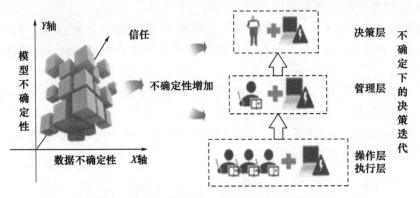

图 6-4　不确定性增加与人机协同中的决策迭代

1. 数据不确定下的 AI 系统

人工智能决策的结果很大程度上是数据驱动的,人工智能在这些数据上做出判断,为人类决策提供信息。

一方面,对于同样的模型,不同的输入数据可能会导致不同的模型输出。数据对于人工智能有效学习至关重要,一些数据将受到控制,驻留在现有系统内,或从可靠的外部来源进行验证,但仍然会出现数据不均衡、训练数据和测试数据分布不一致的情况。

另一方面,不受控制的数据,在没有人类知识或理解的情况下通过聚合生成,产生模型的结果难以控制偶发的错误。

此外,老练的对手将试图注入虚假数据、对抗数据,以破坏决策过程,或用无关或不准确的数据淹没决策过程。

文献论文"你能相信你的模型的不确定性吗?数据集偏移下的预测不确定性评估(Can you trust your model's uncertainty? Evaluating predictive uncertainty under dataset shift)"对最先进的深度学习模型的不确定性进行了基准测试,因为它们暴露于不断变化的数据分布和分布外的数据。在这项工作中,考虑各种输入模式,包括图像、文本和在线广告数据,将这些深度学习模型用于不断变化的测试数据中,同时仔细分析其预测概率的行为。

2. 模型不确定下 AI 系统的决策

在决策迭代中,不同组织级别的决策参与者对 AI 系统的认知与信任程度不同,拥有的信息和数据权限也不同,肩负的责任亦不相同,在决策传递时可能存在不确定性偏差和意见冲突,如何确定最佳行动方案就会变得更加复杂。

在信息情境上,在多重不确定下的 AI 使能系统可信决策,数据不再是完美数据,可能存在偏见数据或对抗样本的风险,导致决策模型的不公平或者错误结果。

在方法流程上,提出问题—制定方案—选择方案—评估方案—人机协同决策的决策流程需要引入对多风险的考量,决策主体转为了在风险下的人机协同决策。

在人机协同过程中,需要对个例水平上的结果进行信任校准,达到增强人或 AI 单一决策的目的。对由于风险错误导致的信任中断,需要进行信任恢复,对 AI 的信任贯穿在用户与 AI 系统决策的环节中。

综上,人机交互的相互理解、对系统错误的信任恢复、在新数据上的表现以及 AI 使能系统的致命事故等,都对数据和模型不确定性的 AI 使能系统可信决策提出了新的挑战。

6.3.3 人机协同的 AI 系统可信决策和组团

人工智能的出现意味着未来的高风险决策需要人与机器的协同,这一点在接受这项技术的组织中很常见。人机协同决策是指将人类和人工智能的能力融合在一起进行决策,目标是利用人类和机器的优势做出更准确、可靠和合乎道德的决策。

在人机协同决策中,人和机器共同完成一项任务,人提供领域知识、直觉和判断,而机器提供计算能力、数据分析和模式识别能力,这两个实体相互补充,人类提供特定上下文的视角,机器提供数据驱动的视角。

信任不能仅靠政策和程序来保证,人们需要知道信任系统做什么,如信任人工智能系统来识别目标,避免识别干扰目标,参与这一过程需要判断如果失败,人们可以承担多大的风险。

将人类控制整合到机器流程中时,人们经常被迫在控制和速度之间做出选择:人类控制越多,系统的运行速度就越慢。为了实现最佳性能,首先要求操作人员了解模型能力,理解数据质量的重要性,洞悉模型在环境中的表现。尽管它可能不会使系统更加精确或准确,但可使系统能够更好地对输出进行分配。

需要确定对任务和人员的风险有多大才合适,这一决定很复杂,其中关键任务可能是需要容忍多高的风险。寻找这种平衡将是人类的工作,可以通过构建交互的逻辑,以找到多种不同的人机互动配置,确保系统的最佳使用,同时避免不必要的伤害,现实中还将面临大量时间敏感目标,以及面临承担更多风险的操作条件。

1. 人机协同决策的方式

1)人在环路中(Human - in - the - loop)

在这种方式中,人类向机器提供输入和反馈,然后机器相应地更新其决策过程。这种方法通常用于机器学习等应用程序,其中人类提供标记数据来训练机器,然后提供有关机器预测的反馈,以后随着时间的推移提高其性能。

2)人在环路上(Human - on - the - loop)

在这种方式中,人会监控机器的决策,并在必要时进行干预。这种方法通常用于安全关键性应用,例如自动驾驶汽车,在这种应用中,人类可以在机器出现故障时提供安全保障。

3) 人与环路侧(Human – with – the – loop)

在这种方法中,人和机器一起工作以实时做出决策。这种方法通常用于自然语言处理等应用程序,其中人类向机器提供特定于上下文的信息,然后机器相应地更新其对任务的理解。

无论采用哪种方法,人机协作决策都需要在人机之间建立信任和沟通。人类期望机器能够提供准确可靠的信息,机器必须以一种对人类透明且易于理解的方式传达其决策和推理。

2. 人机团队的可信构建

人机团队(Humen – Robot Team,HRT)的定义为至少由一个人和一个机器人、智能代理或其他 AI 或自治系统组成的团队。在高风险决策领域,许多人类专家依靠 AI 的输出形成最终决策,组成人机团队。

虽然人工智能目前是一种工具,但随着技术的进步,它需要作为团队的真正成员加以考虑,其权利影响到人类队友,并需要对他们承担责任。将人类与人工智能结合在一起,将以目前难以想象的方式在人类和人工智能系统之间共享,提供了利用各自优势并减少不足的最佳方式,特别是在不确定性存在的较量中。

随着人工智能能力的增强,技术将日益成为整个任务的一个角色。在某些情况下,人和机器可能紧密集成在共享任务中,从而变得相互依赖,任务切换的想法变得不协调。在一些设计中,人类分析师与软件代理结合在一起,几乎实时地理解、预测和响应正在展开的事件。

然而,不管人工智能的最终地位如何,它都有可能改变团队动态以及对人类团队成员的期望。将人工智能引入团队会改变团队动态,而人工智能与人类团队成员的差异会使团队组建更加困难。

简言之,人工智能支持的决策不仅仅是技术问题,它需要改变组织结构、流程和人员技能,人工智能作为一种工具,可以最大限度地提高组织在激烈竞争环境中获胜的机会,发挥其在各种任务中运作方式变革的潜力。

人工智能的固有局限性和相对脆弱性意味着机器必须继续与人类共存,随着机器从简单的工具跃升为合作的队友,人机编队将成为现代战争的中心。例如空军的忠诚僚机概念已表明,人与机器之间的互动质量与机器的技术先进性一样,对成功的人机协作至关重要,了解如何确保人类和机器之间的信任将是至关重要的。

在人机团队中,机器在实现目标方面发挥着积极作用,它从信息中进行推断,从信息中获得新的见解,从过去的经验中学习,发现并提供相关信息以测试假设,帮助评估潜在解决方案的后果,辩论所提出的立场的有效性,提供证据和论据,提出解决方案并提供对非结构化问题的预测,参与人类行为者的认知决策。

当正确的任务被分配给团队中正确的人类或机器,两者之间的互动是高质量时,人机团队的表现就会大大超过人类和机器单独行动。多种因素影响着互动质量,有效的人机协同只是部分地依赖于人工智能的先进性,在很大程度上取决于互动的质量。

人们常常把它和人与人之间的团队相提并论,团队的有效性不是简单的单独成员能力和投入的总和,实际上取决于通过团队流程和团队工作成功地整合和协调个人努力。

人类必须了解①其角色,②人工智能系统,③如何与人工智能系统/队友互动,以及④如何与其他人类队友互动。

决策过程往往涉及不确定性,因此需要对不确定性进行管理,我们想知道,这种不确定性究竟因何而来,是因为使用了不合适的数据进行预测、使用了不合适的模型,还是由于训练样本与预测样本相差较大引起的?

我们还会关心诸如反事实之类的事情:如另一种观点将会发生什么变化?假如某个因素权值更大将会影响什么?假如改变某个因素,系统结果将会如何改变?

通常需要做出一系列决策,而不仅仅是做出某一个决策,因此还应该考虑跨越较长的一定时间的决策,尤其是在高风险领域,如医疗、金融、商业、军事等领域中,决策行为会在很长一段时间内发生。

例如,人和机器一起工作解决一个共同的目标,在这种关系中,人和机器是平等的贡献者。在未来,AI 使能系统将与人类成为协同决策团队,不同的应用对在人机协同工作的紧密程度方面会有不同的要求,任务权限可以在人机之间动态变化,达到人工智能系统增强人类决策的目的。

因此如何构建新型人机协作团队、实现高效的跨组织可信决策,是 AI 使能系统应用的重要挑战。当一个人紧密地处于人工智能系统的循环中时,人在回路中的协作决策非常重要。

高绩效的人类团队决策的一个重要特征是他们能够在长时间内建立、发展和校准信任,而机器尚不具备与人类透明沟通的能力,这为新型人机协同团队的可信决策提出了新的挑战。

研究表明,这些人机团队的绩效可能比单纯人类或单纯 AI 团队的绩效更高,为了实现这一点,人类必须具有适当校准的信任水平,否则会导致对 AI 的信任水平进行了错误的校准,人机团队表现将不如单独的人类决策。增强 AI 使能系统的可理解性、响应性和解决冲突目标的能力,可能远比单纯提高 AI 的准确率更有意义。将人类决策和智能决策两种决策模式结合起来,以优化组织决策的质量,聚合人类和 AI 决策者各自的优势为集体决策。

由经验决策变为数据和算法驱动的智能决策时,人工操作员将转变为 AI 的可信合作者,但 AI 有风险,人类有偏见,因此多风险下新型人机协同团队决策问题、风险下的机器行为问题、风险下的决策迭代问题、多级人机决策审核问题、人机跨组织决策问题等一系列和管理相关的人机协同决策都面临着新的挑战。

人机协同的决策模式需要组织建立高效的人机协同团队,未来的研究应该对人机团队的组织架构、团队信任和绩效管理的理论基础和应用方面进行探索,提出建立高效、可信的人机团队的科学方法。

在复杂系统高风险决策场景叠加持续交付和人机协同交互,带来了大量的动态不确定性,如何在高度动态不确定性下进行人机协同决策,是一个值得研究的挑战。

Shrestha 等(2019)[10]在比较了人类决策和智能决策的基础上,构建了一个新的框架,概述了如何将两种决策模式结合起来,以优化组织决策的质量。该框架提出了组织成员的决策与基于人工智能的决策相结合的 3 个结构类别,并提出决策搜索空间的特殊性、决策过程和结果的可解释性、备选集的大小、决策速度和可复制等 5 个关键因素以确定人类和人工智能决策的特性。

复杂组织应用 AI 决策时面临着决策权力分配和决策时间挤压的问题。不同组织级别的决策参与者对 AI 系统的认知与信任程度不同,在决策传递时可能存在偏差和意见冲突,如何确定最佳行动方案就会变得更加复杂。对于要求实时决策的应用场景,跨组织智能决策的决策时间将受到挤压,未来的研究应关注合理协调跨组织层级智能决策的人机权力分配和有效的人机协同,进一步促进可信决策的发展。

6.4 AI 系统生命周期的人机协同可信

高风险场景带来了多重不确定性,如何在动态不确定性下进行人机协同应用和决策,是一个值得研究的挑战。理想情况下,系统将包含人、环境和任务的模型,以便推断未来的预期行为,然后,这些预测可用于做出系统行为的决策。

为此,结合上文所述,需要从 AI 使能系统生命周期的系统视角去实现 AI 可信决策的目标。

AI 系统的生命周期包括 AI 需求定义、数据收集和审查、模型设计和训练、模型测试和验证、模型部署和应用以及 AI 持续交付等环节,如图 6-5 中的外环所示,各阶段的每一步都影响着 AI 使能系统的可信应用和决策。AI 使能系统的主要参与者包括 AI 用户、AI 开发人员、AI 系统,这三者之间的协同交互,贯穿于整个 AI 使能系统的生命周期,共同决定可信决策,如图 6-5 中的内环所示。本节从三者的协同出发,提出了贯穿于整个 AI 使能系统开发和部署一体化的人机协同可信框架[11],将 AI 可解释性、公平性、安全隐私性、可问责性以及可信组件在框架中实施,期望对 AI 可信决策具有指导意义。

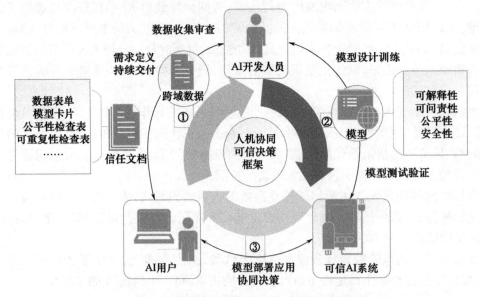

图 6-5 AI 系统生命周期和人机协同可信框架

6.4.1 用户需求与开发者间的协同

为了使 AI 系统能够满足实际需求,用户需求与系统开发者在 AI 开发使用的生命周期中进行不断地交互和协同。用户需求与开发者间的协同主要发生在 AI 使能系统需求定义、数据收集审查和持续交付阶段。

例如,在项目启动期间,系统开发人员需要与用户交流以定义问题的范围,并就数据需求、项目时间表和其他资源达成一致,这一步会便于用户增加对系统的理解和信任,也有利于开发人员设计出符合可信的 AI 系统。

在数据收集阶段,开发人员向用户收集相关数据,通过数据纠偏等公平性方法确保训练数据集的有效性和公平性,同时保证数据隐私安全。在持续交付阶段,用户接受系统培训并提供关于准确性、可解释性等的反馈,以供系统开发者进一步完善系统功能。

一个典型例子体现在医疗健康智能决策中。随着 AI 辅助决策在医疗保健领域广泛应用,医生利用 AI 使能系统对患者进行病情监测、医疗诊断、预后跟踪等。在建立 AI 智能医疗系统时,医生在系统需求定义阶段参与需求确认,如定义诊断内容、对误判率的容忍度等方面;在数据收集审查阶段,提供例如患者电子健康记录、生物医学研究数据库、基因组测序数据库等数据,供开发者进行训练。

另一方面,目前得到批准应用的多为固定模型的 AI 算法,以美国食品药物管理局(FDA)为例,2019 年前批准的 60 多个 AI 辅助的医疗器械软件产品都是固定模型,不具备自适应学习能力。随着带有自适应学习功能的 AI 不断被开发(例如 IDx - DR、Caption Guidance),临床医生借助 AI 系统为患者提供诊断决策,将新产生的相关临床数据记录到患者的 EHR 中,并反馈到 AI 辅助诊断系统中进行增量机器学习,AI 生命周期进入到持续交付阶段。在持续交付阶段,用户需要接受系统使用培训,确保可以灵活使用系统。系统开发人员根据用户反馈改进系统,并提供数据表单、模型卡片、公平性检查表等信任文档供 AI 用户验证。

6.4.2 系统开发者与 AI 系统的协同

系统开发人员和 AI 使能系统之间的协同主要发生在模型设计训练、模型测试验证、模型部署应用阶段。

在模型设计和训练期间,系统开发人员需定义模型的可信价值观,利用平衡且正确的数据集,设计出恰当的模型。

模型构建后,开发者必须根据伦理规范所描述的可解释性、可问责、公平性、鲁棒性等方面的约束条件对初步模型进行测试,并设计信任校准工具,例如实时展示系统信息的用户界面、系统错误边界等。

在系统验证期间,开发者将不断检查该系统的运行时行为,并判断其是否符合道德要求。如果违反道德约束,工程师则必须进一步改进 AI 模型,并启动新一轮的 AI 使能系统生命周期。

在模型部署和应用期间,系统开发人员需要对已开发的 AI 使能系统进行定量和定性分析,记录开发活动以确保结果的可追溯性。

以自动驾驶系统为例,自动驾驶汽车(AV)可以消除人类疲劳、误判和醉酒等驾驶风险,但也有许多潜在的新风险。目前的 AV 难以做出包含人类价值观、权利和社会规范的决策,此时便要求系统开发者在设计决策模型时必须对人和其他动物生命等优先级进行符合伦理的定义,使模型的伦理价值观同时符合驾驶法律、驾驶规范、社会规范等。构建可解释性和可问责性约束条件的模型,同时保障安全隐私性、公平性。

当难以避免的事故发生时,AI系统应对实时的情况进行解释和决策,迅速进行合理的人机控制权交换,这需要系统开发者对AI进行可解释的交互界面设计,并且提供系统相关运行参数和开发日志以分析责任界定,加强AI决策信任。

6.4.3 AI系统和系统用户间的协同

AI系统和系统用户之间的协同主要发生在模型部署应用阶段。模型部署过程中,用户结合AI使能系统的预测结果和专业经验进行决策,同时用户将提供关于系统是否可信、是否易于使用、解释是否足够等反馈信息,并采取适当的人为监督措施。

在应用过程中,系统用户利用信任校准工具对AI的决策进行校准,避免产生盲目性的过度使用或弃用,在人类专业知识和AI决策结果一致时相信智能决策,在决策不一致时,根据决策校准工具判断机器决策的置信度,选择接受或不接受机器决策的结果,降低决策误差。

用户与AI系统协同的典型案例发生在AI贷款核保领域。传统的核保系统大多数是基于特定规则的,当规则库中的某些默认规则被触发时,贷款承销商接受或拒绝贷款的放出。由于AI模型可以结合大量数据集和动态模型的结果进行预测与决策,所以智能核保的准确度比人工手动核对高出许多,人工智能系统的快速决策提供了令人满意的客户体验。

信用评分任务通常有两种类型,第一类是将申请人简单地分为"拒绝""通过"等类别,可以由自动承销系统完成。相比之下,第二种类型的信用评分任务需要发现现有的客户还款模式,以更新未来的贷款策略,这通常需要从有经验的保险商和资深人士的领域专家获取信息,这些专业信息因贷款产品的类型和承销商的经验而异,超出了原规则库的默认范围。

此时在AI系统部署应用时,系统需要提供决策的依据与边界,用户在校准的基础上,结合领域特定的专业知识与非结构化的经验进行综合决策,并且对于系统所提供的信息是否准确、解释是否充分等做出反馈和人为监督。

最后,为了验证人机协同可信框架的实施,AI开发人员需要在整个AI生命周期过程的各个阶段完成信任文档。信任文档是对可信赖AI开发提出的标准化文件,用以记录训练的AI模型的性能特征。

目前被开发的信任文档包括数据表单(记录每个数据集的动机、组成、收集过程、推荐用途等)、模型卡片(详细说明模型性能特征的文件,提供了在各种条件和预期应用领域下的基准评估)、可重复性检查表(记录模型重复实现的条件和过程)、公平性检查表(确定了AI公平性检查表的总体要求和关注点等)。

至此,伴随AI系统生命周期,形成了人机协同可信框架,为实现人机系统协同应用和决策优于独立决策的效果提供可实施的路径。

6.5 小　　结

- 人工智能的应用实施,需要从系统角度进行考虑,预测系统和决策系统都涉及决策问题,如何可信需要不同层面的考虑。

- 人工智能方法已经在很多特定数据上取得了超人的成果,目前需要的是将人工智能的理论方法应用到工程及实用中。
- 现实中环境变化、偏见样本、对抗样本等造成的数据不确定,对人工智能系统的可信造成影响。
- 人工智能模型内在的黑箱机理不清,存在多种不确定,造成存在恶意对抗的脆弱性。
- 人类和人工智能系统交互、理解还存在着一段有点远的距离,人机、机机之间的协同决策需要新型的方式。
- AI系统生命周期中的每个模块存在着人机协同可信问题,这里我们提出一个通用的可信框架,具体实施还需要根据任务需求补充细节。

参考文献

第7章 人工智能可信应用的要素

7.1 引　言

人工智能应用中,数据和模型是非常重要的要素。在通常情况下人工智能应用会涉及研究和生产两个主要环境:研究环境可以在本地计算机或工作站上,采用开源数据集,这是为了进行小规模的模型分析和探索;生产环境是模型投产的环境,需要长期的持续运行,数据是实际场景的数据,需要应对数据的变化和模型的迭代。

虽然人工智能模型已经在多个研究数据集上取得了超人的成功,也获得了广泛的应用,但对开放世界存在的数据、模型和应用问题,其性能可能急剧下降,因此如何将研究环境的人工智能成果落实到生产环境的工程落地,如何在对抗性环境中让这些人工智能技术和系统仍按预期运行,成为急需解决的挑战性问题。

为高度专业化和高风险的领域构建可信的人工智能系统具有多种多样的障碍,除了数据、模型和系统要素之外,遵循以人为本的设计方法还存在开发人员与专业领域的不同利益相关者之间的高度知识不匹配、可用性限制或伦理问题、在模拟设置中进行迭代实证测试的可及性和广泛的验证性、非结构化或高维数据的复杂性和来自多个数据源对齐的决策任务等需要解决的问题。

本章重点对人工智能可信应用中的数据、模型、系统三方面的要素进行介绍和分析,从多角度提出了人工智能应用要素的挑战问题,以推进可信人工智能应用的发展。

7.2　AI可信应用中的数据要素

7.2.1　数据集存在系统缺陷

数据集的建立和流通对人工智能的研究和落地将产生重要影响。如何评估数据质量和标注质量对AI模型性能的正负影响?如何有道德地合理获取和构建数据集?如何对数据集进行估值和定价以便于共享和流通?这些涉及数据集本身存在的系统性缺陷、数据集引入的世界观问题、数据集共享和估值等问题。

1. 数据质量和标注问题

众所周知,人工智能中的监督性学习方法需要有标签的数据集,用于构建监督性的图像分类器。例如训练图像深度神经网络分类模型,学术界开始是在小数据集上展开的,如CalTech101（9k图像）、PASCAL-VOC（30k图像）、LabelMe（37k图像）和SUN（131k图像）数据集等。

大规模ImageNet数据集和深度神经网络的出现,大大提高了计算机视觉(CV)和人工智能(AI)的性能,成为近年来人工智能跃变的起点。ImageNet创建于2009年,斯坦福大学的李飞飞教授等在计算机视觉与识别模式大会(CVPR)上首次推出图像识别竞赛ILS-VRC的数据集ImageNet。ImageNet拥有超过1400万张图像,分布在21,841个同义词集合(synsets)中,包含1,034,908个边界框注释,2万多个分类,数据量大大超过当时其他数据集。

从此之后,ImageNet数据集主导了曾经的计算机视觉竞赛,深度卷积神经网络(CNN)在这个数据集中大获成功,之后ImageNet数据集被广泛用于图像分析的预训练和基准测试,从此大数据集的规模成为深度学习成功的关键所在。

但在应用中还存在几个问题需要深入探讨如下:

1) ImageNet这个数据集基准是否存在问题

2020年7月初,麻省理工学院(MIT)宣布永久删除了包含8000万张图像的Tiny Images数据集,并公开表示歉意,原因是论文 *Large image datasets: A pyrrhic win for computer vision?*[2]中的发现导致的结果。论文作者在数据集中发现了许多有危害的类别,包括种族歧视和性别歧视,查其原因是依赖WordNet数据库的名词来确定其可能的类别,而没有人工检查图像标签带来的结果。

在2020国际机器学习大会(ICML)上,麻省理工学院研究团队发表了名为 *From ImageNet to Image Classification: Contextualizing Progress on Benchmarks*[3]的论文,说明ImageNet使用了WordNet用于语义结构分析,存在明显的系统标注问题:当其用作基准数据集时,与实际情况或直接观测结果不一致,存在系统性问题。

ImageNet使用WordNet进行了标记,当时构建数据集时,由于数据量大,未用人工手动对图像标签进行逐一核对,导致了出现了问题。WordNet是在1985年由认知心理学的创始人之一,普林斯顿大学认知科学实验室的George Armitage Miller教授构建的一个大型英文词汇数据库,名词、动词、形容词和副词以同义词集合(synsets)的形式存储在这个数据库中,之后WordNet被广泛用于数据集的收集和标记过程。

起初构建理想的大规模图像数据集是收集世界上单个物体的图像,并由专家按照确切的类别对其进行标注,但这不容易做到真实反映出物理世界的实际情景。ImageNet数据集的数据采集方法的设计是从搜索引擎和图像化社交网站Flickr上收集图像,然后通过Amazon Mechanical Turk众包平台对从互联网搜索引擎收集来的图像进行分类标注。因此,ImageNet数据集的创建过程主要分为自动图像收集(automated data collection)和众包过滤(crowd-sourced filtering)两个阶段。

ImageNet以WorldNet提供的名词和语义结构为依据,在搜索引擎网站进行图像搜索,作为数据集的初始来源。在相关搜索过程中,WordNet的语义结构可能会将非主要目标的图像纳入数据集中,因此就出现上文提到标记偏差,即同一分类却出现了不同的物体目标。

众包过滤起到的是审核作用,与原始ImageNet标签相比,经过众包过滤后生成的注释能够以细粒度的方式表征图像的内容。如果采用众包的标注在设计时被要求专注于一个物体,忽略了其他物体或遮挡物,其搜集的数据就造成了数据标注偏差,从而导致从该数据学习的模型出现问题,但目前大规模图像数据集基本上遵循类似的标注要求。

研究者发现,以上标注内容可能并没有达到期待的效果,即使对于单一目标的图像,

ImageNet 验证过程也难以得到准确的标签。因此,可以说图像标签在很大程度上依然取决于自动搜索过程,同时众包过滤的审查过程还有很大的提升空间。

基于 ImageNet 预训练的模型,其结果可能会因为数据质量而变化。来自 Adansons 公司的工程师 Kenichi Higuchi 在 *Are we done with ImageNet?*[4]一文中对 ImageNet 数据集进行重新研究,用去除错误标签的数据重新评估模型,大大提高了模型的性能,在文中将 ImageNet 中的标签错误分为三类:①标注错误的数据;②对应多个标签的数据;③不属于任何标签的数据。这三类错误数据大约有 140,00 多个,考虑评估数据的数量为 50,000,错误数据占比 28%,可以看出错误占比很高。

在不重新训练模型的情况下,该研究通过只排除标注错误的数据来重新检查 10 个分类模型的准确率。以 All Eval 数据为基线,错误数据有 3670 个,占全部 50,000 条数据的 7.34%,排除错误数据类型,准确率平均提高 3.122%,排除所有三类错误数据,准确率平均提高 11.743%。

上面文章的实验结果表明,仅仅提高数据的质量就可以将分类模型准确率提高约 10 个百分点,这表明在开发 AI 系统时不仅要改进模型,而且要改善数据集的质量。在业务中应用 AI 时,创建高质量的数据集将直接关系到提高 AI 的准确率和可靠性。然而,保证数据集的高质量并不容易,尤其是对于非结构化数据。

2)数据标签失配的图像分类性能分析

在深度神经网络分类中,常常会出现训练样本和测试样本数据标签失配现象,但目前缺乏数据特性失配的度量和对数据质量的核查方法。

我们做一个简单测试,针对 VGG16、VGG19、ResNet50 等深度神经网络模型,对数据标签失配下的图像分类性能表现进行观察,在两个不同数据集下对模型性能进行比较分析。训练数据集从 ImageNet 中选取,测试集在 ImageNet 中和 VOC 中选取:

(1)ImageNet 数据集中的 cat(猫)、dog(狗)、car(小汽车)、bicycle(自行车)、motorbike(摩托车)、airplane&warplane(飞机)共 6 个类别,每个类别标签各选取 1000 张图。从中随机各选取 500 张图像组成训练集,各 300 张构成测试集。

(2)在 VOC 数据库中用关键词筛选方法,从 VOC 中选择标签中含有目标关键词的图像构成另一个测试集,其中包含 cat、dog、car、bicycle、motorbike、airplane&warplane 6 类分别为 500~1000 张图像。

设计的测试实验流程如下:

(1)使用 VGG16、VGG19、ResNet 50 在 ImageNet 1000 类的预训练模型;

(2)在上述 ImageNet 6 个类别的训练集里进行微调训练;

(3)在 ImageNet 和 VOC 的测试集上进行测试,结果如表 7-1、表 7-2 和表 7-3 所示。

表 7-1 VGG16 的分类准确率

测试集	准确率					
	cat	dog	car	bicycle	motorbike	airplane&warplane
ImageNet	92%	71%	91%	75%	82%	86%
VOC	67%	42%	64%	59%	71%	85%

表7-2 VGG19的分类准确率

测试集	准确率					
	cat	dog	car	bicycle	motorbike	airplane&warplane
ImageNet	98%	99%	99%	97%	97%	99.7%
VOC	89%	88%	76%	76%	82%	97%

表7-3 ResNet 50的分类准确率

测试集	准确率					
	cat	dog	car	bicycle	motorbike	airplane&waplane
ImageNet	87%	90%	96%	80%	85%	90%
VOC	50%	63%	70%	51%	71%	85%

由实验结果可见,在ImageNet上训练的VGG16、VGG19、ResNet 50深度神经网络分类模型,对VOC数据集的测试样本而言,在大部分类别上的分类准确率都低于ImageNet上的测试数据,只有飞机类别,两者差别不大。

通过对数据集中图像查看和比较,分析原因可能是由于ImageNet作为分类数据集,其标签类中标签物体在图像中占据主要位置,如自行车类图像中的自行车。而VOC作为一个分割和目标检测数据集,标签类中标签物体未必占据主要位置,目标受背景干扰和人物干扰比较大,因此分类难度更大,准确率下降,如图7-1所示。这个实验进一步验证了基准数据集的数据质量影响着模型的性能。

图7-1 ImageNet和VOC数据集中的自行车类图像内容的差异

2. 数据集的世界观问题

AI正在改变经济和社会,改变我们的沟通和工作方式,并可能重塑经济和政治。因数据集而引发的事件不仅仅是单纯的数据问题,实际上还反映出了人的世界观问题,在不同程度上影响着经济和政治,典型案例如下:

案例1:杜克大学的研究团队在GitHub上开源了一个图像修复算法PULSE(Photo Upsampling via Latent Space Exploration)[7],一经上线就被媒体争相报道,受到了极大关注。但有发现用PULSE修复马赛克图像时,将奥巴马变成了高分辨率的白人,对此,图灵奖得主LeCun在社交网站推特上称,训练结果存在种族偏见,是因为数据集本身带有偏见。PULSE算法产生的人像只是一种虚拟的新面孔,它并非真实存在的人像,只是看起来跟真人无异,严格来说,这项技术不能用于身份识别。

案例2:*Nature*杂志的文章[8]揭露了,当谷歌翻译将西班牙语的新闻文章翻译成英文时,提及女性的短语经常会变成"他说"或者"他写"。这些反映出了白人和男性占主导地位的社会层面的偏见和偏差。作为用于分析和处理大量的自然语言数据常用的词嵌入算法,会把欧美裔美国人描述为快乐的,而将非洲裔美国人描述为不快乐的。计算机科学家最近发现,在商业人脸识别系统中,深色人种的性别更容易被误判,误判率高达35%,而浅色人种的误判率只有0.8%。

在涉及人的属性数据中,有些群体代表性过高,而另一些群体代表性不足的数据集正影响着人工智能模型的性能。例如超过45%的ImageNet数据来自美国,而美国人口只占世界的4%;相比之下,中国和印度加起来仅贡献ImageNet数据集中3%的数据,而中国和印度人口加起来占了世界人口的36%。这种缺乏地域多样性数据集的现象,部分解释了为什么计算机视觉算法会给一张传统美国新娘的照片贴上"新娘""礼服""女人"等标签,而给一张印度新娘照片只有"表演艺术"和"礼服"两个标签。

案例3:在医学领域,采用机器学习预测容易受到带偏见训练集的影响,因为医疗数据的生产和标注成本非常高,专业性强,普通人看不出标注问题。Esteva等[10]利用深度学习从照片中识别皮肤癌,使用了129,450张图像作为数据集训练他们的模型,其中60%的图像是从Google图像下载得到的。但是这些图像中,只有5%来自深色人种,而且该算法也没有在深色人群中进行测试,因此,该分类器在不同肤色人种中的性能会有很大的差异。

案例4:在电子商务中,很多商品评价由机器自动生成,带来是评论的规模性、密集度大幅增加。如果虚假评价如潮水般涌入,就有可能将真实评价淹没。在社会事件的舆论方面,机器人水军如果操纵舆论,可能使国家安全置于风险之中。亚马逊公司表示,据估计超过90%的不真实评论是由计算机或其他机器工具生成的[9],因此亚马逊公司采用机器学习全天候分析现有的评论,并阻止或删除不真实的评论,但处理的效果并不总是有效的。

面对出现的数据质量问题和数据集基准的争议,需要找出偏见的来源,消除带有偏见的训练数据,并开发足够稳健的算法来对抗数据偏见。从数据收集和标注阶段进行改进是一个切实可行的措施,对于大型数据集,理想的方法是按指定目标在全世界范围内收集图像,并让专家按确切类别进行手动筛选和标记。

数据中的偏见往往反映了社会关系中深层隐性的不平衡和道德观,有缺陷的算法可以通过反馈循环来放大偏差。因此,训练数据的建立必须有社会意识和道德意识,应该采取措施来确保此类数据的多样性,而不是让数据集来代表特定的群体。

案例5:美国NIST研究人脸识别系统的偏见。美国国家技术标准研究院NIST检查了人脸识别软件在不同种族、性别、年龄上是否有差异,发布研究报告公布了结果:答案取决于系统核心的算法、使用它的应用程序以及它提供的数据[11]。研究通过NIST的人脸识别供应商测试(FRVT)计划进行,该计划对行业和学术开发人员提交的人脸识别算法执行不同任务的能力开展评估。

NIST的研究评估了来自99名开发人员在大多数行业应用的189种软件算法,包括Idemia、英特尔、微软、松下、商汤和Vigilant Solutions等公司在业界领先的系统。

第一个任务是确认照片与数据库中同一人的不同照片匹配,称为"一对一"匹配,通常用于人脸验证,例如解锁智能手机或检查护照。

第二种是确定照片中的人在数据库中是否有任何匹配项,称为"一对多"匹配,可用于识别某人。

评估每种算法在任务中的性能可能产生两类错误:误报和漏报。误报意味着人脸识别软件错误地认为两个不同的人的照片显示为同一个人,漏报意味着软件无法匹配实际上显示同一个人的两张照片。错误类别和搜索类型可能会带来截然不同的后果,具体取决于实际应用程序。

在一对一搜索中,漏报可能意味着你不能进入你的手机,但这个问题通常可以通过第二次尝试来补救。但是,一对多搜索中的误报会在需要进一步审查的候选人名单上不正确地匹配。

该报告与大多数其他人脸识别研究的不同之处在于,考虑人口因素对每种算法性能的影响。对于一对一匹配,只有少数研究探讨了人口统计学效应,对于一对多匹配,没有研究与人口统计学相关。

为了评估算法,NIST 团队使用了个人脸图像集,其中包含 849 万人的 1827 万张图像,所有这些都来自美国国务院、国土安全部和联邦调查局提供的业务数据库,没有使用任何直接从社交媒体或视频监控等互联网来源"抓取"的图像。该团队不仅测量了每种算法在两种搜索类型的误报和漏报,而且还确定了这些错误率在标签之间的差异程度,该算法在不同群体人脸图像上的准确性差异很大,有以下结果发现:

(1)对于一对一匹配,发现相对于白种人的图像,亚洲和非裔美国人的人脸误报率更高。差异通常在 10 到 100 倍之间,误报可能允许冒名顶替者访问。

(2)在美国开发的算法中,亚洲人、非裔美国人和原住民群体(包括美洲原住民、美洲印第安人、阿拉斯加印第安人和太平洋岛民)的一对一匹配也有类似的高误报率,美洲印第安人人口的误报率最高。

(3)对于亚洲开发的算法,亚洲人和白种人面孔之间的一对一匹配在误报方面没有显著的差异,表明更多样化的训练数据可能会产生更公平的结果。

(4)对于一对多匹配,发现非裔美国女性的误报率更高。一对多匹配中的误报差异尤其重要,因为其后果可能包括虚假指控。

(5)年龄和性别因素,老年人和儿童更容易被识别错,女性比男性容易被识别错,中年白人的准确率最高。

这份报告的主要作者 Patrick Grother 表示:其研究的大多数人脸识别算法中都存在人口统计学差异的证据。这些数据对于决策者、开发人员和最终用户在考虑这些算法的局限性和适当使用方式时将是有价值的。这不是第一份研究显示出人脸识别带有偏见,MIT 实验室的一项研究也得出了类似的结果,凡遇到肤色较暗的人种以及女性,识别的错误率就增加[12]。

针对人脸识别结果的差异性问题,2019 年,美国有 9 个州都颁布了关于禁用人脸识别技术的法案,严禁警察、政府部门以及在公共场所使用人脸识别技术。2021 年欧洲议会投票通过决议,呼吁全面禁止基于 AI 生物识别技术的大规模监控,此次决议呼吁全面禁止在公共场所进行自动人脸识别,并对警方使用 AI 进行预测性警务活动实施严格的限制措施。

3. 以数据为中心的 AI

当前有两种基本思路来构建人工智能模型:第一种以模型为中心的人工智能(Model - Centric AI):主要通过改进模型来提升性能。第二种以数据为中心的人工智能(Data - Centric AI):主要通过优化数据来提升性能。以数据为中心的 AI 被 Gartner 公司列为 2022 年的 12 个重要战略科技趋势之一[13]。

以数据为中心的 AI 不同于以模型为中心的 AI,对于优化 AI 泛化能力采用的是数据集的优化,而不是模型的优化,如 CNN、Transformer、BERT、GPT 等模型。以数据为中心的 AI 是新型的 AI 技术,专注于理解、利用数据并基于数据做出决策。以数据为中心的人工智能通过结合机器学习和大数据分析的技术来改变这一点,使其能够从数据中学习,而不是依赖算法,因此,它可以做出更好的决策并提供更准确的结果。它比传统的 AI 方法更具可扩展性,随着数据集规模和复杂性的增长,以数据为中心的人工智能可能会变得越来越重要。

以模型为中心的 AI 聚焦于几个基准数据集,然后设计各式各样的模型去提升预测准确率,准确率高的模型只能确保很好地拟合了数据,并不一定意味着在实际应用中会有很好的表现。

以数据为中心的 AI 侧重于提高数据的质量和数量,关注数据本身,而模型相对固定,在实际应用中会有更大的潜力。数据和特征决定了机器学习的上限,而模型和算法只是逼近这个上限。

两者之间的区别如图 7-2 所示。

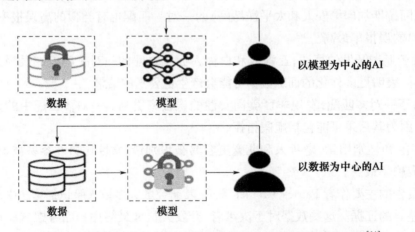

图 7-2　以模型为中心的 AI 和以数据为中心的 AI 之间的区别[14]

在工业界显示,采用数据驱动来优化 AI 往往比模型更有效,提升也更大。以数据为中心的 AI 明显突出了数据的重要性而非模型,数据也成为了关键要素。吴恩达在他的演讲中就展示了表 7-4 这组数据。

表7-4 以数据为中心的分类模型准确率提升

应用分类模型	钢材缺陷检测	太阳能电池板	表面缺陷检测
基线准确率	76.2%	75.68%	85.05%
以模型为中心	+0%(76.2%)	+0.04%(75.72%)	+0%(85.05%)
以数据为中心	+16.9%(93.1%)	+3.06%(78.74%)	+0.4%(85.45%)

注：通过数据增强清洗等提升的模型性能，数据来自吴恩达公开课。

吴恩达(Andrew Ng)举办了一场名为Data-Centric AI Competition的机器学习竞赛[16]。和以往的机器学习比赛不同的是，这次比赛的模型训练由主办方提供且是固定不变的，参赛选手需要提供最优的训练数据集，最多10,000份数据，让模型产生最优精度。这场比赛的用意是，目前机器学习模型已经相对成熟了，而对应的训练数据集的生成优化技术还相对落后，希望通过这场比赛唤起大家对于数据重要性的认识。

1）以数据为中心的AI如何工作

一种以数据为中心的AI，可以通过增强、外推和插值来增加AI服务可用的数据量并有效地使用这些数据，以数据为中心的AI可以帮助使这些服务更加准确和可靠。

2）采用AI生成内容的数据

这是基于生成对抗网络GAN、大型预训练模型等人工智能技术，通过已有数据寻找规律，并通过适当的泛化能力生成相关内容的数据，例如可以生成新的文本、语音、图像、视频等一切数字内容。通过这些方法，使用来自不同来源的训练数据生成以数据为中心的AI，有助于提高训练数据的质量，减少搜集数据所需的时间和精力。此外，还可以帮助提高AI服务使用训练数据的效率，由于数据是量身定制的，因此以数据为中心的AI也能够处理其他数据集，可以从中学习并做出预测。

以数据为中心的AI框架的3个目标如下：

（1）训练数据开发(training data development)。

构建足够数量的高质量数据，以支持机器学习模型的训练。

（2）推理数据开发(inference data development)。

构建模型推理的数据主要有两个目的：在模型训练后对模型的性能进行评估；对推理数据进行调优后输出，比如利用prompt engineering调优。

（3）数据维护(data maintenance)。

维护动态环境中数据质量和可靠性，因为实际中的模型和数据需要不断更新。

表7-5从以数据为中心的视角分析GPT的训练数据，给出了典型模型、数据集及其描述、以数据为中心的策略和相应的结果。

表7-5 从以数据为中心的视角分析GPT的训练数据

模型	数据集	数据集描述	以数据为中心的策略	结果
GPT-1	BookCorpus数据集	4629MB的原始文本，涵盖各种类型的书籍	无	预训练之后，在下游任务微调可以提高性能

续表

模型	数据集	数据集描述	以数据为中心的策略	结果
GPT-2	WebText 数据集	OpenAI 内部的数据集,通过从 Reddit 上抓取出站链接创建而成	使用 Reddit 上获得 3 个 karma 及以上的链接(数据收集);用 dragnet 和 newspaper 两个工具提取纯文本(数据收集);用启发式策略去重和数据清洗	筛选后共有 40GB 的数据,GPT-2 在没有微调的情况下也能取得不错的效果
GPT-3	Common Crawl	一个很大但质量不算很好的数据集	数据收集:训练一个分类器来滤掉低质量的文档,以 WebText 作为基准,用文本的相似性来判断质量;数据准备:使用 Spark 的 MinHashLSH 对文档进行模糊去重;数据收集:把 WebText 扩展加进来了,还加了 books corpora 和 Wikipedia 数据	获得了 570GB 的文本,模型比 GPT-2 更强
InstructGPT	OpenAI 内部数据库	在 GPT-3 上使用人类的反馈做微调	用人工标注,用有监督方式微调模型,根据人类对答案的好坏比较数据来训练一个奖励模型,然后用人类反馈中的强化学习(RLHF)微调	产生的结果更加真实,更符合人类的预期

7.2.2 数据垄断和隐私问题

1. 数据垄断和计算鸿沟

近年来,人类和机器产生的数据量呈指数级增长,除了个人消费数据外,还有大量的自动化设备、智能设备、交通、金融和经济等数据,因此数字经济成为第四大生产力,其中数据的流动、共享、交易和监管成为数字经济发展的重要议题。

人工智能尤其是深度神经网络需要大量的数据投喂给模型,因此构建的数据集越来越大,然而,大多数的数据集中在少数大公司手中,形成了对海量数据的垄断。

早在 2016 年,欧盟即以 GDPR 为基础,形成了个人数据治理的规则[17]。2020 年推出了《欧洲数据战略》[19],这是对数据共享流通的顶层设计。2021 年 11 月公布《数据治理法案》(*Data Governance Act*)[20],2023 年 11 月 9 日,欧洲议会通过了正式公布了《数据法案》(*Data Act*)[18]。《数据法案》是欧盟数据共享制度的重要一环,旨在为数据流转扫清障碍,引导和促进更多的数据利用。对欧盟境内的数据处理活动进行了更加清晰明确的规定,意味着在欧盟境内开展业务的企业需要对当地业务进行合规处理,未来中国企业出境需要面对更高的合规要求。但存疑的问题如下:

1)欧盟的数据法案是否存在"一体双标"

欧盟采取对内促进非个人数据流通,对外严格规范数据跨境流动的过程,《数据法案》的出台虽然有效弥补了欧盟数据跨境制度的空白,但也为非个人数据跨境流动至第三国设置了较多障碍,旨在通过本土立法有效限制非欧盟国家获取欧盟境内非个人数据。

2019 年,图灵奖得主 Yoshua Bengio 指出:"权力、专家、数据,正在向少数几家巨头公司汇集",当时大多数人未有感知。有研究表明,有影响力的数据集正在垄断人工智能的研究。加州大学和谷歌研究院联合发表的一篇论文称:少数来自高影响力的西方机构所发表的"基准"计算机数据集逐渐开始主导人工智能研究领域,而这些机构中不乏政府组织。研究人员总结,这种倾向于使用常用开源数据集(如 ImageNet)的趋势,将会带来各种现实和道德上,甚至政治层面的困扰。

《减少、复用和回收:机器学习研究中数据集的一生》[21]论文的作者认为:广泛使用的数据集仅由少数的顶尖机构引入,这类现象已逐渐覆盖了80%的数据集。全球数据集的使用情况愈发不平等。在其研究的43,140个样本中,超过50%样本使用的数据集全部是由12个顶尖西方组织引入的。

主导的顶尖机构包括斯坦福大学、微软、普林斯顿、Facebook、谷歌、德国马普所以及AT&T公司,十大数据集来源中有四个都是公司机构。论文中还将这些倾向使用精英数据集的趋势描述为"让科学走向不平等的工具",这是因为研究团队为寻求社区的认同,会更倾向于使用常用数据库以达到顶尖水平,而不是自己生成一个全新的、在研究领域毫无地位的还需要同行们重新适应的新数据集。

2)人工智能基准数据集的两面性

设定基准线是人工智能进行性能度量的常规方法,通常数据集在执行特定任务时,以其对应的标准对比模型的性能结果,这种做法的目的是更准确地进行评估。

大量研究高度集中在少数基准数据集,多样化的评估形式对避免过度拟合现有数据集、避免误导该领域研究的进展尤为重要。文献[21]称,计算机视觉研究数据集,更易引起企业、国家以及私人利益间的冲突。

例如对人脸识别任务来说,研究者发现纯粹的学术性数据集的数量相较平均而言已大幅下降,占总体用量33.69%的数据集是由大企业、美国政府提供的,如 MS – Celeb – 1M,CASIA – Webface,IJB – A,VggFace2 等。MS – Celeb – 1M 已被撤回就是由于不同利益相关者关于隐私价值的争执导致。

例如南北半球太阳路径的差异和背景景物的变化也会影响模型的准确性,相机型号的不同规格如分辨率和长宽比也会影响模型的准确性。天气条件是另一个因素,如果一个无人驾驶汽车系统只在阳光明媚环境的数据集上进行训练,那么它在遇到雨雪天气时的表现就会很差。

近年来的图像生成或图像合成领域严重依赖于已有的图像和更古老的数据集,这些数据集在当时创建时并不适用于图像生成,导致生成的图像缺乏丰富性。

因此增加数据集的多样性,还需要引入以公平为导向的政策干预;优先为研究资源较少的机构提供大量资金,以创建高质量数据集。这将从社会和文化的双重角度,让现代AI 方法的数据集多样化。

对于资源不充足的机构或团队来说,创造自己的数据集成本高昂,难以复用和推广,这些现象创造了一种穷的越穷、富的越富的"马修效应",出身大厂的成功基准将注定在研究领域中获得显著地位。

3)数据垄断和计算鸿沟

机器学习垄断主要是深度学习框架基本上就是几家,经过激烈的竞争最终形成了两大阵营:TensorFlow 和 PyTorch 的双头垄断,这两大阵营代表了深度学习框架研发和生产中95%以上的用例。更重要的是,深度学习大型模型训练能力成为了深度学习框架的又一个门槛,这要求深度学习框架能够在数百台甚至数千台 GPU 规模下有效地进行训练,这对于初始团队和经费不充裕的团队来说又是一个登不上去的门槛。

Nur Ahmed 和 Muntasir Wahed 在一篇题为《人工智能的去民主化:人工智能研究中的深度学习和计算鸿沟》[22]的论文中表达了对于"深度学习垄断"的看法。这篇论文在战略管理学会(Strategic Management Society)一个商业研究研讨会上发表。论文分析了近60个全球最有影响力的人工智能会议的171,394篇论文,如 ACL、ICML 和 NeurIPS 等,领域涉及计算机视觉、数据挖掘、机器学习和 NLP。证明大公司和非精英大学群体之间的差异是由计算能力导致的"计算鸿沟",大公司和非精英大学之间的这种计算鸿沟增加了人们对人工智能技术中偏见和公平性的担忧,并为人工智能的民主化带来了障碍。

2. 数据复用和级联问题

数据是人工智能的一个基本要素,可以影响系统的性能、公平性、鲁棒性和扩展性。虽然构建模型的优先级通常很高,但与数据相关的工作通常是优先级最低的方面,这个矛盾引发了 AI 应用的一系列问题。

1) 数据级联的来源

数据工作可能需要多个角色,例如数据收集者、标注人员和开发人员,常涉及数据库、计算机、法律等多个团队来支持数据基础架构,导致与数据相关项目的复杂性在日益增加。

每个人都想做模型工作而不是数据工作,有文献研究并验证了随着时间推移导致技术债务的数据问题对下游的影响,并定义为"数据级联"[23]。数据级联的起源通常是在机器学习系统生命周期的早期,在数据定义和收集等上游触发,对模型部署等下游产生影响,在模型评估、系统指标以及故障出现或用户反馈中最为明显。

数据级联在诊断和表现方面也往往是复杂和不透明的,因此通常没有明确的迹象、工具或指标来检测和衡量其影响,而且会产生长时间的负面影响。随着任务需求的演化,与数据相关的小问题可能会演变成更大、更复杂的挑战,从而影响模型的开发和部署方式。

来自数据级联的挑战包括需要在开发过程的后期执行代价高昂的系统级更改,或由于数据问题产生模型错误预测而导致用户信任度下降。数据级联的问题如下:

(1)在无噪声数据集上训练的模型部署在噪声嘈杂的现实世界中。

例如,一种常见类型的数据级联源自模型漂移,当目标变量和自变量偏离时会发生这种情况,从而导致模型精度较低。当模型与新的数字环境密切交互时,漂移更为常见,因为这种情况下一般会包含训练时不存在的数据或者出现未处理的异常数据等。这种漂移会导致与硬件、环境和知识相关的更多因素变化进一步降低模型的性能。

(2)受控环境模型面对开放世界任务。

为确保良好的模型性能,通常在受控的内部环境中收集数据。但在真实环境的实时系统中,更常见的是带有噪声、阴影、遮挡和伪装的数据,这些都是影响模型性能的噪声。另外,风雨雾霾等环境因素可能会意外干扰部署中的图像传感器,也会触发级联问题。

(3)人工智能从业者管理专业知识有限的领域。

开发人员若进行与数据相关的操作,例如丢弃数据、更正数值、合并数据或重新开始数据收集,这些都会导致数据级联问题,限制模型性能。数据收集者、AI 开发人员和其他合作伙伴之间的利益冲突也可以造成级联问题。例如,一个级联是由一份不规范的数据集文档引起的,与数据相关的工作需要跨多个团队进行协调,但当利益相关者在优先级或工作流程上不一致时,解决这一问题尤其具有挑战性。

2)如何处理数据级联?

(1)人工智能系统开始时就要明确数据质量的概念,类似于对模型性能指标的确定,这包括开发标准化指标并使用这些指标来衡量数据。例如数据表示物理现象的准确度、保真度、解释度,类似于 F1 分数指标来衡量模型性能。

(2)数据工作通常需要跨多个角色和多个团队进行协调。在数据收集者、领域专家和 AI 开发人员之间促进更大的协作、透明度和更公平的利益分配,尤其是对于依赖于收集或标记细分数据集的 AI 系统。

(3)有的需求面临着数据少、标注少和采集难等一系列数据稀缺问题,因此需要开放数据库,生成合理的数据,制定数据政策,以解决任务的数据不平衡等问题。

3. 数据隐私问题和威胁

基于 AI 的决策系统分析大量数据做出决策,数据依赖在应用中可能产生不利影响,黑客可能会窃取数据,从而导致潜在的信息滥用。因此,对于可信的 AI 系统,保护数据隐私至关重要。在数据收集、预处理、建模和实施阶段,人工智能系统都有可能会受到不同的隐私威胁。

在数据收集阶段,隐私威胁可能是由于收集的数据及其存储过程引发的。如果 AI 系统可以从非敏感数据中重新识别敏感信息,则在预处理和建模阶段,隐私可以及时控制受损。另一个威胁可能在实施阶段,有人通过反复查询模型来学习模型的内部功能。因此,保护数据和模型的隐私以使 AI 系统值得信赖至关重要。另外有意的针对性攻击可能导致数据泄露,甚至可能会使已部署的系统瘫痪,从而降低用户对系统的信任。

案例:人脸识别模型被广泛地部署并嵌入到未知和不可预测的环境中使用已成为常态,人脸数据可以多种形式随意获取,因此某些被动的收集方式,可能导致严重的隐私侵犯问题。Mozill 的 Inioluwa Deborah Raji 和纽约大学研究所 AI Now Institute 的 Genevieve Fried 在 AAAI2021 的文章 *About Face:A Survey of Facial Recognition Evaluation* 中[24],调查了自 1976 年以来的人脸识别技术和数据集发展。

他们追踪了 1976—2019 年间,100 多个用于训练人脸识别系统的数据集情况,涵盖来自 1700 万个调查对象的 1.45 亿张图像,这也是目前所知的此类调查中规模最大、最新的一次。这些数据集的形成本身就是一个动态的过程,由政治动机、技术能力和当前规范的变化共同驱动。

随着时间的推移,人脸识别模型又出现了新的分化:不再作为完整的软件包进行发布,取而代之的是作为应用程序接口 API(Application Program Interface)进行部署,提供预先训练的模型即服务(model-as-a-service),以便集成到任何开发人员的应用程序中。这意味着,任何试图将模型应用到特定场合的开发人员,现在都可以访问人脸识别模型。

当模型开发的数据需求较低时,获取数据源的通常做法是使用拍照构建数据源,用这种方式产生高质量的数据集是比较昂贵的。在大数据需求的驱动下,研究人员逐渐放弃了征求人们同意的要求,越来越多人的个人照片在他们不知情的情况下被整合到监视系统中获取。

在这个大数据时代,政府机构、学术界和工业界都在未经同意的情况下,以匿名的名义积累了数以百万计的真人图像。知情同意、隐私或个人代理的基础已经逐渐被侵蚀。将真人的图像作为自由获取的原材料,已经被视为一种常态,这种常态对弱势群体、对隐私的真正含义都构成了威胁。

从表7-6可以看出,在同行评议的文献中发现了数千万人的图像,这些图像是在未经个人同意或知情的情况下获得的。

表7-6 包含真人图像的大规模数据集和知情问题

数据集	图片数量/$\times 10^6$	类别数量/$\times 10^3$	经过同意的图像数量
JFT-300M	300+	18	0
Open Images	9	20	0
Tiny-Images	79	76	0
Tencent-ML	18	11	0
ImageNet-(21k,11k,1k)	(14,12,1)	(22,11,1)	0
Places	11	0.4	0

资料来源:https://modelzoo.co/model/resnet-mxnet。

为了确保可靠性,无论是在道德期望和标准方面,还是在数据本身方面,必须保证所使用基准具有一致性。随着人脸识别任务从验证和识别发展到人脸分析,潜在的技术问题也从图像相似性搜索任务发展到分类任务。考虑到人口统计类别的性别限制时,将测试示例划分为合理的不同类别具有挑战性。

对隐私的担忧是,一旦数据被共享,删除或忘记数据的在线状态就很困难。用于AI系统训练的数据不能轻易删除,因为这些模型会记住数据。因此如何设计隐私法,在允许人工智能系统造福社会的同时,确保隐私在AI系统不同生命周期阶段的实现中得到有效保护仍然是一个重大挑战。

7.2.3 数据资产估值和定价

1. 数据资产特点和定价

在进行数据产品交易、数据资源配置时,需要对数据产品进行定价。通过定价可以将数据的价值显性化,形成货币化的交易手段,数据就成为可以自由交易的商品,实现数据要素流通的盈利目标。但是,数据具有非实物性、多样性、再加工性和价值易变性等特性,使得以数据为原料且经过加工所得的数据产品与一般商品具有显著的差异,进而使得数据产品的定价面临着多重挑战。具体表现如下:

1)数据是非实物的

非实物性使得企业无法在用户购买使用前判断数据产品价值,数据产品价值必须在用户使用过程中体现,导致价值体现存在滞后性。因而,解决数据产品定价时机与价值挖掘之间的矛盾是数据产品定价的挑战之一。

2)数据是多样的

用户不同需求,多样数据源,产生不同价值,造成数据产品应用价值的不确定性,导致产品价值波动较大。因而,解决数据产品定价与产品品类、用户满意度之间的关系是数据产品定价的挑战之一。

3）数据可再加工

数据再次加工使得数据产品的形成过程更加不透明,不仅会导致数据产品的"柠檬市场",更会影响数据产品的完整性、准确性,进而影响用户的购买决策。因而,能否通过数据产品定价确保产品的透明性、完整性和准确性是数据产品定价的挑战之一。

4）数据价值易变

数据的价值会随着时间、场景、技术等因素的改变而变化,进而迫使企业需要从时间、场景、技术等多个维度综合考虑数据产品的定价问题,使得数据产品的定价过程更为复杂,引发定价方法的可实施性问题。

因而,如何设计科学且行之有效的定价方法是数据产品定价的挑战之一,由此可见,解决数据产品的定价对保证数据交易市场的健康发展至关重要。

2. 数据产品的定价方法

由于数据资产不具有实物形态,估值时通常类比无形资产进行分析。在行业实践中,无形资产价值的评估方法包括成本法、市场法和收益法三种基本方法及其衍生方法。

1）成本法

成本法为按成本进行资产价值评估的方法,其理论基础为无形资产的价值由生产该无形资产的必要劳动时间所决定,是从资产的重置角度考虑的一种估值方法,即投资者不会支付比自己新建该资产所需花费更高的成本来购置资产。

该方法易于操作且定价相对直观,常用于买方差异不大、制作成本几乎是公开信息、供给竞争激烈的数据产品,同时也适用于对个人数据的隐私补偿定价。但是如果仅依靠成本法则忽略了买方异质性和数据特点所产生的价值,很可能会低估数据的价值。

上海德勤资产评估有限公司与阿里研究院提出的成本法评估数据资产价值模型如下：

$$数据资产价值 = 重置成本 - 贬值 \qquad (7-1)$$

或者
$$数据资产价值 = 重置成本 \times 成新率 \qquad (7-2)$$

其中,重置成本包括合理的成本、利润和相关税费。成本除了直接、间接成本,还需考虑机会成本。贬值包括功能性贬值、实体性贬值和经济性贬值。成新率反映设备的新旧程度,也就是设备的现行价值与其全新状态重置价值的比率。

影响成新率的因素较多,涉及设备的设计制造、使用维护、修理改造等。设备的成新率不仅由其使用时间长短所决定,还应通过现场对设备的观察和检测,判定其现时的技术状态,综合考虑有形损耗和无形损耗多种因素科学合理地测定。

$$成新率 = \left[\frac{设备尚可使用年限}{设备尚可使用年限 + 设备已使用年限} \right] \times 100\% \qquad (7-3)$$

或
$$成新率 = \left[\frac{设备总使用年限 - 设备已使用年限}{设备总使用年限} \right] \times 100\% \qquad (7-4)$$

2）市场法

市场法是基于相同或相似资产的市场可比交易案例的一种估值方法。在取得市场交易价格的基础上,对无形资产的性质或市场条件差异等因素进行调整,来计算目标无形资产的市场价值。

市场法强调数据资产的交易价格,主要考虑重置成本(用新资产替换已有资产的成本)、当前成本(用类似用途的资产替换已有资产的成本)或可变现净值(资产可以出售的金额减去出售成本)。

在行业技术日新月异,并且用户往往同时使用多个竞争性产品,数据要素重置成本变化较快的情形下,市场法有着较强的优势。市场法的应用前提为标的资产或其类似资产存在一个公开、活跃的交易市场,且交易价格容易获取,然而对具有特殊背景的企业而言,难以在市场上寻找到类似的交易作为参照。

3)收益法

收益法的理论基础为无形资产的价值由其投入使用后的预期收益能力体现,是基于目标资产预期应用场景,对未来产生的经济收益进行求取现值的一种估值方法。该方法关注商品的效用价值或现值,常用于基于项目数量和用户数量制定比例租赁费用的订阅方式,以及根据买方的质询、模型训练精度定价等方式。

常用的收益法模型介绍如下。

权利金节省法的数据资产价值模型:

$$评估价值 = \sum_{k=1}^{n} \frac{许可使用费}{(1+i)^n} + 所得税摊销收益 \qquad (7-5)$$

其中,许可使用费为授权他人使用该数据资产可以收取的费用,通常按照收入的比率计算,即许可使用费=数据资产相关收入×许可使用费率;折现率 i 为数据资产持有者要求的必要报酬率;使用期限 n 为数据资产可以使用的期限;所得税摊销收益:目前数据资产尚无法确认为无形资产入账,因此相关税收摊销收益无法确认。

此方法反映了数据资产的经济价值以及数据资产与相关收入的对应关系。

此方法的局限性如下:

(1)许可使用费不易估计,数据资产的许可使用费率在市场上尚未形成明确的行业标准,较难估计。

(2)使用期限不易确定,数据资产是动态的,导致确定数据资产的使用期限成为又一难点。

总体而言,在进行数据定价时,成本法、市场法也仍然有很大的局限性,具体如下:

由于成本和价值的差异,成本法往往低估数据的价值,导致定价过低;此外,利用成本法评估数据资产价值的主要是购买数据产品的企业,其进行资产负债表核算时,需要在评估基准日计算其购买的数据资产的当前价值。而数据资产在企业购入时期和资产核算时期阶段内会存在功能性和经济性贬值的情况,因此需要减掉该阶段内贬值部分,获得该数据资产在评估基准日时的实际价值。数据产品在定价销售时,客户在数据满足其需求下才会购买,因此不存在功能性损耗和经济性损耗。同时利用成本对数据进行定价,作为数据价格的下限,应当保证数据的价格能够抵消生成数据产生的成本,此时也不应该考虑损耗。因此,利用传统的数据资产价值评估的成本法进行数据定价难以满足需求。

对于市场法而言,一方面,民用数据或商用数据的交易市场尚不成熟,不能提供充足的可比数据资产价格;另一方面,企业背景的差异会降低用市场法进行数据定价的准确性。

产业界对数据定价方法按照数据产品形式的不同,从 API、数据包和数据报告等角度都有,针对不同的交易数据和交易场景,使用了固定定价、差别定价、协议定价、拍卖定价,以及根据企业的数据产品特点自行定义的数据定价方法。

固定定价是头部 IT 企业的数据交易平台常用的数据产品定价方法。该方法的实施策略有两种:

①直接以固定的价格销售,即顾客购买后使用次数不限。

例如,CSMAR 数据库中,提供按单表收取固定费用的数据包,其使用期限 30 天内可无限次使用。

中国遥感网以固定价格出售的卫星产品数据,根据不同产品的分辨率、传感器、波段等属性制定价格,按景收费。

②对单次使用给出固定价格,按用量计算总价。

例如,Google Map API 则采用按用量分层定价的方式,其费用计算方式为 SKU 用量乘以单次使用价格。

差别定价常用于满足不同客户群体、使用场景的需求和最大化收益。该方法的实施策略通常有两种:

①基于用户类型的差别定价。

例如,Statista 数据平台对不同类型的用户(如学生、学术研究者、企业用户)提供不同的订阅价格。学生可以享受较低的价格,而企业用户则需支付较高的费用,以反映其更高的使用价值。

②基于使用量的阶梯定价。

例如,阿里云数据库服务采用阶梯定价模式,随着使用量的增加,单位价格逐步降低。

协议定价常用于复杂或定制化的数据交易,是市场普遍的数据定价方法。例如,深圳数据交易所中多为平台展示、价格面议。

拍卖定价常用于稀缺或高价值的数据资源。该方法的实施策略通常有两种:

①传统拍卖。

②在线实时竞价。

例如,GoogleAdWords 使用实时竞拍系统,广告主在竞拍过程中出价购买关键词广告位,最终的广告价格由竞拍结果决定。出价最高的广告主获得展示机会。

这些定价方法反映了数据市场的复杂性和多样性,每种方法都有其适用的场景和优势。选择哪种定价策略取决于数据的特性、市场环境以及买卖双方的具体需求。

根据企业的数据产品特点,可以自行定义数据定价方法,具体如下:

中国南方电网公司基于数据产品多次性、多样性、组合性等特点,在成本价格法的基础上,综合考虑影响数据价值实现因素和市场供求因素,使用可比的市场价格进行修正,其定价模型如下:

$$P = P_C \times K \times M = TC \times (1 + R) \times K \times M \qquad (7-6)$$

其中,P 为价格,P_C 为成本价,TC 为总成本,R 表示合理利润率,K 和 M 分别为数据价值修正系数和市场供求修正系数。

中国信通院构建了"四因素定价模型",认为数据价值为补偿价值和新增价值之和。提出补偿价值包含数据生命周期中所需固定资产投资成本、无形资产投资成本和管理成本,新增价值为数据给企业带来的效益。

中国信通院提出的数据产品定价模型如下：
$$P = V_i[1 + E(R_i)] \quad (7-7)$$
其中，$E(R_i) = \alpha_i + R_{fi} + \beta_i[E(R_m) - R_{fi}]$，$\beta_i = \text{Cov}(R_I, R_m)/\text{Var}(R_m)$。

P 为数据产品价格；$V_i = \sum_{t=1}^{n} C_t/(1+r)^t$ 表示企业为数据产品 i 支付的成本；C_t 为企业在数据产品上的投入；r 为折现率；$E(R_i)$ 为数据产品 i 的期望收益率；$E(R_m)$ 为企业数据产品平均收益率；R_{fi} 为数据资本存量的无风险收益率，不同数据产品的 R_{fi} 不同；α_i 为异质价值收益率；β_i 系数反映数据资本收益率变动随数据系统风险变动的相关度。

我们提出的某行业数据计价规范见附录。

7.3 AI 可信应用中的模型要素

7.3.1 开放世界的模型要素

1. 开放世界的模型问题

我们熟知的监督性学习遵循封闭世界学习的假设，即通过数据集训练深度学习模型进行预测，可以获得非常高的准确率，大大优于传统的预测模型，但这是在特定数据集下表现的结果，在实际应用中是开放世界的问题，数据是变化的，分类是开放的，出现了训练数据集看不见的新类别。

在封闭世界数据集上开发的算法一旦暴露在开放世界的复杂性中，通常就会变得脆弱，难以有效地适应和鲁棒地泛化。

目前的监督性学习方法应用在开放世界存在以下问题：

(1) 数据驱动的 AI 模型使用孤立的数据，学习获得模型，缺乏先验知识的背景。

(2) 训练好的模型只认识训练数据集的类似实例，如在不同的数据分布环境中应用，遇到没见过的类别就可能需要增加新数据并重新训练模型。

(3) 实际应用中交互式和自动化应用程序在动态环境中工作，还有来自新类的数据会不定期到达，遵循封闭世界假设的模型无法解决这种情况。

假设传统的机器学习模型经过训练，使用一组不同的松鼠和兔子图像来识别，在测试阶段，如果我们向模型输入松鼠或兔子以外的图像，模型仍将图像分类为松鼠或兔子。

开放世界情况下，老虎、鹿和狐狸的图像将在封闭模式测试时被拒绝，因为这些图像以前没有被模型看到，但开放世界的 AI 系统可以检测不是来自训练集的示例。

将示例识别为看不见或对其进行分类的能力称为开放世界学习（OWML），它可以解决动态环境中的问题，在该环境中，输入数据的性质（大小、类别、频率等）正在快速变化。

为了更好地理解开放世界的学习，我们必须知道开放意味着什么[25]。在现实世界中，物体被许多其他环境事物包围。在开放世界学习中，数据是开放的，模型是动态的。开放世界数据包括长尾分布、流数据、数据偏差、异常输入、多模态等。模型学习方法包括少样本学习、监督学习、终身学习、增量学习、元学习、迁移学习等计算机视觉领域研究的开放问题：开集识别（Open-set Recognition, OSR）、多类开集识别（Multi-class Open-set

Classification,MCOSC)、未见实例识别(Discovery of Unseen Instances,DUI)、新类检测(Detection of Novel Classes,DNC)等。

相比之下,人类具有识别环境中未知对象的本能,因此开放世界的 AI 模型使用已知类别数据进行训练,但可以模拟人的能力建模识别出新类别,并反喂给模型以进行知识升级。

2. 开放世界环境的挑战

1)开放世界环境的 AI 模型挑战

(1)学习的正确性。由于即将发生事件的不可预测性,如何在动态环境中学习,如何整合分类器以获得未知类的知识并降低开放空间的风险仍然是一项具有挑战性的任务。

(2)错误的传播。在开放分类过程中,存在的边际错误可能会在更新知识库时传播到未来的任务,从而导致越来越多的错误。

(3)知识相关性难验证。这意味着现有知识是否适用于新的学习任务,随着输入数据增长,在渐进式环境中追加新类会有很多复杂性。除了知识库更新之外,这些系统还必须能够使用新识别的类进行下一次预测,而无需重新训练整个模型。

(4)学习表达和推理。由于 OWML 的大多数方法都包含知识库,因此知识表达和推理对于 OWML 具有固有的适用性和必要性。系统可以从早期获得的知识中总结推理出新知识,但其中什么样的知识是合适的,如何表达,什么样的推理能力有价值,都是需要解决的基本问题。

(5)多任务 OWML 分类。假设涉及来自不同领域的多种类别任务,例如实体分类和特征提取,跨领域共享以前的学习、跨域数据的复杂性和存储在知识库中类的真实性,对未来的多任务学习具有挑战性。

(6)开放空间的风险问题。评估模型如何处理看不见的风险至关重要,开放空间风险可以通过整合各种训练误差(经验风险)来最小化它,以便随着开放程度的提高更准确地学习。

2)开放世界环境的 AI 挑战解决思路

在开放世界的学习和交互中,逐步增强认知能力,能预先感知人、环境和目标,人在环路中人机交互信任,实现人机协作共生。

对于模型而言,需要将数据结合知识、环境等信息转化为机器认知,才能打造具有常识、能感知语境和更高效的模型系统。当前的机器学习系统无法不断学习或适应新的情况。系统程序在经过训练后就会固化,因此在系统部署后,无法对新的、不可预见的情况做出响应,而通过增加新信息来修改程序缺陷又会改写现有的模型。

因此需要解决多传感器、多模态和多任务的融合,以辅助决策。需要将数据转化为信息,进一步将信息转化为知识。如果感知、理解和判断事物缺乏机器常识,就会阻碍智能系统与世界、与人的自然交流,在不可预见的情况下行事,这种缺失可能是我们今天所拥有的狭隘人工智能应用程序与我们未来想要创建的通用人工智能应用程序之间最大的障碍。

7.3.2 算法公平性的分类

由于人工智能系统中的历史数据存在敏感属性(如肤色、种族等)或者其他有偏数据会导致结果表现出不公平的行为,这种行为使得弱势群体的利益受到损害,进而对个人和社会造成不良影响。公平性评估指标作为评判智能系统是否公平尤为重要。目前针对智能系统常见的公平性评估指标包括无意识(Unawareness)、个体公平(Individual Fairness)、群体公平(Group Fairness)和因果公平(Causal Fairness)等。

1. 无意识(Unawareness)

由于敏感属性和预测结果相互关联,无意识通过去除分类器中的敏感属性输入,从而获得一定程度的公平。当敏感属性与预测结果统计独立时,满足差别对待:

$$P(\hat{y}|x) = P(\hat{y}|x,z) \tag{7-8}$$

其中,$\hat{y}$是指预测结果,x是特征向量输入,z是指敏感属性。

2. 个人公平(Individual fairness)

Dwork 提出了个人公平的定义,与差分隐私定义类似,相似的对象应该被分类器相似地对待,公式为

$$P(\hat{Y}=y|X) \approx P(\hat{Y}=y|X'), \text{if } d(X,X') \approx 0 \tag{7-9}$$

其中,d 为距离度量。

3. 群体公平(Group Fairness)

群体公平考虑的场景是,样本按照敏感属性 Z 分组,$Y \in \{-1,1\}$,$Z \in \{-1,1\}$,预测结果 $\hat{Y}=1$ 被认为是优势,$Z=1$ 的组被认为是优势组别(容易被预测为 $\hat{Y}=1$),$Z=0$ 的组被认为是劣势组别。

1) 差别影响(Disparate Impact,DI)

DI 是一个比值形式的定义,一般认为该值大于 0.8,表示分类器是比较公平的。

$$\text{DI} = \frac{P(\hat{Y}=1|Z=-1)}{P(\hat{Y}=1|Z=1)} \geq 0.8 \tag{7-10}$$

除此之外,也有工作将二者的差值定义为人口均等(Demographic Parity,DP),若差值较小,则分类器比较公平。这个指标的缺陷是在强制满足该指标时,会让 $Z=-1$ 的群体预测与 $\hat{Y}=1$ 的概率大致相同,但是可能存在有的群体本身 $P(\hat{Y}=1)$ 非常低,满足该指标是对 $Z=1$ 的群体的歧视。

$$\text{DP} = |P(\hat{Y}=1|Z=-1) - P(\hat{Y}=1|Z=1)| \tag{7-11}$$

2) 预测公平(Predictive Equality)

如果分类器满足下式,则认为其满足预测公平:

$$P(\hat{Y}=1|Y=-1,Z=-1) = P(\hat{Y}=1|Y=-1,Z=1) \tag{7-12}$$

3) 机会平等(Equal Opportunity,EO)

机会平等这一概念强调的是,在给定真实结果为正类的情况下,模型对不同受保护群体预测为正的概率应相同。

如果一个分类器满足以下条件,则认为其满足机会平等:

$$P(\hat{Y}=1|Y=1,Z=-1) = P(\hat{Y}=1|Y=1,Z=1) \tag{7-13}$$

这里的 $\hat{Y}$ 表示模型的预测输出,Y 表示真实的标签,而 Z 是二元受保护属性(例如性别、种族等),其中 $Z=-1$ 和 $Z=1$ 分别代表两个不同的群体。上述公式表示,对于真实结果为正的情况(即 $Y=1$),模型对 $Z=-1$ 群体预测为正的概率应该等于对 $Z=1$ 群体预

测为正的概率。换句话说，机会平等确保了在已知个体属于正类的前提下，不同群体被正确识别的概率相等。

此外，有些研究将预测公平性和机会平等结合，定义为均等化概率（Equalized Odds，EOD）。均等化概率不仅要求满足机会平等，还要求在所有受保护属性的子群组中：

$$\text{EOD} = \sum_{y \in \{-1,1\}} |P(\hat{Y}=1 | Y=y, Z=-1) - P(\hat{Y}=1 | Y=y, Z=1)| \tag{7-14}$$

均等概率越大，分类器越不公平。

4）差别对待（Disparate Mistreatment）

差别对待是指模型在处理相同输入时，对不同群体产生不同的预测或决策。量化模型的差别对待程度可以通过比较模型在不同群体上的表现来进行，常用的方式包括计算误分类率的不同组成部分，比如假阳率（False Positive Rate，FPR）和假阴率（False Negative Rate，FNR），以及错误遗漏率（False Omission Rate，FOR）和错误发现率（False Discovery Rate，FDR）。误分类率可以被视为基于真实标签和预测标签的类别分布分数，具体包括以下几个指标：

总误分类率（Overall Misclassification Rate，OMR）：

$$P(\hat{Y} \neq Y | Z = -1) = P(\hat{Y} \neq Y | Z = 1) \tag{7-15}$$

假阳率：

$$P(\hat{Y} \neq Y | Y = -1, Z = -1) = P(\hat{Y} \neq Y | Y = -1, Z = 1) \tag{7-16}$$

假阴率：

$$P(\hat{Y} \neq Y | Y = 1, Z = -1) = P(\hat{Y} \neq Y | Y = 1, Z = 1) \tag{7-17}$$

错误遗漏率：

$$P(\hat{Y} \neq Y | \hat{Y} = -1, Z = -1) = P(\hat{Y} \neq Y | \hat{Y} = -1, Z = 1) \tag{7-18}$$

错误发现率：

$$P(\hat{Y} \neq Y | \hat{Y} = 1, Z = -1) = P(\hat{Y} \neq Y | \hat{Y} = 1, Z = 1) \tag{7-19}$$

5）预测公平（Predictive Parity）

不同组拥有相同的真预测率（Positive Predictive Value，PPV）：

$$P(Y = 1 | \hat{Y} = 1, Z = -1) = P(Y = 1 | \hat{Y} = 1, Z = 1) \tag{7-20}$$

4. 因果公平（Causal Fairness）

1）代理歧视（Proxy Discrimination）

为了考查机器学习模型中，除特征 X 之外，敏感属性 A（如性别、种族）和目标 R（如是否录用）之间是否存在因果关联，需要对敏感属性 A 进行干预。然而，直接干预 A（如改变某人的性别或种族）在现实世界中往往是不可能或不道德的。敏感属性 A 可能会影响一些代理变量 P（例如，外貌、街道地址等），可以通过干预代理变量 P 的非敏感属性N_P来间接评估敏感属性 A 对目标 R 的影响。如图 7-3 所示，这种间接干预可以提供关于潜在因果关系的洞察。

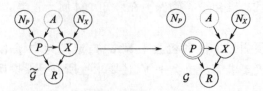

图 7-3 对代理干预前后的歧视评价变化图

非代理歧视指标(Non-proxy Discrimination Metric),用于检测模型是否存在针对敏感属性 A 的歧视,通过观察代理变量 P 对目标 R 的影响来实现。如果模型不存在针对敏感属性 A 的非代理歧视,那么对于任意给定的代理变量 P 的值 p 和 p',满足:

$$P(R|do(P=p)) = P(R|do(P=p')) \tag{7-21}$$

其中 do 运算符代表对系统的一个外部干预,它改变了变量 P 的值,而不考虑其自然的因果机制。换句话说,$do(P=p)$ 意味着强制变量 P 的值为 p,而不管任何可能影响 P 的父节点或原因。

2) 未解决的歧视(Unresolved Discrimination)

在探讨机器学习模型的公平性时,面临的一个关键挑战是如何识别并处理那些由敏感属性 A(如性别、种族)引发的潜在歧视。在因果图模型中,区分了受 A 影响的变量和可以被干预的解决变量。解决变量是指那些受 A 影响,但认为是非歧视性的,且可以对其进行干预的变量。例如,一个人的教育水平可能受其种族影响,但如果能够确保教育体系的公平性,那么教育水平就可以被视为一个解决变量。

未解决的歧视通常指的是从敏感属性 A 到目标 R 的所有路径中,除了那些经过解决变量的路径以外,其余路径都可能存在潜在的不公平性。这些路径可能包括直接从 A 到 R 的路径,也可能包括通过其他中介变量的间接路径。例如,在一个招聘场景中,种族(A)可能直接影响录用决定(R),也可能通过影响面试官的主观评价(中介变量)间接影响录用决定。如果种族直接或间接地影响了录用决定,且这种影响无法通过解决变量(如技能测试成绩)来解释,那么就认为存在未解决的歧视。

3) 反事实公平性(Counterfactual Fairness)

反事实公平性是建立在因果推理基础之上的公平性概念,旨在确保机器学习模型的预测结果在考虑所有可能的反事实情景时都是公平的。具体而言,反事实公平性要求模型在假设敏感属性 A 发生变化的情况下,对于同一个体,模型的预测结果不应发生改变,只要这个变化不会影响到个体的任何其他属性或行为,即满足:

$$P(\hat{Y}_z = y|X=x) = P(\hat{Y}_{z'} = y|X=x) \tag{7-22}$$

其中 $\hat{Y}$ 表示模型的预测输出,而 z, z' 分别表示不同的敏感属性状态。这个等式表明,对于给定的个体 x,当仅改变敏感属性的状态(从 x 到 x')时,模型的预测概率应该相同,即模型的预测不依赖于敏感属性本身,而是依赖于个体的其他特征。

7.3.3 算法决策公平方法

1. 基于歧视神经元的偏见操控测试技术

现有的深度学习模型偏见检测技术主要聚焦于设计算法以生成反事实实例(而非"个体歧视实例"),这些反事实实例用于展示当仅敏感属性发生变化而其他条件不变时,模型的预测结果是否会有所不同。这一过程有助于评估模型的公平性,尤其是针对个体层面的公平表现。然而,传统的基于生成反事实实例的偏见检测技术往往存在效率低下、实例多样性不足以及难以从模型内部微观结构层面解释测试有效性的局限。

为了解决上述问题并更全面地测试给定深度神经网络(DNN)模型的个体公平性能,本节提出了一种结合可解释性、系统性和可扩展性的偏见操控测试方法。该基于歧视神经元的偏见操控测试方法旨在从多个角度对智能算法的偏见进行深入探测,其实施流程可以概括为准备阶段和两个搜索阶段,如图7-4所示。

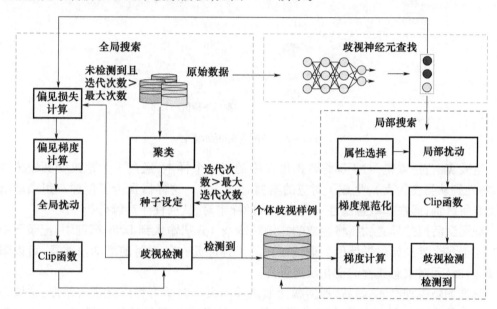

图7-4 基于歧视神经元的偏见操控测试方法框图

基于歧视神经元的偏见操控测试技术主要包括歧视神经元查找、个体歧视实例全局搜索、个体歧视实例局部搜索等步骤。

1)歧视神经元查找

将 X 和 I 表示为数据集及其值域,将 A 和 x_A 表示为数据集 X 的敏感属性及其数值,如光线、性别、颜色等,将 NA 和 x_{NA} 表示为数据集 X 的非敏感属性及其数值。对于给定的 DNN 模型 θ 和样本实例 x,若存在另一个样本实例 x' 满足:

$$x_A \neq x'_A, x_{NA} = x'_{NA}, \theta(x) \neq \theta(x') \tag{7-23}$$

则称(x,x')为 DNN 模型的个体歧视实例对。表明模型在处理具有相同非敏感属性但不同敏感属性的个体时,产生了不同的预测结果,这可能反映了模型内部存在的歧视倾向。

DNN 模型中个体歧视行为的一个关键成因在于,模型内部的某些神经元在训练阶段过度关注样本的敏感属性,如性别、种族等,从而在预测时引入不公平性。

对于满足 $x_A \neq x'_A, x_{NA} = x'_{NA}$ 的样本实例对(x,x'),若存在神经元对这两个样本的激活函数输出值差异较大,如图7-5所示,则将这些神经元称为歧视神经元。

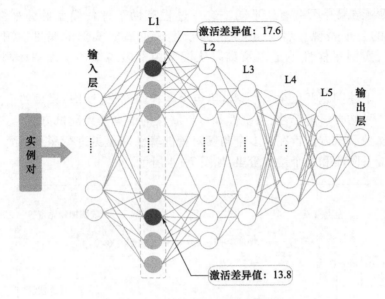

图7-5 歧视神经元示意图

生成实例对:首先,对于训练数据集 X 中的每一个样本,通过人为地改变其敏感属性(如将性别从男变为女),生成了对应的实例对 (x,x')。这样做是为了创建一组在敏感属性上有所区别,但在非敏感属性上完全一致的样本对,从而便于后续分析。

观测激活值差异:接着,将生成的实例对 (x,x') 分别输入到 DNN 模型中,记录下中间特征层上各个神经元的激活值。通过对比同一神经元在处理时的激活值差异,可以识别出哪些神经元对敏感属性的变化反应强烈。

筛选偏歧视神经元:最后,根据激活值差异的大小对所有神经元进行排序,选取差异值最大的前 50% 的神经元作为偏歧视神经元。这些神经元被认为在模型预测中对敏感属性过度依赖,可能成为个体歧视行为的源头。

2) 个体歧视实例全局搜索

全局搜索阶段主要由数据集聚类、偏见损失计算、扰动叠加等部分组成。

首先定义一个空的不重复集合 g_id,用于存放全局搜索阶段找到的个体歧视实例。

使用 K-Means 聚类算法对原始数据集聚类成 c_num 个簇,本节设置为 4。

然后,以循环的方式从每个簇中获取种子实例,g_num 是全局搜索过程中要搜索的种子实例的数量,本节设置为 1000。

定义 max_iter 是全局搜索过程中每个样本的最大迭代次数,设置为 40。首先根据个体歧视实例的定义,通过逐一改变敏感属性值的方式来检查样本 x 是否是一个个体歧视实例,如果是,将个体歧视实例对 (x,x') 添加到集合 g_id 中,并结束本次样本的全局搜索;如果不是,将在歧视神经元的指导下在样本 x 上添加扰动以便最大可能获得个体歧视实例。

首先获得满足 $x_A \neq x'_A, x_{NA} = x'_{NA}$ 的实例,再针对个体歧视实例对 (x,x') 定义偏见损失函数:

$$\begin{cases} J = -\text{mean}(\text{tfw} \cdot S_k(x) \cdot \log(\text{tfw} \cdot S_k(x'))) \\ J' = -\text{mean}(\text{tfw} \cdot S'_k(x') \cdot \log(\text{tfw} \cdot S_k(x))) \end{cases} \quad (7-24)$$

其中，$S_k(x)$ 表示 θ 中第 k 层所有神经元的激活值经过 Tanh 函数输出，tfw 是歧视神经元查找阶段中定义的特征层神经元权重向量，log 是对数函数，mean 是向量求均值函数。

采用动量梯度更新的方式更新梯度：

$$\begin{cases} \text{grad} = \beta \cdot \text{grad} + (1-\beta) \cdot \nabla J(x) \\ \text{grad}' = \beta \cdot \text{grad}' + (1-\beta) \cdot \nabla J'(x') \end{cases} \quad (7-25)$$

其中，常量 β 取 0.9。对两个梯度求和并取梯度符号作为梯度更新方向，再令敏感属性维度的梯度值为零。

对样本实例 (x,x') 添加扰动，其中 s_g 表示扰动步长，添加扰动的目的是使样本实例对在特征层上歧视神经元的激活值差异最大化，从而使样本实例对最大可能成为个体歧视实例对。

最后，再判断添加扰动后的样本是否与 $(p-2)$ 次的样本重复，p 为当前添加扰动的次数，如果是，则在样本实例上再添加一个随机扰动，计算公式如下：

$$x = x + \text{random\_dir}() \cdot \text{s\_g} \quad (7-26)$$

其中 random_dir() 函数产生一个形状与 x 相同，除敏感属性维度值为零，其他属性维度值为 $\{-1,0,1\}$ 中任一随机值。定义的 g_history 数组主要用于存储近三次的样本搜索结果。

最后，使用 Clip 函数用于限制添加扰动后的样本实例 x 的每个属性值都能在其值域内。

3）个体歧视实例局部搜索

局部搜索阶段是将全局搜索阶段中找到的个体歧视实例作为输入，并在这些事例的周围空间里搜索更多的个体歧视实例，这样做的原因是对于深度学习模型，两个相似的实例在模型中的输出往往也是相似的。本节提出的方法能在局部搜索阶段找到尽可能多的个体歧视实例。

首先定义一个空的不重复集合 l_id，以遍历的方式从 g_id 中获得一对个体歧视实例对 (x,x')，l_num 是局部搜索过程中要搜索的种子实例的数量，本节中设置为 1000。全局搜索阶段计算偏见损失和梯度的方式相同，然后，对两个梯度求和并取倒数，再经过 Softmax 函数得到概率 p，计算公式如下：

$$p = \text{Softmax}(|\text{grad} + \text{grad}'|^{-1}) \quad (7-27)$$

根据概率 p 在样本实例上随机选取一个非敏感属性 f，以 $[0.5,0.5]$ 的概率随机选择扰动方向 $[-1,1]$。仅在样本实例的属性 f 上以步长为 s_l 添加扰动，最后，利用 Clip 函数用于检查个体歧视实例使其满足在可行域内。与全局搜索类似。

2. 基于约束优化生成式对抗网络的偏见操控测试技术

现有的偏见操控测试技术存在减慢训练速度、引入重复样本、识别偏见样本少等问题，徐国宁等提出一种基于约束优化生成式对抗网络的数据去偏方法[25]，拟从数据、模型、系统的多层级关系出发，研究对于数据的偏见操控测试方法。本节拟设计基于约束优化生成式对抗网络的数据偏见操控测试方法，减少偏见数据修改和准确性损失，实现偏见数据的操控测试，同时保证模型分类准确率。

该数据偏见可操控测试方法如图 7-6 所示，通过搭建以自编码器为核心的生成式对抗网络结构模型，在给定敏感属性的情况下，通过对抗式的迭代训练，识别原始数据集中与敏感属性相关的偏见操控信息,并根据信息的相关程度生成权重增强偏见信息,实现对决策偏见数据的可操控测试效果。

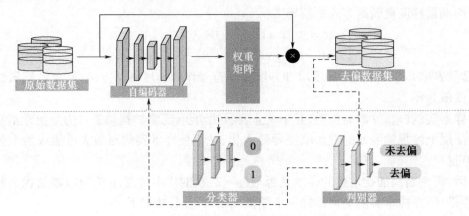

图7-6 基于约束优化对抗性生成网络的偏见操控测试技术流程框图

模型训练完毕后,导出的去偏数据集用于之后的训练过程,提高后续分类结果的公平性。

生成去偏数据集的过程如下:

先将原始数据集送入模型,使用自编码器提取数据集典型特征,重构来自隐藏空间表示的输入。之后利用 GAN 结构的对抗式训练方法,更新数据集特征提取的优化方向,使得相关偏见信息从数据集中被提取出来,并以权重矩阵的形式导出。

权重矩阵在作用于数据集后,该数据集中与敏感属性有关的偏见信息被消除,同时保留了足够的信息量供分类模型学习,以提高模型对决策操控数据的测试效果,并减少对准确性的负面影响。

1) 损失函数设计

本方法依靠对抗式训练生成损失函数为自编码器结构提供优化方向,因此,损失函数将直接影响最终在数据集上的偏见操控测试效果。

在本方法模型中的自编码器、分类器及判别器上,各自需要一个损失函数更新优化方向,包括作用于分类器的损失函数 L_C,作用于判别器的损失函数 L_D 及作用于自编码器的损失函数 L_A。L_C 用来优化分类器准确率,计算公式如下:

$$L_C = \sum_i L(\hat{Y}_i, Y_i) \quad (7-28)$$

判别器 D 试图预测数据集是否经过自编码器去偏处理,给出结果 $\hat{g}$,实际结果 g,优化 L_D 鼓励提高判别器判断准确性,公式如下:

$$L_D = \sum_i L(\hat{g}_i, g_i) \quad (7-29)$$

在自编码器 A 上,引入对抗式和去偏两部分损失函数。L_A 一方面在数据集上保留足够的信息量,另一方面引入公平性损失以期望优化去偏任务性能:

$$L_A = \sum_i L(\hat{Y}, S) - \lambda \sum_i L(\hat{g}_i, g_i) \quad (7-30)$$

其中,第一项基于人口均等的公平性定义,使分类结果与敏感属性尽可能不相关,消除敏感信息;第二项试图增加 L_D(式(7-32)),和 D 进行对抗式的训练,在博弈过程中向保留信息量方向优化。第二项额外增加了 λ 权重,调整两部分优化方向优先度。

2) 模型训练

在模型训练时,在判别器 D 和自编码器 A 之间进行双方博弈的对抗式训练,更新两者优化目标,判别器通过自编码器的输出更新自身特征提取方向,自编码器输出对抗式编码结构被判别器损失函数有效限制,分类器 C 也同时参与交替迭代训练过程优化分类性能。

在交替训练过程中,去偏数据集输入分类器 C 进行一轮数据分类训练,再将去偏数据集和原始数据集分别送入判别器作为一轮判别训练,最后的自编码器训练过程中,输入原始数据集,优化方向结合另外两个结构的本轮训练结果,被整合进自编码器损失函数 L_A,用以更新自编码器偏见信息特征提取能力。三个训练过程作为一轮训练,并选择合理的总训练轮数进行训练。

3) 收敛性分析

分类器属于 DNN 网络,其损失函数在训练后将向稳定值收敛。自编码器和判别器之间的博弈过程可以看作是一对零和博弈,其中自编码器 A 的优化目标如下:

$$\text{minimize} E_{x \sim P_A(x^*)}[\log(1-D(x))], D(x) \to 1 \quad (7-31)$$

其中,x 表示原始数据,x^* 表示去偏处理后的数据,$P_A(x^*)$ 表示生成去偏数据的分布,$D(x)$ 表示判别器输出结果。

判别器 D 的任务是准确判别输入数据类型:

$$\text{maximize} E_{x \sim P_r(x)}[\log(D(x))], D(x) \to 1$$
$$\text{maximize} E_{x \sim P_A(x^*)}[\log(1-D(x))], D(x) \to 0 \quad (7-32)$$

其中,$P_r(x)$ 表示判别结果的分布。

编码器的期望向最小化方向优化,判别器的期望向最大化方向优化,为使博弈结果最终达到纳什均衡,求导,可得当 $D(x)$ 满足:

$$D(x) = \frac{P_r(x)}{P_r(x) + P_A(x^*)} \quad (7-33)$$

此时 D 达到最佳状态,考虑 A 的训练使 $P_A(x^*)$ 无限接近 $P_r(x)$,当 D, A 训练到最佳状态时 $D^*(x) \approx 0.5$。

因此,对抗式训练过程最终结果将满足收敛性和最优性。完整的训练过程通过自编码器和判别器以及分类器的交替训练,逐个逐次更新优化方向,各个模块收敛向最优解。

3. 基于强化学习的分布式智能系统偏见操控测试技术

目前分布式智能系统容易由于偏见操控而出现分类任务出错、影响模型性能的问题,本节拟面向分布式智能系统,研究基于强化学习的偏见操控测试技术,将神经元激活情况与敏感属性相关联,利用偏见模型相关神经元与正常模型相关神经元之间的差距,进行全局模型更新的偏见操控异常检测,在保留了分布式智能系统获得模型更新的同时,实现对偏见恶意客户端的偏见操控评估。其主要框架如图 7-7 所示。

服务器调用全局模型,分发给各个客户端。联邦学习的训练目标可以归结为一个有限的优化:

$$\min_{w \in R^d}\left[F(w) := \frac{1}{N}\sum_{i=1}^{N} f_i(w)\right] \quad (7-34)$$

其中优化目标函数代表存在方分别处理各本地模型,每一方基于私有数据集:

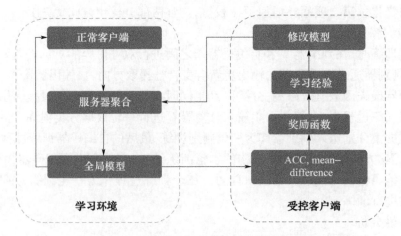

图7-7 基于强化学习的分布式智能系统偏见操控测试技术框图

$$D_i = \{\{x_j^i, y_j^i\}_{j=1}^{a_i}\} \quad (7-35)$$

利用本地目标 $f_i: R^d \rightarrow R$ 进行训练,其中 $a_i = |D_i|$ 和 $\{x_j^i, y_j^i\}$ 表示每个数据样本以及相应的标签。

联邦学习的目标是获得一个全局模型,该模型在对来自 N 方的分布式训练结果进行聚合后,可以很好地概括测试数据。

具体来说,在第 t 轮,中央服务器将当前共享模型 G^t 发送给 N 个选定方,其中 $[N]$ 表示整数集 $\{1,2,\cdots,N\}$。所选方 i 通过使用自己的数据集 D_i 运行 E 个本地轮次的优化算法来局部计算函数 f_i,以获得新的局部模型 L_i^{t+1}。

然后,客户端将模型更新 $L_i^{t+1} - G^t$ 发送到中央服务器,中央服务器将以其自身的学习率 η 对所有更新进行平均,以生成新的全局模型 G^{t+1}:

$$G^{t+1} = G^t + \frac{\eta}{n} \sum_{i=1}^{n} (L_i^{t+1} - G^t) \quad (7-36)$$

对于测试者来说,偏见操控旨在误导训练好的模型,以增加模型对特定属性的偏见。

联邦学习中偏见操控的目的是操纵局部模型的偏见,使得全局模型在主任务上体现相当的偏见,最后感染全部联邦学习参与者。攻击者 i 在带有本地数据 D_i 和目标标签 τ 的回合 t 中的目标是:

$$w_i^* = \underset{w_i}{\mathrm{argmax}}(\sum_{j \in S_{\mathrm{bias}}^i} P[G^{t+1}(R(x_j^i, \varphi)) = \tau] + \sum_{j \in S_{\mathrm{cln}}^i} P[G^{t+1}(x_j^i) = y_j^i]) \quad (7-37)$$

其中,x_j^i 为数据样本,y_j^i 表示样本对应的真实标签,带有偏见的数据 S_{bias}^i 与干净数据 S_{cln}^i 满足 $S_{\mathrm{bias}}^i \cap S_{\mathrm{cln}}^i = \phi$。函数 P 为训练优化函数,函数 $R(\cdot, \varphi)$ 则可以将任何类中的正常数据转换成具有攻击者选择的具有偏见的数据。因此正常模型 w_i 通过最大化该公式转变为偏见模型 w_i^*。

基于强化学习的联邦系统偏见可操控测试方法是神经网络、联邦学习与强化学习的有机结合,利用强化学习对偏见神经元进行自适应微调,在增加模型偏见的同时,保证主性能的稳定性。

在偏见神经元的确定问题上,基于一个这样的事实,当一个训练好的模型先后输入同一批样本时,其神经元的激活值是相同的。但当把其中一批样本的敏感属性 $S=1$ 变化为 $S=0$ 时,两批样本下神经元的激活值就会产生差异,这些差异是因为这些敏感属性的更改而产生的。

在全连接网络的深度学习模型下,每个神经元的激活值都会发生改变,但是有些神经元的变化幅度明显大于其他神经元,表现出与敏感属性的强相关性,因此被定义为偏见神经元。当确定了这些偏见神经元,人为地去修改它,就能对模型针对该敏感属性的公平产生影响,使偏见增加或者减少,因此强化学习可以被用于自动修改神经元参数。

强化学习可以概括为一个马尔可夫决策过程,简单说就是一个智能体(Agent)采取行动(Action)从而改变自己的状态(State)获得奖励(Reward)与环境(Environment)发生交互的循环过程。

在强化学习的诸多算法中,Q-Learning 算法最适用于该方案,Q-Learning 的思想就是先基于当前状态 S,使用贪婪法按一定概率选择动作 A,然后得到奖励 R,并更新进入新状态 S',基于状态 S',直接使用贪婪法从所有的动作中选择最优的 A',其实现可以概括为以下公式:

$$Q(S,A) = Q(S,A) + \alpha(R + \gamma Q(S',A') - Q(S,A)) \tag{7-38}$$

Q-Learning 算法流程为建立一个 Q-Table 来保存状态 S 和将会采取的所有动作 A。在每个回合中,先随机初始化第一个状态,再对回合中的每一步都先从 Q-Table 中使用贪婪算法基于当前状态 S 选择动作 A,执行 A,然后得到新的状态 S' 和当前奖励 R,同时更新表中 $Q(S,A)$ 的值,继续循环到终点。

整个算法就是一直不断更新 Q-Table 的值,再根据更新值来判断要在某个状态采取怎样的行动最好。

在去偏方案中,强化学习的目标为在保证模型主性能的情况下,尽可能地降低偏见;偏见神经元参数的放大或缩小被作为强化学习的动作 A,利用修改后的模型的偏见和模型精度设计奖励 R,偏见的增加或减少以及模型精度的增加或减少的四种组合作为状态 S 搭建强化学习。

值得一提的是,每轮联邦学习中,包含了一个或多个强化学习过程,这取决于具有偏见的敏感属性的个数。服务器接收更新,聚合更新得到新的全局模型,并将新的全局模型下发到客户端。

7.4 AI 可信应用中的系统要素

7.4.1 机器学习运维

1. MLOps 的基本概念

MLOps[26] 是 Machine Learning Operations 的缩写。MLOps(https://ml-ops.org/)是指机器学习运维,包含与创建和维护生产就绪的机器学习模型相关的所有任务。MLOps 弥合了数据科学家和运营团队之间的差距,有助于确保模型可靠且易于部署[27]。

MLOps 基于 DevOps 原则和做法,可提高工作流的效率。示例包括持续集成、交付和部署,MLOps 将这些原则应用于机器学习过程,目标是:

(1)更快的模型实验和开发。
(2)更快地将模型部署到生产中。
(3)质量保证和端到端审计跟踪。

机器学习开发流水线包括三个方面:数据、机器学习模型和代码。在基于机器学习的系统中,这三个方面的改动都可以引起系统的改变,下面列出了机器学习应用程序可能发生变化的一些场景:

(1)将模型部署到软件系统中后,随着时间的推移,模型开始衰减并出现异常行为,因此需要新的数据来重新训练模型。

(2)在检查可用数据之后,如果认识到很难获得解决之前定义的问题所需的数据,需要重新形式化问题。

(3)在将模型提供给最终用户之后,若认识到为训练模型所做的假设是错误的,我们就必须更改模型。

(4)有时业务目标可能会在项目开发过程中发生变化,需要更改机器学习算法来训练模型。

2. MLOps 的影响因素

在 ML 模型投入生产后影响其价值的因素还包括:

(1)数据质量:由于 ML 模型建立在数据之上,因此对输入数据的语义、数量和完整性很敏感。

(2)模型衰减:ML 模型在生产中的性能会随着时间的推移而退化,因为在模型训练期间看不到真实数据的变化。

(3)局部性:在将 ML 模型转移给新的商业客户时,使用不同的用户人口统计数据进行预训练的模型可能无法正常工作。

由于 ML/AI 正在扩展到新的应用程序并塑造新的行业,因此构建成功的 AI 项目仍然是一项具有挑战性的任务。

机器学习运维(MLOps)受到了很多关注,因为它有望将机器学习(ML)模型快速、有效、长期地投入生产环境[28]。设置可重复的数据和机器学习流水线可减少将模型投入生产所需的时间(上架时间)。

与传统软件不同,机器学习解决方案的性能始终处于风险之中,其解决方案依赖于数据质量。若要在生产中维护定性的解决方案,持续监视和重新评估数据以及模型质量至关重要,除了在日常安全性、基础结构监视和合规性要求之外,还要根据生产模型需要及时重新训练、重新部署和优化。

7.4.2 人工智能系统可靠性

1. AI 系统的可靠性问题

将人工智能功能整合到已有的可靠物理系统中,需要整合后系统在具有挑战性的环境中仍然是高度可靠的系统。人工智能系统虽然强大而有力,但并不可靠。

现实中可能存在数据有限或很少、实际场景嘈杂甚至对抗、网络连接不稳、供电能力有限、资源的算力约束等,随着基于人工智能决策系统的使用增加,它们可靠和可信变得至关重要。

AI算法很脆弱，容易受到故意攻击和自然环境不确定的影响，这些影响可能使AI系统以意想不到的方式运行。

AI系统的不同用户可以有不同的期望，然而，对系统的信息茧房和对AI理解不足会导致夸大期望，如果满足不了预期的期望可能导致对系统的接受度降低。早期的教训是，许多不匹配的假设可以导致人工智能系统的重大故障。

可靠AI系统的挑战可能发生在AI系统开发生命周期的任何阶段，包括跨领域AI组件、非AI组件和系统的数据组件。然而，这些系统中的几次故障就可以使其可靠性降低，从而导致系统用户接受度和信任度降低，因此需要通过系统可靠性设计和评估以提高用户对AI系统的接受度。

尽管人工智能系统有许多好处，但人工智能系统的用户仍然未能完全接受其用途。潜在用户希望有机制根据其可信的要求和道德规范来评估系统，因此需要根据用户的要求和期望来评估这些AI系统的工具。

开发可靠的现场就绪AI系统更具挑战性，需要改进技术和软件支持，以帮助研究人员设计强大且有弹性的人工智能系统，并在运营部署之前和期间严格评估这些系统。在不影响系统性能的情况下同时满足多个可信的AI要求可能具有挑战性，因此需要一种权衡机制，可以根据应用程序需求确定不同的可信要求和准确性的优先级。

AI系统包含确定性和非确定性组件，需要对这两个组件进行评估，以便对系统进行验证和确认。确定性组件是其行为完全已知并且可以清晰预测的组件。对于非确定性的AI组件，不能使用传统技术，资源受限设置包括收集数据受到对手限制的任务，以及需要实时跟踪、区分和参与威胁的任务，算法还必须针对输入变化进行操作，因为没有明确的标准来指定其要求。

例如，在人脸识别算法中，系统训练和测试的数据是由人来控制获取的，这实际上是限制了测试范围，因为测试数据集的样本大小和多样性取决于人，为了克服这个问题，已经提出了不同的解决方法，介绍如下：

(1) 基准测试：在公开的数据集上测试，测量和比较AI系统的性能，各种AI应用基准的创建是重要的应用基础。

(2) 变形测试：为了系统的鲁棒性需要变形测试，采用具有足够变异和样本数量的测试数据集，以有效衡量AI模型在部署后对未来数据的预期性能，基于多个相关输入的输出来进行系统的变形测试能检测到意想不到的故障。

(3) 模拟测试：如设计在环境中执行物理操作时，测试可以在嵌入了AI系统的机器人和无人机上执行。在模拟测试中，使用受控环境来评估系统在不同条件下的性能。

(4) 现场测试：为了在实际操作环境中测试系统的性能和稳定性，当测试环境与现有环境完全不同时，使用现场试验测试方法，测试AI系统在不确定现实条件下的行为和性能。

(5) 人机比较测试：这种类型的测试用于评估旨在执行传统上由人类完成或需要人类认知能力任务的AI系统。精心设计的数据样本用于比较人类和人工智能系统的决策。

制定人工智能系统验证的标准非常重要。糟糕的评估实践导致用户对AI系统失去信任，并且需要频繁地进行设计更新，以应对不断变化的安全环境，这通常会导致成本高昂。相比之下，有效的评估过程可以推动更具弹性的功能设计，在部署模型之前标记模型的潜在局限性,并建立操作员对 AI 系统的信任。

近年来,在实际环境中不负责任地使用人工智能算法受到了很多关注,其中许多系统也被证明是脆弱的。这些模型在有限的评估指标下被认为是有效的,但实际上在操作数据上的性能和鲁棒性较差。在复杂且不断变化的环境中,必须建立一个健全的流程,以便在将这些新功能部署到现场之前评估 AI 模型的性能和鲁棒性,提高可靠性。因此在设计和实现 AI 系统时,需要从系统分析视角评估和实现可信的人工智能系统。

2. AI 系统可靠性的项目

MIT 的 ASERT(AI Systems Engineering and Reliability Technologies, AI 系统工程和可靠性技术)项目团队正在开发可扩展的人工智能系统工程和可靠性技术工具,用于增强、评估和监控 AI 系统的可靠性,以实现所需的端到端任务的目标性能。项目的目标是加速任务就绪人工智能系统的开发和部署,以帮助执行重复性、危险或困难任务的服务人员。

针对传感器获取的数据,可能存在扰动、欺骗、对抗,数据还可能有变形和噪声等不确定的情景,ASERT 项目的主要思路是通过组合分类器、主动学习、检测器和人类协作等多个组件,利用它们的互补优势,提高整体系统的弹性。此外还采用不确定性估计技术来提高系统置信度分数的可靠性,置信度分数对于帮助用户决定何时信任系统输出至关重要。

MIT 正在与人工加速器项目合作,开发一个开源工具箱,支持可配置、可重复和可扩展的人工智能研发。ASERT 正在使用该工具箱来研究新技术,例如用于更好地了解模型行为的诊断,并分析和增强现有的 AI 模型和系统。图 7-8 所示为 MIT 设计的可靠人工智能系统,在不确定条件下也能保持所需的性能。

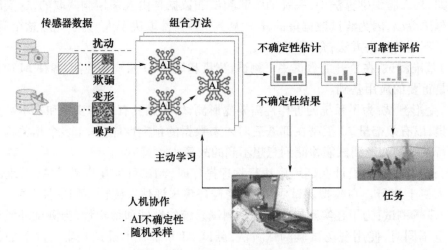

图 7-8 MIT 设计的 AI 可靠性系统框架[29]

人工智能加速器项目 2020 年启动,在广泛的领域推进人工智能研究,包括天气建模和可视化、优化培训计划以及增强和放大人类决策的自主性。人工智能加速器项目如下:

1) Guardian Autonomy 安全决策项目

AI Guardian 旨在通过开发用于增强和放大人类决策的算法和工具来推进人工智能

和自主性。AI Guardian 通过使用过去的数据并融合来自传感器和信息源的输入来建议行动,从而帮助人类,AI Guardian 系统的支持在出现意外和复杂情况时特别有用。

2) 通过虚拟和增强现实迁移多机器人学习以实现快速灾难响应项目

该项目旨在开发一种新的框架和算法类,允许无人机系统在模拟器环境中学习复杂的多智能体行为,然后将其知识从仿真无缝转移到现实世界的现场环境。该团队设想了一个急救系统,一群自主飞机接受了如何在模拟新灾区时导航和合作的培训。然后,系统将在模拟中获得的学习转移到真正的自主飞机集群中。一架飞机部署了一个大型"母舰"地面站,释放这些训练有素的自主飞机,自动执行时间紧任务急的密集型任务,如调查灾区以及定位和识别幸存者。

3) 合成孔径雷达的多模态视觉项目

合成孔径雷达(SAR)是一种能够产生高分辨率景观图像的雷达成像技术。由于 SAR 成像能够在所有天气和照明条件下生成图像,因此与光学系统相比,SAR 成像在人道主义援助和救灾(HADR)任务中具有优势。该项目旨在通过利用来自相关模式(例如 EO/IR, LiDAR,MODIS)的补充信息,模拟数据和基于物理的模型,提高 SAR 目标检测和自动目标识别(ATR)的性能、SAR 图像的人类可解释性。项目发现和相关技术将在整个政府企业中共享,跨服务的多个合作伙伴可能能够利用已开发的技术,以便在人道主义援助和救灾任务中受益。

4) 人工智能辅助优化培训计划项目

为了改善手动安排飞机飞行极其复杂和耗时的过程,该项目旨在自动设计飞机飞行调度,以提高不确定性时的调度效率和鲁棒性。这将优化训练飞行时间表,同时提供可解释性并消除决策中的孤岛。这项技术使调度员能够在迅速变化的情况下快速有效地重建调度,从而大大加快规划和决策周期。

5) ML 增强型数据收集、集成和异常值检测项目

人工智能技术成功的核心要求是高质量的数据。准备"AI 就绪"的系统涉及收集和解析原始数据,以便后续摄取、扫描、查询和分析。该项目将开发 ML 增强型数据库技术,以降低存储和处理成本,同时实现各种数据库孤岛之间的数据共享。此外,将开发一个异常值检测引擎,以识别来自多个来源的复杂事件流之间的时间异常。

6) 快速 AI——快速开发便携式高性能 AI 应用程序项目

人工智能革命是通过大量标记数据的可用性、新颖的算法和计算机性能来实现的。但是,长时间人在环路的开发周期阻碍了人类发明和部署创造性的人工智能解决方案。AI 性能越来越依赖于硬件架构、软件和算法。快速 AI 项目的重点是为快速构建 AI 解决方案奠定基础,在现代和传统硬件平台上实现性能和可移植性。

7.5 小　　结

- 人工智能的可信应用涉及多种要素,数据、模型和系统是工程角度的客观要素。
- AI 可信应用的数据要素不仅包括数据集缺陷和数据质量,还包括数据级联和数据世界观问题。
- 数据确立为五大生产要素之一,数据集不用人人构建,共享普惠才能发展,因此数

据作为资产需要估值定价才能流通共享。
- AI模型泛化实用才能彰显其威力,但封闭数据训练的模型在开放世界中的性能落差需要新的解决方法和策略。
- AI算法和决策公平性需要新的方法,我们提出了几个方法可以作为借鉴。
- 将模型投入生产是AI实用的基本问题,需要应用生产运维中付诸实践,以解决业务问题。
- 人们期望应用人工智能系统,具有高度集成的人机交互、自主功能和决策能力,但系统的可靠性如何保障是一个严峻的挑战问题。

可靠性是系统在给定运行期间指定条件下按预期运行的概率。可靠的系统有时仍会产生错误或不完美的结果,而不是仅产生预期的正确的或全局最佳结果。AI故障模式可能为数据故障、模型故障、对抗性故障、人机故障,另外人工智能系统用户的认知负荷与人机交互的频率和强度相关,失败模式还有可能是由被动应用的低认知负荷或任务增加的高认知负荷时期引起的。因此将传统可靠性工具和技术工程与AI系统管理结合,进行持续的系统性能评估和系统理解,将有助于应对人工智能系统带来的可靠性挑战。

附录:数据计价规范

数据计价,是按照规定的计价范围和方法计算构建完整数据集过程中采集、标注、预处理和运维等开发工作所需费用的行为。

数据计价范围包括直接成本和间接成本。直接成本是指与构建数据集过程中的采集、标注、预处理、运维等活动直接相关的人力与非人力成本,包括与数据价值有关的人力成本、与数据价值有关的非人力成本、与数据价值无关的成本,具体数据计价方法见附件1。

直接成本中与数据价值有关的人力成本一般按照计划采集的数据量乘以单位人力成本(采集、标注、预处理)再乘以数据集构建规模进行计算,与数据有关的非人力成本一般按照非人力成本乘以数据集构建规模进行计算。

数据集构建规模通常采用数据集构建规模度量方法测量,数据集构建规模度量方法见附件2。

人力成本是指在构建数据集过程中采集、标注单条数据、预处理单批数据所需的单位人力成本以及数据运维所需的总人力成本。根据现行市场的有关基准数据以及计划工作量、数据量拟定,根据市场情况定期调整,人力成本取值参考表见附件3。

非人力成本是指构建数据集过程中采集、标注、预处理所需设备采购的成本费用,由于该类设备与数据价值紧密联系,因此不纳入专用费计算,同时需要利用数据集构建规模进行调整,若使用以往的设备无需采购新设备,则考虑折旧后的成本,非人力成本费用见附件4。

直接成本中与数据价值无关的成本同间接成本的区别是,前者属于数据集构建活动的某一环节,比如数据维护、数据标注之前的人员培训等成本,而后者则不属于数据集构建活动的任一环节,比如事务费、设备折旧、风险控制等成本。上述涉及成本参考数据资产领域的首个国家标准《电子商务数据资产评价指标体系》(GB/T 37550—2019),除去提到的与数据价值相关的直接成本外,其余成本均为间接成本,直接使用传统方法进行计算,数据资产成本参考见附件5。

附件1
数据定价方法

数据计价方法参考成本法,将数据价值、工作复杂度等数据集构建规模因素纳入价格核算中,针对直接与数据价值有关的人力成本、直接与数据价值有关的非人力成本、直接但与数据价值无关的成本、间接成本四个主要项进行计算,公式如下:

$$p = \sum_{i=1} \alpha'_i c_i T_i + \sum_{i=1} \alpha'_i C_i + C_{无关} + C_{间接} \tag{1}$$

其中:

$$\alpha'_i = 1 + \beta_i \alpha_i \tag{2}$$

α'_i:数据集构建规模(详见附件2)且大于等于1。

其中,β_i指工作复杂度,α_i为数据价值修正系数,详见附件2。

c_i:与数据价值有关的单位人力成本,详见附件3。

C_i:与数据价值有关的非人力成本,详见附件4。

$C_{无关}$:数据集构建活动中与数据价值无关的成本。

$C_{间接}$:除以上成本外的其他间接成本。

T_i:计划数据量。

附件 2

数据集构建规模度量方法

数据集构建规模度量方法，是根据项目所计划开发的数据集价值与工作复杂程度来测量成本重要性的一种方法。针对直接与数据价值有关的人力、非人力成本，需要分别计算不同的数据集构建规模权重，将其赋予相应的成本项，利用成本来反映数据价值，其中涉及数据价值修正系数与工作复杂度两个因子，具体方法如下：

一、构建与数据价值相关活动的指标体系

数据集构建规模中涉及数据价值修正系数，用于体现数据本身的价值，将数据集构建的生命周期进行拆分，可以得到主要的三个过程：数据采集、数据标注及数据运维，某些交易中还涉及与数据相关的预处理与分析，计算方法类似。

数据采集涉及直接与数据价值有关的人力成本与非人力成本（设备），数据标注涉及直接与数据价值有关的人力成本，数据预处理涉及直接与数据价值有关的人力成本，数据运维属于数据集构建流程但不与数据价值相关，因此只有数据采集、数据标注和数据预处理需要构建相应的指标评价体系，用于数据集构建规模的计算，不同活动涉及的人力成本对应的数据价值评价指标参考表1，非人力成本对应的数据价值评价指标参考表2。

表 1 与人力有关的数据价值指标

指标名称	指标解释	评价集（4个级别）			
		100	80	60	40
数据对内容准确性	数据对目标和对象描述的准确度	90%以上数据准确无误	60%~80%数据准确无误	60%~80%数据无法保证准确性	90%以上数据无法保证准确性
数据的丰富度	数据对场景描述和覆盖的丰富度	10个以上场景	6~9个场景	3~5个场景	小于2个场景
数据同质度和规模	数据同质化情况及数据集大小	大规模数据集且同质化数据较少	中规模数据集且同质化数据较少	中规模数据集且同质化数据较多	小规模数据集且同质化数据较多
数据可靠和可信性	数据在其生命周期内保持完整与准确的程度，以及可信赖程度	数据来源可靠且90%数据可溯源	数据来源可靠且50%数据可溯源	数据来源可靠程度一般且90%数据可溯源	数据来源可靠程度一般且50%数据可溯源
数据来源的稀缺性	数据来源的稀缺程度，参考市场或业内有无类似数据	采集数据稀缺且只有己方能够提供、采集	小部分单位具有采集目标的获取途径或权限	大部分单位具有采集目标的获取途径或权限	采集数据较为常见且容易获取
数据标注丰富度	对单条数据标注的丰富程度	同一数据有5个以上独立标注	同一数据有4~5个独立标注	同一数据有2~3个独立标注	同一数据有1个标注
数据标注完整性	数据标注包含缺失值的情况	90%以上数据标注完整	60%~90%的数据标注完整	40%~60%的数据标注完整	40%以下数据标注完整
标注准确性	指标准确反映数据所指对象的实际状况及其程度	90%以上数据标注准确描述数据	60%~90%的数据标注准确描述数据	40%~60%的数据标注准确描述数据	40%以下数据标注准确描述数据

表2 与非人力有关的数据价值指标

指标名称	指标解释	评价集(4个级别)			
		100	80	60	40
数据表达清晰度	数据作为信息载体和表现形式的清晰易懂程度	清晰易懂	较清晰	较模糊	模糊晦涩
数据载体多样性	收集数据、承载数据模态的丰富程度	5个以上模态	4~5个模态	2~3个模态	1个模态

二、确定数据集构建规模(α'_i)

确定数据集构建相关活动(采集、标注)的构建规模,除了使用数据价值修正系数 α_i 调整对应成本外,还应结合开展该活动的工作复杂程度等因素,对相应的成本按一定级别进行扩充,即确定工作复杂程度 β_i,取值一般为整数,具体取值应结合数据集采集对象的稀有程度、采集难度等情况进行拟定,可参考表3。

三、计算数据价值修正系数(α_i)

需要针对不同活动构建对应的指标体系,并使用"层次分析法+模糊综合评价法"计算数据价值修正系数 α_i。具体流程为:构造不同指标间对比标度表,构造各级比较判断矩阵并进行一致性检验,计算二级指标权重,构建二级模糊综合评价矩阵及分数对照表,将二级指标向量与二级模糊综合评价矩阵相乘得到一级数据资产标的价值指标模糊综合评价向量,将模糊综合评价向量乘以分数对照表,即可得到相应的数据价值修正系数 α_i,α_i 取值范围为[0,1]。

四、成本计算

将工作复杂程度与数据价值修正系数进行相乘后加1,保证定价大于成本,得到数据集构建规模,赋予对应的数据成本项。

$$\alpha'_i = 1 + \beta_i \alpha_i \tag{3}$$

附件3

人力成本取值参考表

根据数据集构建流程将人力成本分为单位人力采集成本、单位人力标注成本、单位人力预处理成本、运维成本,主要根据市场上发布的有关基准数据进行计算,需要定期调整,现行取值见表3,计算方法按照相关活动工作人员月薪除以每日工作量、每月工作日。计算单位成本时,每月工作日按"每月21天"核算。

表3 人力成本计算参考表

构建活动		单位人力成本		
		人月薪 (单位:千元/人)	日处理数据量 (单位:条、张、幅、批)	单位成本 (单位:元/每条、张、幅、批)
数据采集		6~9	100~200	1.5~5.5
数据标注	1级	3~12	2000~2500	0.1~0.2
	2级		200~250	0.8~2.0
数据标注	3级	3~12	80~100	2.0~5.0
	4级		20~50	5.0~10.0
数据预处理		15~30	月预处理量:1~2批	15000~60000 元/批
构建活动		运维成本		
		人月薪 (单位:千元/人)	工作周期 (单位:月)	总成本 (单位:千元)
数据运维		5	10	50

附件 4

非人力成本费用

非人力(设备)成本是指构建数据集过程中采集、标注、建模所需设备的折旧费用,主要根据现行市场常用的设备确定,若有特殊设备可以另算,定期调整,现行取值根据行业规定,例如这里可以设置为 1~10 级,从 1 级的 1 万元到 10 级的 30 万元等。

附件 5

数据资产成本项说明

（注：对应间接成本项）

数据集构建生命周期所涉及的成本，包括建设费用（设备成本、研发费用、分析加工费用）和运维费用（业务操作费、技术运维费）以及管理成本（人工成本、间接费用、外包成本和风控成本），见表4。

表4　数据资产成本项计算说明

一级指标	二级指标	三级指标	指标项说明
建设成本	数据规划	数据量估算	业务数据量情况估算规划
		数据存储空间规划	数据集空间占用存储情况规划
		数据标准规范规划	数据库设计语言与数据库字符集规划
		数据备份与还原方案规划	数据库备份与还原的方案规划
	数据采集	采集成本	采集工具的设计与研发成本及采集流程涉及的运营成本（可能采用人工、半自动化、全自动化采集等采集方式）
		质量监测成本	对数据质量、完整性等测量与监管
	数据核验	加工处理成本	数据采集后清洗、校验等入库前的加工处理过程
		数据标准核验	依据数据标准规范（如数据库语言、数据库字符集等），对入库数据进行标准符合性测试过程中产生的成本，包含核验过程中的人力成本以及核验工具的研发成本
		数据结构核验	对数据结构合理性评估过程中产生的成本，包含核验过程中的人力成本以及核验工具的研发成本
	数据标识	要素信息描述	对元数据各项要素信息进行统一描述产生的成本
		数据标注	根据对数据的应用需要（如识别、评价或追踪等），对元数据进行标注或分类时产生的成本
		认知模型建立	元数据在描述数据对象存在方式及其特征等方面的认知模型建立成本
运维成本	数据存储	存储设备/载体管理	存储设备置办费用和设备的监管维护成本
		数据索引和检索建设	数据索引及数据检索的构建成本
		数据存储管理	对数据存储密度进行科学合理管理过程中产生的维护成本

续表

一级指标	二级指标	三级指标	指标项说明
运维成本	数据整合	信息资源整合统筹规划	信息资源整合的统筹策略制定时产生的规划成本
		信息资源统计与分析	对分散的信息资源进行挖掘、统计与分析,按照既定原则、标准或方法对信息资源进行整理与组织的成本
		不同信息资源整合实施	对异源信息实现相互渗透、协同开发利用成本
	知识发现	潜在知识发现	在发掘潜在知识并对发现知识的潜在价值进行预评估过程中产生的成本
		知识提取实施	根据目标选择知识发现算法,以及合适的模型和参数,并从数据中提取出预期所需的知识。包含该过程中知识提取模型的搭建费用以及知识提取设备费用
		知识加工检验	发现的知识以人能理解的方式加工呈现给使用者,并对发现的知识进行检验和评估。成本主要包含该过程中的知识加工费用
	数据维护	数据资源维护能力建设	数据资源维护能力建设和保障成本
		数据维护策略规划(备份、销毁、冗余、迁移、应急处置)	数据备份、数据冗余、数据迁移、应急处置等策略的准备及演练成本,数据销毁过程中对存储载体进行数据覆写、介质消磁、物理处理等过程的实施成本
		数据资源维护实施	日常对数据资源维护实施成本
	设备折旧	设备损耗折旧	设备的有形损耗(自然寿命)和无形损耗(技术寿命)成本
		设备补偿(修理、改造、更新)	修理、改造、更新设备产生的设备损耗的补偿成本
管理成本	人力资源成本	其他人力成本	建设与运维流程中未核算的其他人力成本
		人力资源建设与培训成本	对实施及管理人员团建、培训以提升项目进展效率产生的成本
		管理流程优化	管理流程优化,减少合并无效环节时产生的成本
	风险控制	风控建模	通过咨询专业的风控从业者构建风险控制模型所花费的成本
		策略制定	通过咨询专业的风控从业者进行风控策略制定所花费的成本
		策略实施	根据实际情况若实施了相应风控策略,则核算该策略实施成本

参考文献